职业技能培训系列教材

中级电工技能实战训练

主　编　胡　洪
副主编　王跃军　谭　斌
主　审　岳庆来

机 械 工 业 出 版 社

本书依据《国家职业标准》和职业技能鉴定规范，参照深圳市电工职业技能标准，系统地阐述了中级电工技能考核必须掌握的内容。全书分5个模块将中级电工必备的专业知识和专业技能呈现给读者。每个模块先介绍“必需够用”的理论知识，再给出若干与技能考核密切相关的实训项目及详尽的操作步骤、考核要求，以及应用实例。主要内容包括电力拖动与控制技术，电子技术，电气测量技术，可编程控制技术，变配电技术。书末附有低压断路器、熔断器及铝芯绝缘导线的技术参数，电工速算口诀，麦创 MOS-6XX 系列示波器的使用方法。

本书可用于中级电工技能培训，同时还可作为技工学校、职业技术院校电工、电子、自动化、机电一体化及机电工程专业的实训教材，亦可作为电气工程技术人员和电气工人的参考书。

图书在版编目（CIP）数据

中级电工技能实战训练/胡洪主编. —北京：机械工业出版社，2008.9（2022.7 重印）

（职业技能培训系列教材）

ISBN 978-7-111-25238-2

Ⅰ. 中…　Ⅱ. 胡…　Ⅲ. 电工技术-技术培训-教材　Ⅳ. TM

中国版本图书馆 CIP 数据核字（2008）第 153712 号

机械工业出版社（北京市百万庄大街 22 号　邮政编码 100037）
策划编辑：何月秋　陈玉芝　责任编辑：郭　娟
责任校对：申春香　封面设计：马精明　责任印制：常天培
北京中科印刷有限公司印刷
2022 年 7 月第 1 版第 6 次印刷
184mm×260mm · 12.25 印张 · 296 千字
标准书号：ISBN 978-7-111-25238-2
定价：35.00 元

电话服务	网络服务
客服电话：010-88361066	机　工　官　网：www.cmpbook.com
010-88379833	机　工　官　博：weibo.com/cmp1952
010-68326294	金　　书　　网：www.golden-book.com
封底无防伪标均为盗版	机工教育服务网：www.cmpedu.com

职业技能培训系列教材

编 委 会 名 单

序

随着我国经济的不断发展和产业结构的转型升级以及经济的全球化发展，我国已逐步成为世界的“制造中心”，而制造业的主力军——技能人才却严重匮乏，成为影响我国经济进一步发展的瓶颈。为此，国家提出了新的人才发展战略目标，全面推进技能振兴计划和技能人才培养工程。

在技能人才培养的教学过程中，教材处于基础地位，是课程体系设计的核心。为加快技能人才的培养，我们精心策划了这套“职业技能培训系列教材”。本系列丛书的编写特色体现在以下几个方面：

一是书中内容突出一个“新”字，做到结合当前企业的生产实际，力求教学内容能反映本工种新技术、新标准、新工艺和新设备的应用。

二是根据《国家职业标准》和职业技能鉴定规范，同时结合深圳市电工、电梯、制冷等专业工种的职业技能标准，力求教学内容能覆盖相应工种、相应层次的技能鉴定要求。

三是教学中注重培养学员的职业能力，把相关知识点的学习与专业技能的训练有机地结合起来，摒弃以往“就知识讲知识”的做法，坚持技能人才的培养方向。

四是内容安排上符合认知规律，由浅及深，由易到难，做到理论知识以够用为度，侧重实践操作。

本系列教材的编者来自深圳技师学院从事培训教学的一线教师和企业的部分专家，书中内容基本反映了深圳技能培训教学和社会化考核的方向。相信本书会受到中、高职类院校广大师生和广大青年读者的欢迎。

编委会主任　黎德良

前　　言

为帮助电工从业人员、技工学校及职业技术院校学生顺利通过电工技能鉴定，根据《国家职业标准》和职业技能鉴定规范，参照深圳市电工职业技能标准，结合目前电工的文化素质、技术状况和企业生产对电工技能的实际需要，我们编写了这本《中级电工技能实战训练》。

本书内容注重系统性，在编写时做到理论与实践紧密结合，侧重实践操作。理论知识以够用为度，技能实践方面以培养学员掌握复杂操作和新技术操作技能以及增强分析、判断、排除各种实际故障的能力为重点。全书由5个模块构成，模块1介绍电力拖动与控制技术的基础知识和操作技能；模块2介绍电子技术的基础知识和操作技能；模块3介绍电气测量技术的基础知识和操作技能；模块4以日本三菱FX系列（FX_{2N}）PLC为例，介绍可编程控制技术的基础知识和操作技能；模块5介绍变配电倒闸操作的一些基础知识和操作技能。

本书可用于中级电工技能培训，同时还可作为技工学校、职业技术院校的电工、电子、自动化、机电一体化等有关专业的实训教材，亦可作为电气工程技术人员和电气工人的参考书。

本书由胡洪编写模块4、5。王跃军编写模块1、3。谭斌编写模块2。全书由胡洪完成统稿并任主编，岳庆来任主审。

书中内容收录了编者的教学成果，一部分内容参考了国内外相关教材和著作，在此谨对有关作者表示感谢。

限于编者业务水平有限，书中难免有错误及不当之处，敬请广大读者批评指正。

编　　者

目　　录

模块1 电力拖动与控制技术

由于电力拖动技术是工、农业生产和日常生活等不可缺少的重要部分，是电工必须熟练掌握的一项基本技能，所以，本模块选择了具有代表性的10个功能电路来进行实训。其目的有三个：一是通过对电气元件的选择、测量，掌握低压电气设备的种类、结构、功能及使用的场合；二是通过对电气电路的动手装配、接线，提高实践动手操作能力；三是通过对电路的检查、调试，提高检修故障的综合分析与处理实际问题的能力。

1.1 电力拖动技术基础

电力拖动技术基础在初级电工中做过一些介绍，这里就实训中用到的低压电气设备的选择，三相异步电动机的起动、调速及制动，直流电动机的有关知识，电气识图方法，故障分析与查找作详细地叙述。

1.1.1 低压电气设备的选择

1.1.1.1 熔断器的选用

1. 熔断器类型的选择 熔断器类型的选择应根据负载的保护特性和短路电流来选择，其原则如下：

(1) 车间配电网络，若短路电流较大，则应选高分断能力的RT0系列。

(2) 机床电气设备，一般选体积较小的RL1系列。

(3) 在经常发生故障的地方，应考虑选用RC1和RM10系列。

(4) 半导体整流器件，应选用快速熔断器。

(5) 在易燃易爆场所，不允许选用敞开式熔断器。

2. 熔体额定电流的选择 熔体额定电流不能大于熔断器的额定电流，其具体原则如下：

(1) 照明及电热设备：总线路熔体的额定电流，等于电能表额定电流的0.9~1.0倍；支路熔体的额定电流，等于支路所有电气设备额定电流总和的1~1.1倍。

(2) 单台笼型电动机：熔体额定电流I_{re}不小于1.5~3倍电动机额定电流I_{de}。

所选电动机额定电流的倍数一般为：轻载起动的电动机可取1.5~2；重载起动的电动机可取2~2.5；频繁起动的电动机可取2.5~3；绕组式电动机、减压起动电动机及直流电动机可取1.2~2。

(3) 多台笼型电动机：熔体额定电流应满足

$$I_{re} \geqslant (1.5 \sim 2.5) I_{zde} + \sum I_e \tag{1-1}$$

式中 I_{zde}——功率最大的一台电动机的额定电流（A）；

$\sum I_e$——其他各台电动机的额定电流之和（A）。

1.1.1.2 接触器的选用

选用接触器时，应考虑其控制的负载类别、连续工作时间的长短及工作环境条件的影响等条件。

（1）对于无感或微感负载（如电阻炉），则可按负载工作电流选用相应额定电流的接触器。

（2）对于笼型电动机，则按以下原则选用

$$I_e \geqslant 1.3 I_{de} \tag{1-2}$$

式中 I_e——接触器额定电流（A）；

I_{de}——电动机额定电流（A）。

（3）对于反复短时工作频繁起动和环境散热条件较差的负载，则应适当提高接触器的功率。

1.1.1.3 低压断路器的选择及整定

（1）低压断路器的额定电压不小于线路的额定电压。

（2）低压断路器的额定电流不小于线路的计算电流，一般按其1.3倍计算，即

$$I_e \geqslant 1.3 I_{js} \tag{1-3}$$

式中 I_e——低压断路器的额定电流（A）；

I_{js}——线路的计算电流（A）。

（3）短延时或瞬时动作的脱扣器的整定电流 I_{zd} 有

$$I_{zd} \geqslant K I_f \tag{1-4}$$

式中 I_f——线路的峰值电流或电动机的起动电流（A）；

K——可靠系数，动作时间小于0.02s（DZ）时取1.7～2；动作时间大于0.02s（DW）时取1.35。

（4）对于多台电动机的供电干线，短延时或瞬时动作的脱扣器的整定电流（I_{zd}）不小于功率最大的一台电动机的起动电流（I_{zdq}）的 K（取值同上）倍与其他各设备的额定电流之和（$\sum I_e$）的1.3倍，即

$$I_{zd} \geqslant K I_{zdq} + 1.3 \sum I_e \tag{1-5}$$

（5）长延时（5～30s）动作的过电流脱扣器的整定电流（I_{zd}）不小于线路中可能出现的正常过负荷电流（I_{zf}），即

$$I_{zd} \geqslant K I_{zf} \tag{1-6}$$

式中 K——可靠系数，可取1.2；

I_{zf}——正常过负荷电流（A），可取额定电流的1.3～1.4倍。

（6）热脱扣器动作的整定电流不小于电动机的额定电流，即

$$I_{zd} \geqslant I_{de} \tag{1-7}$$

式中 I_{zd}——热脱扣器动作的整定电流（A）；

I_{de}——电动机的额定电流（A）。

1.1.1.4 热继电器的选择及整定

（1）热继电器类型的选择。

1）当电动机为“△”联结时，应选带断相保护的热继电器。

2）当电动机为“Y”联结时，也可选带断相保护的热继电器。

（2）热继电器额定电流的选择，即热继电器额定电流大于电动机额定电流。

（3）热继电器的整定，即热继电器的整定电流等于电动机额定电流的0.95～1.05倍。

1.1.1.5　导线的选择

1. 导线选择的一般原则　除了考虑导线线芯材料和绝缘材料以外，还必须考虑导线截面积，其原则如下：

（1）满足发热条件，即导线在通过计算电流时，其发热温度不能超过允许的最高温度。

（2）符合电压损失要求，即导线在通过计算电流时，其产生的电压损失不应超过正常允许的电压损失值。

（3）按经济电流密度选择，即高压和低压大电流线路，应按照规定的经济电流密度选择导线截面积以满足节约有色金属和降低电能损耗的要求。

（4）符合机械强度要求，即导线的截面积不能低于最小允许截面积，以满足机械强度的要求。

（5）满足工作电压的要求，即导线的绝缘水平必须满足其正常工作电压的要求。

（6）照明及单相负荷，要做好三相线路的分配，基本保持负荷平衡。

在实际选择导线时，还必须区情况区别对待，不能一味照搬上述原则。例如，对于低压动力电路，一般先按发热条件选择截面积，然后再校验其电压损失和机械强度；对于低压照明电路，一般先按允许电压损失来选择截面积，然后再按发热条件和机械强度校验；对于高压电路，一般先按经济电流密度选择截面积，然后校验其发热条件、允许电压损失和机械强度（只针对架空线）。

2. 按发热条件选择导线的截面积　按发热条件选择导线的截面积，实际上就是按允许电流选择导体的截面积，即 $I_{js} \leqslant I_{yx}$。

当电流通过导体时，由于电流的热效应，使导体发热，温度升高。当温度超过一定数值时，将造成绝缘损坏并烧坏导体，因此，导体的发热温度不能超过导体的允许值。当周围介质温度为定值时，在最高允许温度的条件下，不同的导体都对应一个最大允许电流 I_{yx}，只要通过导体的电流（计算电流）I_{js} 不超过允许电流，导体的温度就不会超过正常运行时的最高允许温度，不同导体的允许电流见表 A-3～表 A-5。

在三相四线制供电系统中，零线的允许电流不能小于三相最大不平衡电流，零线截面积通常选择为相线截面积的 1/2 左右，同时不得小于按机械强度要求的最小截面积。

例1：有一条 380/220V 线路，采用 BV 型铜芯塑料绝缘导线明敷，计算负荷电流为 50A，安装地点的环境温度为 30℃，试按发热条件选择导线的截面积。

解：查表 A-3 可知：当温度为 30℃时，截面积为 10mm^2 的 BV 型铜芯塑料绝缘导线明敷时的允许电流为 77A，大于计算负荷电流 50A，即 $I_{js} = 50\text{A} \leqslant I_{yx} = 77\text{A}$。

所以，按发热条件选择相线的截面积为 10mm^2，零线截面积为 6mm^2。

3. 按电压损失要求选择导线截面积　当电流通过供电线路的阻抗时，会产生电压降，使末端电压低于首端电压，线路首末两端电压的代数差称为线路的电压损失。为保证供电质量，供电线路的电压损失不能超过允许值（低压供电线路一般不超过额定电压的 5%）。当按其他方法计算出导线截面积，校验电压损失超过允许值时，应按允许电压损失条件重新计算，选择截面积较大的导线。

例2：某车间照明负荷为 3kW，全是灯泡，用明敷单相线路供电，线路长度为 50m，试选择铜芯绝缘导线截面积。（$\rho = 0.0175\Omega \cdot \text{mm}^2/\text{m}$）

解：

$$I_{js} = P/U = 3000\text{W}/220\text{V} = 13.63\text{A}$$

(1) 先按电压损失要求选择导线截面积，后按发热条件校验。

1) 按电压损失要求选择导线截面积：

根据供电线路的电压损失不能超过允许值，即

$\Delta U = IR = I_{js} \times \rho \times 2L/S = 13.63\text{A} \times 0.0175\Omega \cdot \text{mm}^2/\text{m} \times 2 \times 50\text{m}/S \approx 23.85/S \leqslant 5\% U = 5\% \times 220\text{V} = 11\text{V}$

可求得 $S \geqslant 2.17\text{mm}^2$

故取 $S = 2.5\text{mm}^2$，即初步选取截面积为 2.5mm^2 的铜芯绝缘导线明敷。

2) 按发热条件校验：

根据 $I_{js} \leqslant I_{yx}$，查表 A-3 可知：

当温度为 25℃时，截面积为 2.5mm^2 的 BV 型铜芯绝缘导线明敷时的允许电流为 32A，大于计算负荷电流 13.63A，校验合格。

由上述步骤 1)、2) 可知：应选择截面积为 2.5mm^2 的 BV 型铜芯绝缘导线明敷。

(2) 先按发热条件选择导线截面积，后按电压损失要求校验。

1) 按发热条件选择导线截面积：

根据 $I_{js} \leqslant I_{yx}$ 可知：

当温度为 25℃时，截面积为 1mm^2 的 BV 型铜芯绝缘导线明敷时的允许电流为 18A (20A)，大于计算负荷电流 13.63A。所以，初步选取截面积为 1mm^2 的 BV 型铜芯绝缘导线明敷。

2) 按电压损失要求校验：

$\Delta U = IR = I_{js} \times \rho \times 2L/S = 13.63\text{A} \times 0.0175\Omega \cdot \text{mm}^2/\text{m} \times 2 \times 50\text{m}/1\text{mm}^2 \approx 23.85\text{V} > 5\% U = 11\text{V}$

校验不合格，导线截面积应加大一级，即为 1.5mm^2，再校验如下

$\Delta U = IR = I_{js} \times \rho \times 2L/S = 13.63\text{A} \times 0.0175\Omega \cdot \text{mm}^2/\text{m} \times 2 \times 50\text{m}/1.5\text{mm}^2 \approx 15.9\text{V} > 5\% U = 11\text{V}$

校验仍不合格，导线截面积应再加大一级，即为 2.5mm^2，再校验如下

$\Delta U = IR = I_{js} \times \rho \times 2L/S = 13.63\text{A} \times 0.0175\Omega \cdot \text{mm}^2/\text{m} \times 2 \times 50\text{m}/2.5\text{mm}^2 \approx 9.54\text{V} < 5\% U = 11\text{V}$

校验合格，故取 $S = 2.5\text{mm}^2$

由上述步骤 1)、2) 可知：应选择截面积为 2.5mm^2 的 BV 型铜芯绝缘导线明敷。比较上述 (1)、(2) 可知：对于低压照明电路，一般先按允许电压损失来选择截面积，然后再按发热条件校验。

4. 按机械强度校验导线截面积　架空导线经常要承受巨大的张力，因此，必须具有足够的机械强度，才能保证运行的安全可靠。对于按其他条件选出的导线截面积要进行机械强度的校验，一般要求导线截面积大于最小允许截面积，架空导线的最小允许截面积见表 1-1。

表 1-1　架空导线的最小允许截面积　(单位：mm^2)

导线材料	高压(1~10kV)		高压(50kV 以上)	低压
	居民区	非居民区		
铝及铝合金	70	70	50	25
钢芯铝线	35	25		25
铜线	16	16		10

1.1.1.6　应用举例

下面通过一个具体的例题，从中级电工的知识角度来说明怎样选择各种低压电气设备。

例 3：现有一台 30kW 的三相笼型电动机，采用Y/△减压起动，试选择其低压断路器、熔体额定电流、交流接触器、热继电器及导线。（线路长度为 100m，$\rho=0.0175\Omega\cdot mm^2/m$）

解：根据经验公式 $I_{de}=2P_e=(2\times30)A=60A$

（1）低压断路器的选择。低压断路器的额定电流，根据式（1-3），即

$$I_e\geqslant1.3I_{js}=1.3\times60A=78A$$

查表 A-1 得，触头额定电流（第二列）比 78A 大的一级为 100A，且额定电压等其他条件也相符，故可选 DZ10-100 型低压断路器，其额定电压 $U_e=500V$，主触头额定电流为 100A，脱扣器额定电流为 100A。

瞬时动作的脱扣器的整定电流，根据式（1-4），即

$$I_{zd}\geqslant KI_f=(1.7\sim2)\times I_q=(1.7\sim2)\times(4\sim7)I_{de}=(1.7\sim2)\times(4\sim7)\times60A$$

可取 $I_{zd}\approx600A$，即瞬时动作的脱扣器的整定电流为 600A。

（2）熔断器的选择。熔体额定电流为：$(1.2\sim2)\times60A=72\sim120A$（单台电动机减压起动）

查表 A-2 可知，应选 RT0-100 型熔体器，其熔体额定电流为 100A。

（3）交流接触器额定电流的选择。交流接触器额定电流为 $1.3\times60A=78A$

所以，应选额定电流为 100A、额定电压为 380V 的交流接触器。

（4）热继电器额定电流的选择。电动机额定电流为 60A，所以，热继电器的额定电流可选 100A，整定电流为 60A。由于电动机为“△”运行，所以，应选带断相保护的热继电器。

（5）导线的选择（按常温 25℃）。

1）常温明敷：因为电动机额定电流为 60A，查表 A-3 可知，常温 25℃时，BV 型铜芯塑料绝缘导线的允许载流量大于 60A 的一级为 75A，其对应的导线截面积为 $10mm^2$。

电压损失校验：

$$\Delta U=IR=I_{de}\times\rho\times L/S=60A\times0.0175\Omega\cdot mm^2/m\times100m/10mm^2\approx5.25V<5\%U=11V$$

校验合格，导线截面积应选 $10mm^2$。

2）常温穿钢管暗敷：因为电动机额定电流为 60A，查表 A-4 可知，常温 25℃时，BV 型铜芯塑料绝缘导线的允许载流量大于 60A 的一级为 72A，其对应的导线截面积为 $16mm^2$（设导线为 3 根），穿管管径为 32mm，且电压损失校验合格。

3）常温穿硬塑料管暗敷：因为电动机额定电流为 60A，查表 A-5 可知，常温 25℃时，BX 型铜芯橡皮绝缘导线的允许载流量大于 60A 的一级为 75A，其对应的导线截面积为 $25mm^2$（设导线为三根火线，一根零线，共 4 根），穿管管径为 40mm，且电压损失校验合格。

1.1.1.7　电工速算口诀

上述内容是通过计算，然后查阅有关的参数或手册来选择设备的。然而，在实际工作现场，不可能带上各种各样的参数或手册来选择设备，往往是凭电工的实践工作经验来进行估算，这对于精度要求不高的场所是可以的。同时，这些电工速算口诀也是人们在长期的实践工作中总结出来的，所以，掌握这方面的知识，对将来从事实际工作很有帮助。这里从附录

B 电工速算口诀中选取两个来说明。

1. 电动机供电导线截面积的速算口诀 具体如下：

多大导线配电动机，截面系数相加知。

二点五加三，四加四，六上加五记仔细。

一百二反配整一百，顺号依次往下推。

说明：对于三相380V 功率为5.5kW 电动机供电导线（支路配线或引线），通常是采用2.5mm² 以上的铜芯绝缘导线三根穿管敷设，其导线截面积大小的选择，可以通过有关计算及查表A-5求得，其过程如下：

因为
$$P_e = \sqrt{3}UI\cos\varphi\eta$$

式中 P_e——电动机额定功率（kW）；

U、I——电动机的线电压（V）和线电流（A）；

$\cos\varphi$——功率因数；

η——电动机的标称效率。

所以，电动机的额定电流
$$I_e = \frac{P_e}{\sqrt{3}U\cos\varphi\eta} = \frac{5.5\text{kW}}{\sqrt{3}\times 380\text{V}\times 0.8\times 0.9} \approx 11.5\text{A}$$

查表A-5得："三根单芯"的这一列（无论是25℃，还是40℃）允许载流量比14.5A大的一级所对应的导线截面积为2.5mm²，故5.5kW 的电动机必须选2.5mm² 的铜芯绝缘导线（三根穿硬塑料管敷设）供电。

同理可得8kW、11kW 的电动机必须选4mm²、6mm²的铜芯绝缘导线（三根穿管敷设）供电。所以我们将其整理成口诀，方便读者记忆。

该口诀是按环境温度35℃考虑的，由于电动机功率等级较多，一一按功率说出所配导线比较繁琐，故口诀反过来表示出导线截面积和所能供的电动机最大功率之间的关系，也就是说，记住了这一口诀，不同截面积的导线所供电动机功率的范围就能直接算出，其方法是"多大导线配电动机，截面系数相加知"即用该导线的截面积数再加上一个系数，就是它所能配电动机的最大千瓦数。

（1）"二点五加三，四加四，六上加五记仔细"说的是2.5mm² 的铜芯绝缘导线，三根穿管敷设，可以配（2.5+3）kW=5.5kW 及以下的电动机，而4mm² 铜芯绝缘导线三根穿管敷设，可以供到最大（4+4）kW=8kW 及以下电动机，6mm² 及以上导线可以配到截面积数加5kW 的电动机，如10mm² 导线能配（10+5）kW=15kW 的电动机。

（2）"一百二反配整一百，顺号依次往下推"表示当电动机的功率达到100kW 及以上时，导线所配电动机的功率范围不再是上面导线截面积数加上一个系数关系，而是反过来120mm² 铜芯绝缘导线穿管敷，只能配100kW 电动机，顺着导线截面积型号和电动机功率顺序排列，依此类推，即150mm² 的导线可以配125kW 的电动机等。

2. 断路器脱扣器电流整定值的速算口诀 具体如下：

瞬动脱扣怎整定，单机额流用十乘。

干线十倍选最大，一点三倍其余加。

延时额流一点七，热脱额流正合适。

说明：作为控制和保护设备的断路器，经常在笼型电动机供电线路或动力配电线路上使用，是非频繁操作开关。当电路发生短路、过负荷、失电压或欠电压时，能自动切断电路，起到保护作用。断路器的瞬时脱扣器、延时脱扣器和热脱扣器电流整定值的计算，也是电工常遇到的问题，口诀直接给出了整定电流值和所控制回路的额定电流之间的倍数关系。

（1）当断路器只控制一台380V笼型电动机时，断路器瞬时脱扣器电流整定值的计算过程如下：

因为 $I_f = I_q$（I_q为电动机的起动电流）

而 $I_q = (4 \sim 7) I_{de}$（I_{de}为电动机的额定电流），取 $I_q \approx 5.5 I_{de}$

又因为瞬时脱扣，故 K 取 1.7 ~ 2

根据式（1-4），所以，$I_{zd} \geqslant K I_f = (1.7 \sim 2) \times 5.5 I_{de} = (9.35 \sim 11) I_{de}$

故取 $I_{zd} \approx 10 I_{de}$

所以，断路器瞬时脱扣器电流的整定值为电动机额定电流的10倍。这就是“瞬动脱扣怎整定，单机额流用十乘”的意思所在。

（2）当断路器控制配电干线回路时，根据式（1-5）可知：断路器瞬时脱扣器电流的整定值为回路中最大一台电动机额定电流的10倍，再加上回路中其余负荷的计算电流的1.3倍，这就是“干线十倍选最大，一点三倍其余加”的意思所在。

应该指出，有些小功率电动机起动电流比较大，按10倍额定电流选择瞬时动作脱扣器电流整定值后，还可能无法避开起动电流的影响，遇到这种情况时，瞬时脱扣器整定值允许再大一些，但一般不宜超过20%。

（3）对于长延时（5 ~ 30s）动作的过电流脱扣器的整定电流：

因为 $K = 1.2$

又因为 $I_{zf} = (1.3 \sim 1.4) I_{de}$

根据式（1-6），所以 $I_{zd} \geqslant K I_{zf} = 1.2 \times (1.3 \sim 1.4) I_{de} = (1.56 \sim 1.68) I_{de}$

故取 $I_{zd} \approx 1.7 I_{de}$

对于热脱扣器动作的整定电流，根据式（1-7）可知：$I_{zd} \geqslant I_{de}$

通过上述计算可知：作为过负荷保护的断路器，其延时脱扣器的整定值可按其控制电动机额定电流的1.7倍来选择；其热脱扣器的整定值可按其控制电动机的额定电流来选择，这就是“延时额流一点七，热脱额流正合适”的意思所在。

例4：求10kW电动机控制用的断路器瞬时脱扣器、热脱扣器电流整定值各为多少？

解：根据口诀可得，

电动机额定电流为：$10 \times 2A = 20A$

瞬时脱扣器整定电流为：$20A \times 10 = 200A$

热脱扣器整定电流为：20A

例5：供电干线使用的断路器，控制三台电动机，其功率分别为10kW、7kW、4.5kW，求断路器瞬时脱扣器电流整定值为多少？

解：电动机额定电流分别是：$10 \times 2A = 20A$，$7 \times 2A = 14A$，$4.5 \times 2A = 9A$

根据口诀可得，瞬时脱扣器电流整定值为：

$$10 \times 20A + 1.3 \times (14 + 9) A = 230A$$

综上所述，为方便读者，现将常见的各种功率的电动机和与之匹配的低压电气元件列成表的形式（见表1-2），以供中级电工在技能考核及实践工作中选用。

表 1-2 各种功率的电动机和与之匹配的低压电气元件

电动机功率/kW	电动机额定电流/A	低压断路器额定电流/A	熔体额定电流/A	接触器额定电流/A	热继电器		铜导线截面积/mm²
					额定电流/A	整定电流/A	
2.2	4.4	6	10	10	20	4.4	2.5
3	6	10	10、15	10	20	6	2.5
4	8	10、16	15、20	16	20	8	2.5
5.5	11	16	20、25	16	20	11	2.5
7.5	15	25	30、35	25	20	15	4
10	20	30	40	40	60	20	6
13	26	40	50、60	40	60	26	6、10
17	34	50	80	60	60	34	10、16
22	44	60	80、100	63	60	44	16、25
28	56	80	120	100	150	56	25
30	60	100	120	100	150	60	25
35	70	100	150	100	150	70	35
37	74	100	150	160	150	74	35
40	80	120	160	160	150	80	35
55	110	150	200	160	150	110	50
80	160	225	300、350	250	180	160	70
90	180	250	350	250	400	180	95

1.1.2 三相异步电动机的起动、调速及制动

三相异步电动机在《初级电工技能考核指导》已经做过简单的介绍，这里详细介绍三相异步电动机的起动、调速及制动。

1.1.2.1 三相异步电动机的起动

1. 起动情况　我们知道，在电动机刚起动时，转子电流最大，定子电流也必然相应较大。一般中小型笼型异步电动机的定子起动电流（指线电流）为额定电流的4~7倍。电动机的起动电流对线路是有影响的，过大的起动电流在短时间内会在电路上造成较大的电压降落，影响邻近负载的正常工作。如果频繁起动，由于热量积累，可以使电动机过热。但是，如果电动机不是频繁起动，起动电流 I_q 对电动机本身影响不大，因为起动电流 I_q 虽大，但起动时间一般很短（小型电动机只有1~3s），从发热角度考虑没有问题，并且一经起动后，转速很快升高，起动电流 I_q 便很快减小了。因此，在实际操作时，应尽可能不让电动机频繁起动。例如，在切削加工时，一般只是用摩擦离合器或电磁离合器将主轴与电动机轴脱开，而不将电动机停下来，就是为了避免频繁起动。

另一方面，在刚起动时，虽然转子电流较大，但转子的功率因数 $\cos\varphi_2$ 很低，起动转矩 T_{st}实际上是不大的，它与额定转矩之比约为1.0~2.2。一般机床的主电动机都是空载起动（起动后再切削），对起动转矩 T_{st}没有什么要求。但对移动的横梁以及起重用的电动机来

讲，应采用起动转矩大一些的电动机。

2. *起动方法*　由于异步电动机起动时起动电流较大，为了减小起动电流，所以，一般不采用直接起动而采用减压起动的方法。

（1）星-三角（Y/△）减压起动：凡正常运行时，定子绕组接成三角形的笼型异步电动机，可以采用星-三角减压起动。起动时，先将定子绕组接成星形，等到转速接近额定值时，再换接成三角形。下面通过图 1-1 来比较星形联结和三角形联结时的起动电流大小。

在图 1-1 中，Z 为电动机定子每相绕组的等效阻抗。I_{1Y} 和 I_{pY} 分别是定子绕组星形联结时，电动机起动的线电流和相电流。$I_{1\triangle}$ 和 $I_{p\triangle}$ 分别是定子绕组三角形联结时，电动机起动的线电流和相电流。

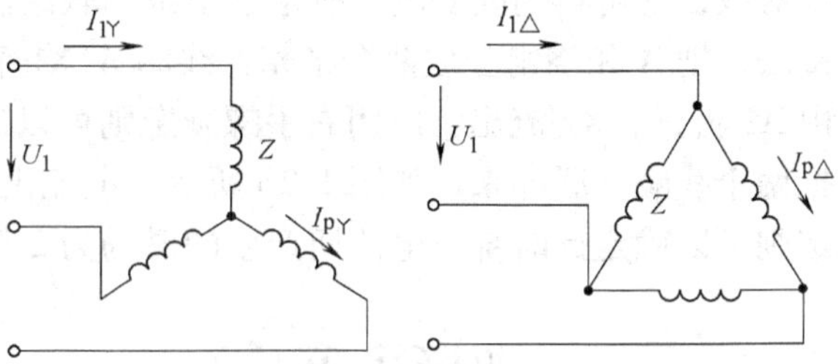

图 1-1　比较星形联结和三角形联结时的起动电流

当定子绕组联成星形，即星-三角减压起动时，$I_{1Y}=I_{pY}=\dfrac{U_1/\sqrt{3}}{|Z|}$；当定子绕组联成三角形，即直接起动时，$I_{1\triangle}=\sqrt{3}I_{p\triangle}=\sqrt{3}\dfrac{U_1}{|Z|}$，比较两式，可得：$\dfrac{I_{1Y}}{I_{1\triangle}}=\dfrac{1}{3}$，即采用星-三角减压起动时的起动电流为直接起动时的 1/3。

另外，星-三角减压起动时，定子每相绕组上的电压降到正常工作电压的 $1/\sqrt{3}$。由于转矩和电压的平方成正比，所以起动转矩也减小到直接起动时的 $(1/\sqrt{3})^2=1/3$。

（2）自耦减压起动：自耦减压起动是利用三相自耦降压变压器，将电动机在起动过程中的端电压降低。起动时，将电动机接入自耦降压变压器的输出端，当转速接近额定值时，再将自耦降压变压器切除（即电动机直接接到电源上）。

此外，还有延边三角减压起动，定子回路串电抗、电阻减压起动以及变频减压起动。常见的各种减压起动的特点见表 1-3。

表 1-3　各减压起动的特点

三相异步电动机种类	起动方法	特　点
20kW 以下小型笼型异步电动机	直接起动	I_q 较大，将使线路电压下降
正常运行时采用△联结的笼型异步电动机	星-三角（Y/△）减压起动	起动时定子电压降低 $1/\sqrt{3}$，I_q 减小 1/3，T_{st} 减小 1/3，只适合空载或轻载起动
功率较大的正常运行时采用Y接法的笼型异步电动机	自耦减压起动	使 I_q 和 T_{st} 减小
绕线式转子异步电动机	转子串电阻	减小 I_q，增大 T_{st}，适用于要求起动转矩较大的电动机负载

1.1.2.2　三相异步电动机的调速

调速就是在同一负载下能得到不同的转速，以满足生产过程的要求。如果采用电气调速，就可以大大简化机械变速机构。由转速公式 $n=\dfrac{60f_1}{p}(1-s)$ 可知，改变电动机的转速有三种可能，即改变极对数 p、电源频率 f_1 及转差率 s。因此，三相异步电动机的调速方法有变极调速、变频调速和变转差率调速三种。

1. 变极调速　笼型异步电动机采用改变极对数的方法进行调速，称为变极调速。变极调速通过改变定子绕组联结法来改变极对数，调速是有极的。在机床上用得较多的双速电动机、三速电动机就采用了变极调速。

由转速公式可知，改变旋转磁场的极对数 p，可以得到不同的转速 n，而改变旋转磁场的极对数，就可得到改变电动机定子绕组的联结法。下面来分析图 1-2 所示的定子绕组的两种接法，把 A 相绕组分成两个半相：线圈 A1X1 和 A2X2。图 1-2a 是两个线圈依次串联，电流由 A1 流进，X2 流出，应用右手螺旋定则可以确定此时绕组电流所产生的磁场为 4 极。如果把两个线圈并联起来，如图 1-2b 所示，电流由 A1、X2 流进，A2、X1 流出，应用右手螺旋定则可以确定此时绕组电流所产生的磁场为 2 极。

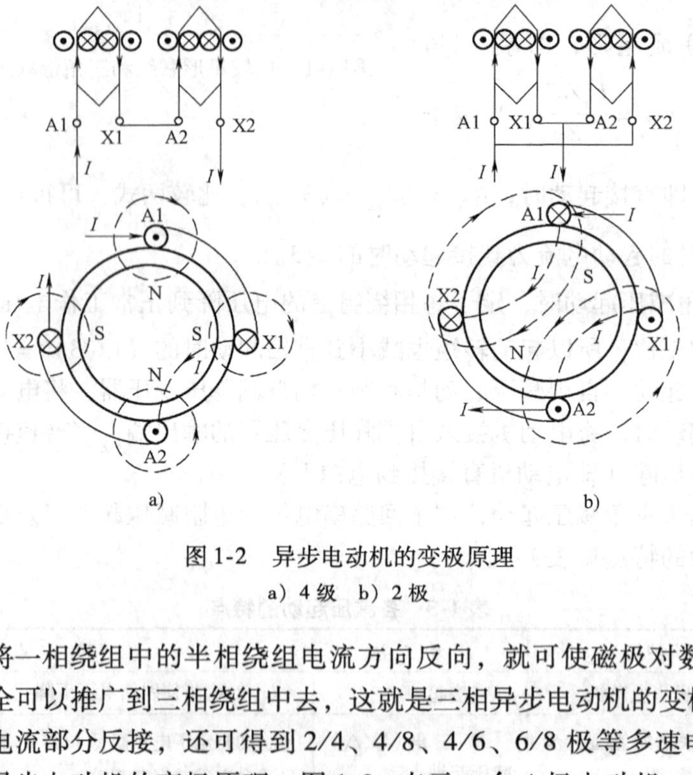

图 1-2　异步电动机的变极原理

a）4 级　b）2 极

由上可知，将一相绕组中的半相绕组电流方向反向，就可使磁极对数减少为原来的一半，这个原理完全可以推广到三相绕组中去，这就是三相异步电动机的变极原理。利用这个原理，将相线圈电流部分反接，还可得到 2/4、4/8、4/6、6/8 极等多速电动机。图 1-3 所示为 4/6 极多速异步电动机的变极原理，图 1-3a 表示一台 4 极电动机一相线圈及其联结；在图 1-3b 中，元件 3、4 的电流反了向，根据右手螺旋定则，每个元件边产生的磁场如图 1-3b所示，由此可知，这种联结就使电动机变成了 6 极电动机。

2. 变频调速　三相笼型异步电动机采用改变电源频率的方法进行调速，称为变频调速。近年来变频调速技术发展很快，目前主要采用由可控硅整流器和可控硅逆变器组成的变频装置。整流器先将 50Hz 的交流电变换为直流电，再由逆变器变换为频率可调、电压也可调的三相交流电，供给笼型异步电动机。由此可得到电动机的无级调速，并具有硬的机械特性，这是电动机调速的发展趋势。

3. 变转差率调速　绕线转子异步电动机采用改变转差率的方法进行调速，称为变转差

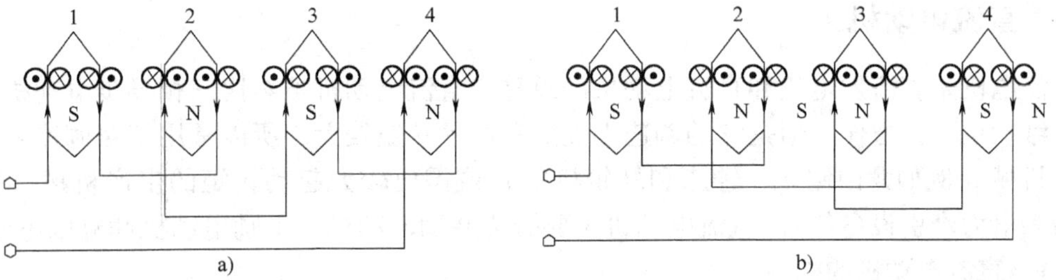

图1-3　4/6极多速异步电动机的变极原理
a) 4极　b) 6极

率调速。变转差率调速有串级调速、交流换向器电动机调速、滑差电动机调速、定子调电压和转子串电阻调速等方法。

1.1.2.3　三相异步电动机的制动

由于电动机的转动部分有惯性，当把电源切断后，电动机还会继续转动一定时间才能停止。若要使电动机能够迅速停止，这就需要对电动机进行制动。电动机制动，就是要求它的转矩与转子的转动方向相反，这时的转矩称为制动转矩。三相异步电动机常用的制动方法有能耗制动、反接制动和发电反馈制动。

1. 能耗制动　能耗制动的原理如图1-4所示。直流电通入定子绕组，产生固定不动的磁场 Φ（设方向为垂直向下）。转子由于惯性继续顺时针转动，根据右手螺旋定则，则转子导体产生的感应电流方向为垂直指向纸里，感应电流与固定磁场相互作用产生的电磁力可根据左手螺旋定则判断，方向为水平向左，其转矩（即制动转矩）为逆时针方向，与转子的转动转矩相反，从而使电动机停止。能耗制动的特点是制动能量消耗小，制动平稳，但需要直流电源。

2. 反接制动　反接制动是将接到电源的三根导线中的任意两根的一端对调位置，使旋转磁场反向旋转，产生制动转矩，反接制动原理如图1-5所示。当转速接近零时，利用某种控制电器将电源自动切断。反接制动比较简单，效果较好，但能量消耗较大，适用于某些中型车床和铣床的主轴制动。

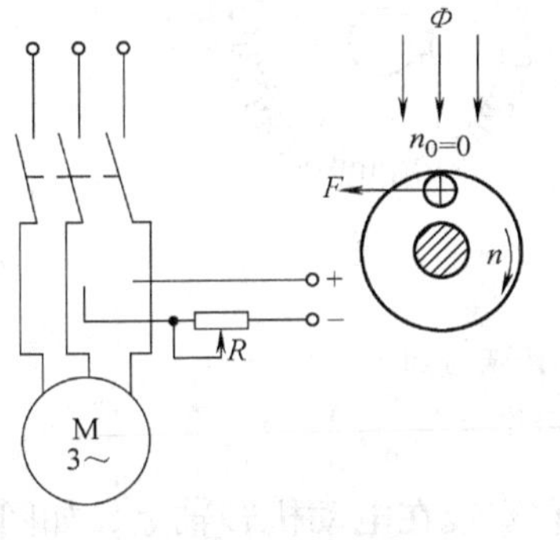

图1-4　能耗制动原理图

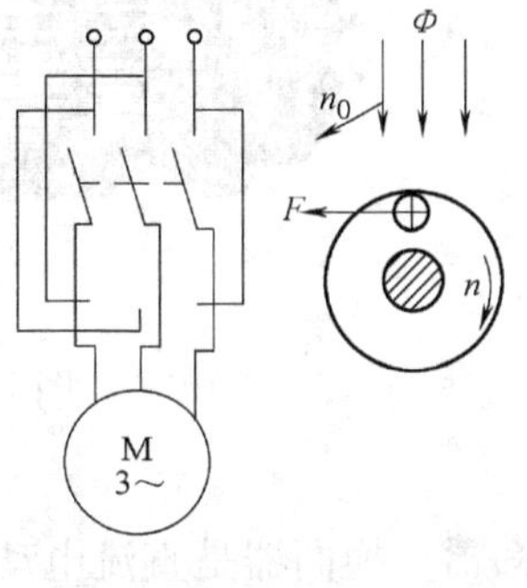

图1-5　反接制动原理图

3. 发电反馈制动　发电反馈制动是当转子的转速 n 超过旋转磁场的转速 n_0 时，产生制动转矩。起重机快速放下重物时，重物拖动转子，当 $n > n_0$，重物受到制动而等速下降。此时电动机已转入发电机运行，将重物的位能转换为电能反馈到电网中。

1.1.3 直流电动机

直流电机是直流发电机和直流电动机的总称。直流电动机虽然比三相异步电动机的结构复杂，维护也不太方便，但是它的调速性能好和起动转矩较大，所以常用于对调速要求较高的生产机械（例如龙门刨床、镗床和轧钢机等）或需要较大起动转矩的生产机械（例如起重机械和电力牵引设备等）。直流电动机主要分为并励电动机、串励电动机和复励电动机。

1.1.3.1 直流电动机的构造

直流电动机主要由磁极、电枢和换向器组成，如图1-6所示。

1. *磁极* 直流电动机的磁极如图1-7所示，是用硅钢片叠成的，固定在机座（即电动机外壳）上，是磁路的一部分，它分成极心和极掌两部分。极心上放置励磁绕组，极掌的作用是使电动机空气隙中磁感应强度的分布最为合适，并用来挡住励磁绕组。机座也是磁路的一部分，通常用铸钢制成。

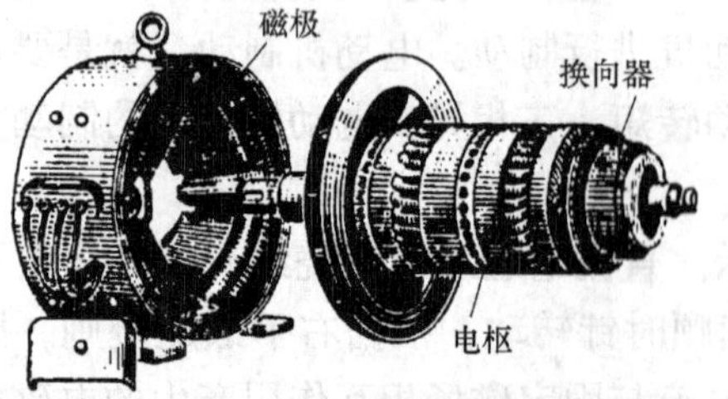

图1-6 直流电动机的组成示意图

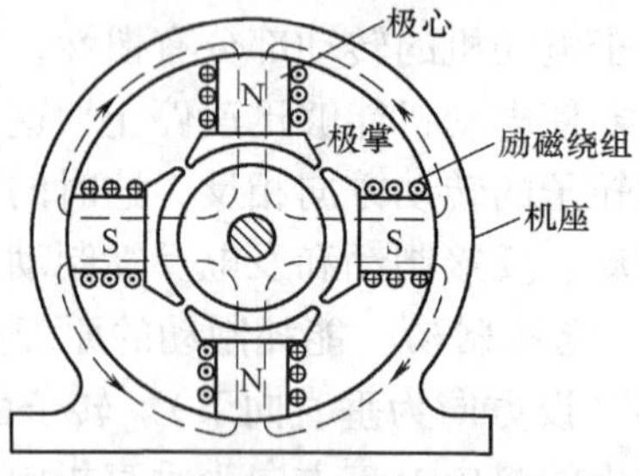

图1-7 直流电动机的磁极及磁路

2. *电枢* 直流电动机的电枢是旋转的，是电动机中产生感应电动势的部分。电枢铁心呈圆柱状，由硅钢片叠成，表面冲有槽，槽中放电枢绕组。电枢和电枢铁心片如图1-8所示。

图1-8 电枢和电枢铁心片示意图
a）电枢 b）电枢铁心片

3. *换向器* 换向器是直流电动机的构造特征，它安装在电动机转轴上，如图1-9所示。

换向器由楔形换向铜片组成，铜片间用云母（或塑料）垫片绝缘。换向铜片放在套筒上，用压圈固定，压圈本身又用螺母固紧。电枢绕组的导线按一定规则与换向片相连接。换向器的凸出部分是焊接电枢绕组的。在换向器的表面用弹簧压着固定的电刷，使转动的电枢绕组得以同外电路连接起来。

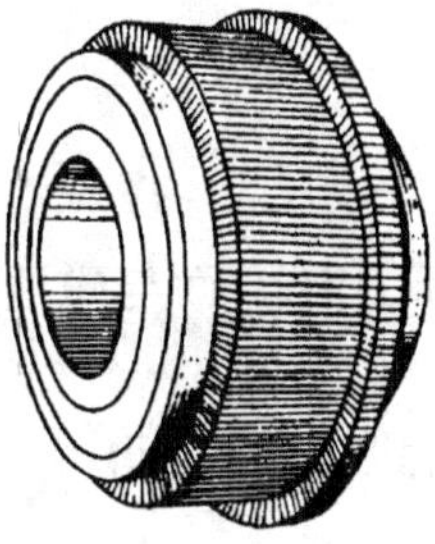
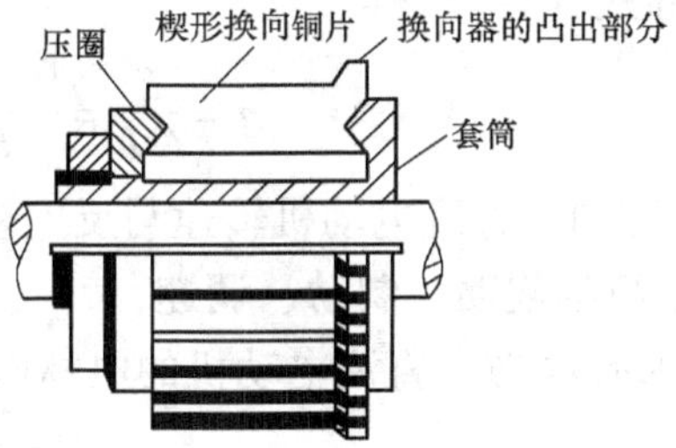

a)　　b)

图 1-9　直流电动机换向器示意图
a）外形　b）剖面图

1.1.3.2　直流电动机的基本工作原理

为了讲解直流电动机的工作原理，可以把复杂的直流电动机简化为如图 1-10 所示的工作原理图。直流电动机具有一对磁极，电枢绕组只是一个线圈，线圈两端分别连在两个换向片上，换向片上压着电刷 A 和 B。

电动机运行时，将直流电源接在两电刷之间，电流方向为：N 极下的有效边中的电流总是沿着一个方向，而 S 极下的有效边中的电流总是沿着另一个方向。这样两个边上受到的电磁力的方向一致，电枢因此转动。当线圈的有效边从 N（S）极下转到 S（N）极下时，其中电流的方向由于换向片而同时改变，而电磁力的方向不变，因此，电动机就连续运行。

1.1.3.3　直流电动机的转向与转速

由图 1-10 可知，改变电枢的电流方向，可以使直流电动机反转。

直流电动机转动时，电枢绕组切割磁力线，产生感应电动势，此电动势的方向与电动机端电压 U 的方向相反，称反电动势 E，如图 1-11 所示。反电动势为

$$E = K\Phi n \tag{1-8}$$

式中　K——常数；
Φ——磁通（Wb）；
n——直流电动机转速（r/min）。

由图 1-11 可得

$$U = E + I_a R_a \tag{1-9}$$

式中　R_a——电枢绕组电阻（Ω）；
I_a——电枢电流（A）。

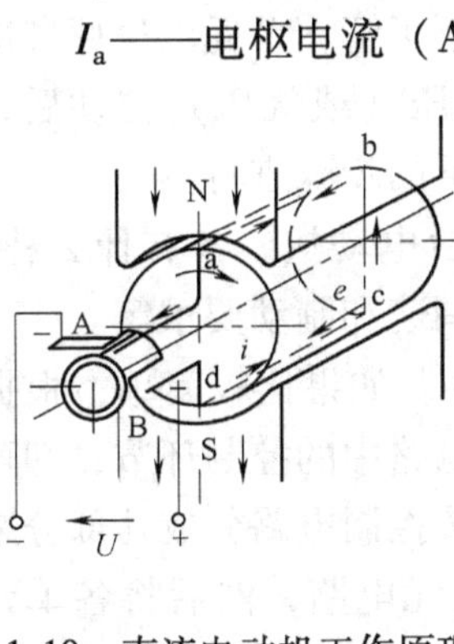

图 1-10　直流电动机工作原理图

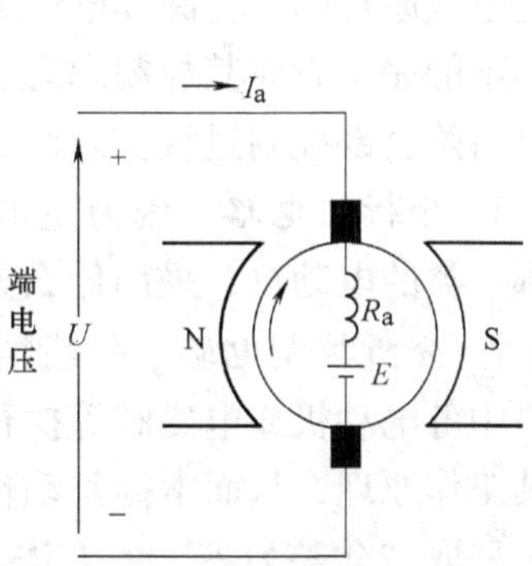

图 1-11　直流电动机端电压与反电动势

由式（1-8）和式（1-9）得

$$n=\frac{E}{K\Phi}=\frac{U-I_aR_a}{K\Phi} \tag{1-10}$$

由式（1-10）可知，直流电动机转速与反电动势 E 成正比，而与磁通 Φ 成反比。

1.1.3.4 直流电动机的起动、制动、调速

1. 直流电动机的起动　直流电动机的电枢电流可由式（1-9）得

$$I_a=\frac{U-E}{R_a} \tag{1-11}$$

起动瞬间，$E=0$，则电枢电流很大，即为

$$I_a=\frac{U}{R_a} \tag{1-12}$$

由式（1-12）可知，为了减小起动电流，可将起动电阻与电枢串联，当电动机转动起来后，便产生了反电动势，使电流变小，起动后再将起动电阻去除。

2. 直流电动机的制动　直流电动机的制动有发电制动和再生制动两种方法。发电制动是将运转中的电动机电源切除，接上制动电阻，电动机作为发电机工作，制动电阻作为负荷，如本模块实训 5 就是用发电制动的，发电制动适用于电动机高速运转的场合。再生制动是采取增加励磁电流等方法，使感应电动势比加于电动机的电压还高，从而得到制动，电力车下坡有时就用此方法。

3. 直流电动机的调速　由式（1-10），$n=\frac{E}{K\Phi}=\frac{U-I_aR_a}{K\Phi}$可知：直流电动机的转速与磁通、电枢电流、端电压等有关，因此，直流电动机调速可分为变磁通调速、变电枢电流调速和变电枢电压调速。变磁通调速是指改变励磁电路电流的大小，使磁通发生变化。变磁通调速可用于并励电动机、他励电动机和复励电动机。变电枢电流调速是指在电枢电路中串入电阻，使电枢电流变化，如本模块实训 5 就是用变电枢电流调速的。变电枢电压调速主要用于串励电动机，是指把偶数台电动机或串联或并联，使加于电动机的电压变化。目前，电梯门的开和关多采用直流电动机调速。

1.1.4 电气读图的基本方法

如果对一台设备进行安装、调试、维修或改造，首先必须要看懂其电气图，其中最主要的是电气原理图。在阅读电气原理图以前，还必须对控制对象有所了解，单凭电气原理图往往还不能完全看懂其控制原理，只有了解了有关的机械传动和液压（或气压）传动后，才能弄清楚全部控制过程。因此，阅读电气原理图时，一般要按如下的步骤进行。

1. 分析主电路　因为主电路一般要容易些，可以看出有几台电动机，各有什么特点，是哪一类的电动机，采用什么方法起动，是否要求正反转，有无调速和制动要求等。

2. 分析控制电路　一般情况下控制电路较主电路要复杂一些。如果比较简单，根据主电路中各电动机或电磁阀等执行电器的控制要求，逐一找出控制电路中的控制环节，即可分析其工作原理，从而掌握其动作情况。如果比较复杂，一般可以按控制电路分成几部分来分析，采取“化整为零”的方法，将其分成一些基本的、熟悉的单元电路，然后将各单元电路进行综合分析，最后得出其动作情况。

3. *分析辅助电路*　辅助电路中的电源显示、工作状态显示、照明和故障报警显示等辅助电路，大多由控制电路中的元件来控制，所以，对辅助电路进行分析也是很有必要的。

4. *分析联锁和保护环节*　机床对于安全性和可靠性有很高的要求，为了实现这些要求，除了合理地选择拖动和控制方案外，还需要在控制电路中设置一系列电气保护和必要的电气联锁，这些联锁和保护环节必须弄清楚。

5. *总体检查*　经过“化整为零”的局部分析，在逐步分析了每一个局部电路的工作原理及各部分之间的控制关系之后，还必须用“集零为整”的方法，检查整个控制电路，看是否有遗漏。特别要从整体角度去进一步检查和理解各控制环节之间的联系，以理解电路中每个电气元件的名称及其作用。

例如，对图 1-12 进行分析时，从主电路的 KM1、KM2 的相序关系中，可以知道 KM1、KM2 分别控制电动机的正反转，再分析 KM3 和二极管 VD，它们组成了半波整流的能耗制动，这些都是从主电路中得到的信息。然后分析控制电路，从交流接触器线圈的情况看，可以将控制电路分成四条回路。第一条回路从主电路的 1 开始→FU2→SB1 常闭触头→SB2（或 KM1）常开触头→KM2 常闭触头→KM3 常闭触头→KM1 线圈→FR 常闭触头→FU1→3 形成一个回路；第二条回路从主电路的 1 开始→FU2→SB1 常闭触头→SB3（或 KM2）常开触头→KM1 常闭触头→KM3 常闭触头→KM2 线圈→FR 常闭触头→FU1→3 形成一个回路；第三条回路从主电路的 1 开始→FU2→SB1（或 KM3）常开触头→KT 延时断开触头→KM1 常闭触头→KM2 常闭触头→KM3 线圈→FR 常闭触头→FU1→3 形成一个回路；第四条回路从主电路的 1 开始→FU2→SB1（或 KM3）常开触头→KT 线圈→FR 常闭触头→FU1→3 形成一个回路。将这四条回路与主电路联系起来，不难看出：第一条回路是控制电动机的正转回路，第二条回路是控制电动机的反转回路，第三条回路是控制电动机能耗制动的回路，第四条回路是能耗制动的延时回路。最后，从控制电路中还可以得出按钮 SB1 具有机械联锁关系及 KM1、KM2、KM3 具有电气联锁关系，以上就是对图 1-12 的读图过程。

1.1.5　故障分析与查找

故障维修的关键在于故障的分析与查找，而分析的依据是原理图及故障现象，查找是根据原理图进行的检查或根据分析的结果进行有针对性地查找，而不是漫无目的地普查。对于简单的控制电路，可以采取逻辑分析法或测试判断法；对于复杂的控制电路，则必须采取逻辑分析法和测试判断法相结合的方法。

1. *逻辑分析法*　逻辑分析法是根据控制系统的工作原理、控制环节的动作顺序及它们之间的逻辑关系，并结合故障现象或测量的数据进行的分析。当故障可能发生的范围较大时，还可先对中间环节进行分析和试验，将故障范围大大缩小，加快查出故障的时间。

例如，在实训 3 的Y/△起动及顺序控制中，电动机 M1 能“Y”起动，就是没有“△”运行。如果熟悉控制系统原理，采用逻辑分析的方法，首先分析“△”运行的先决条件是：KM3 线圈必须得电吸合。若 KM3 线圈已得电吸合，则是电动机 M1 的主电路有问题；若是 KM3 线圈没有得电吸合，则要查 KM3 线圈前后的 KM2 常闭辅助触头和 KT 延时闭合触头是否正常。

可见逻辑分析法就是分析电路原理，进行逻辑推理，不断缩小可疑范围，使复杂问题简单化、条理化，从而既准又快地完成故障检查任务。

2. 测试判断法 借助电工测试仪表进行测试是检查故障的有效方法，对于电力拖动控制电路，常用“试灯”或万用表等测试电路的通、断或电压、电流、电阻等，再与正常情况进行比较，就能迅速判断故障所在。

例如，在实训3控制电路的检查时，按下SB2或KM1，读数应为KM1（设接触器线圈电阻为600Ω）、KM2、KT（设其线圈电阻为1.2kΩ）线圈的并联电阻值240Ω。如果读数为300Ω，则说明KT线圈支路有问题；如果读数为400Ω，则说明KM1或KM2支路有问题。

对于电工技能考核来说，应“一次成功”，所以，要求电路装接完后，必须进行自查，确保一次通电试车成功。自查就是用测试判断法对电路进行的全面检查。只有在自查正确后，才能申请通电试车。若通电试车不成功，可采用逻辑分析法，根据故障现象进行逻辑分析，或者再次采用测试判断法进行检查，确保第二次通电试车成功。

1.2 电力拖动技术实训

电力拖动技术实训选取了极具代表性的正反转能耗制动控制，Y/△起动及顺序控制，双速电动机控制，三速电动机控制，直流电动机正反转、调速及制动控制等。在完成这些实训后，要求熟悉电气元件的结构、工作原理及在电路中的作用；能熟练识读电气控制电路图，并能分析其动作原理；能熟练掌握按电气图装接电路的技能和工艺要求；能熟悉掌握用万用表检查电气元器件、主电路、控制电路并根据检查结果或故障现象判断故障位置。同时，在实训过程中要养成安全文明生产的好习惯，并严格遵守如下安全注意事项：

（1）严禁使用不规范的动作。

（2）严禁私自通电试车。

（3）严禁带电检查线路。

（4）通电试车和电气测量时，必须有教师监护。

实训1 正反转能耗制动控制

1. 实训目的

（1）掌握无功电能表的绘制及接线。

（2）掌握正反转能耗制动控制的动作原理。

（3）掌握电气电路的检查方法，并根据故障现象判断故障的位置。

2. 实训平台及准备

根据中级电工实训的需要，选用额定功率为4kW，额定电压为380V，额定电流为8.8A，正常运行为三角形联结的三相异步电动机，其他低压电气设备的选择如下：

（1）低压断路器的选择。

1）低压断路器的额定电流，根据式（1-3），有

$$I_e \geqslant 1.3I_{js} = 1.3 \times 8.8\text{A} = 11.44\text{A}$$

查表A-1得：触头额定电流（第二列）比11.44A大的一级为25A，且额定电压等其他

条件也相符，故可选 DZ5-25 型低压断路器，其额定电压 $U_e = 380V$，主触头额定电流为25A，脱扣器额定电流为 15A。

2）瞬时动作的脱扣器的整定电流，根据式（1-4），有

$$I_{zd} \geqslant KI_f = (1.7 \sim 2) \times I_q = (1.7 \sim 2) \times (4 \sim 7) I_{de} = (1.7 \sim 2) \times (4 \sim 7) \times 8.8A$$

可取 $I_{zd} \approx 88A$，即瞬时动作的脱扣器的整定电流为 88A。

所以，为防止人身触电，可选动作电流小于 30mA，额定电流为 25A 的漏电断路器。

（2）交流接触器额定电流的选择。交流接触器额定电流为 $1.3 \times 8.8A = 11.44A$。

所以，应选额定电流为 60A（交流接触器额定电流选大一些，对电路无影响）、额定电压为 380V 的交流接触器。

（3）热继电器额定电流的选择。电动机额定电流为 8.8A，所以，热继电器额定电流可选 40A（热继电器额定电流选大一些，对电路无影响），整定电流为 8.8A。由于电动机为“△”运行，所以，应选带断相保护的热继电器。

（4）导线的选择（按常温 25℃）。

1）若常温明敷：因为电动机额定电流为 8.8A，查表 A-3 可知，在常温 25℃时，BV 型铜芯塑料绝缘导线的允许载流量大于 8.8A 的一级为 18A，其对应的导线截面积为 $1mm^2$，18A 是在环境温度 25℃、导线温度 60℃，架空敷设的载流量，有很好的散热环境（这种敷设在实际当中应用较小），不需要电压损失校验。

2）若常温穿管暗敷：根据附录 B 的口诀十七，可选导线截面积为 $2.5mm^2$ 的 BV 型铜芯塑料绝缘导线穿管暗敷。

通过以上选择，实训器材清单见表 1-4。

表 1-4 实训器材清单

序号	器材		数量
1	电力拖动实训柜（已安装下列低压电器及接线端子）1 台	异步电动机（Y-112-4,4kW）	1 台
		漏电断路器（动作电流小于 30mA、额定电流为 25A）	1 个
		交流接触器（额定电流为 60A、线圈额定电压为 380V）	3 个
		热继电器（额定电流为 40A、整定电流为 8.8A）	1 个
		熔断器（R0-15-5A，控制电路可用 1～5A）	5 个
		时间继电器（JS140P，线圈额定电压为 380V、延时闭合与延时断开触头各 1 对）	1 个
		按钮（1 对常开、1 对常闭）	3 个
		指示灯（额定电压为 380V）	1 个
2	电工常用工具	螺钉旋具、胶钳、剥线钳、电工刀、万用表等	1 套
3	导线	常温明敷 $1mm^2$ 或穿管暗敷 $2.5mm^2$ 的 BV 型铜芯塑料绝缘导线	若干

3. 工作原理

实训原理图如图 1-12 所示，KM1、KM2 分别是正反转接触器，其主触头的接线相序不同，即 KM1 主触头从左至右按 U、V、W 相序接线，而 KM2 主触头从左至右按 W、V、U 相序接线。当 KM1 闭合时，电动机正转；当 KM2 闭合时，电动机由于相序不同而反转。KM3 是制动接触器，当 KM3 闭合时，电动机定子绕组通入直流电而制动。

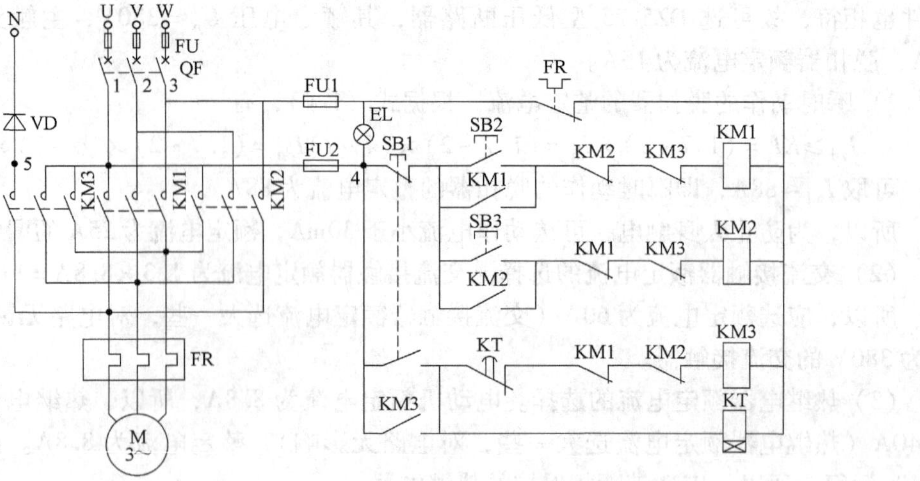

图 1-12　正反转能耗制动控制原理图

动作顺序如下：

（1）正转制动：按下SB2→KM1线圈得电→KM1主触头闭合、KM1自锁触头闭合自锁→电动机正转

当需要制动时，按下SB1→KM1线圈失电→KM1自锁触头断开、KM1主触头断开→电动机断开交流电源

→KM3线圈得电→KM3主触头闭合、KM3自锁触头闭合自锁→电动机开始制动

→KT线圈得电(开始延时)，延时时间到→KT延时断开的动断触头断开→KM3线圈失电→KM3主触头断开、KM3自锁触头断开→制动完成(KT线圈同时也失电)

（2）反转制动：按下SB3→KM2线圈得电→KM2主触头闭合、KM2自锁触头闭合自锁→电动机反转

当需要制动时，按下SB1→KM2线圈失电→KM2自锁触头断开、KM2主触头断开→电动机断开交流电源

→KM3线圈得电→KM3主触头闭合、KM3自锁触头闭合自锁→电动机开始制动

→KT线圈得电(开始延时)，延时时间到→KT延时断开的动断触头断开→KM3线圈失电→KM3主触头断开、KM3自锁触头断开→制动完成(KT线圈同时也失电)

（3）适用场所：该线路适用于10kW以下小功率异步电动机的正反转制动，且对制动要求不高的场所，如升降机、机床等需要正反转制动的设备。

4. 实训步骤

（1）元件检查：

1）用万用表检查接触器（KM）的主触头及辅助常开、常闭触头，当按下试验按钮时常开触头应闭合，常闭触头应断开。

2）测量接触器、时间继电器线圈电阻值是否正常。

3）检查热继电器及其常闭触头是否处于完好状态。

4）测量电动机绕组的电阻值是否正常。

5）检查整流二极管是否具有单向导电性。

6）按钮常开触头、常闭触头，当按下时常开触头应闭合，常闭触头应断开。

7）检查各熔断器两端的电阻，以确定其好坏。

8）检查无功电能表及互感器是否正常。

9）排除指示灯的短路。

（2）线路装接：图 1-12 所示的主电路主要由正反转和能耗制动两部分组成。其接线可根据原理图进行，也可参考初级电工的有关内容。同时还必须加装无功计量电能表，无功电能表的接线如图 1-13 所示。

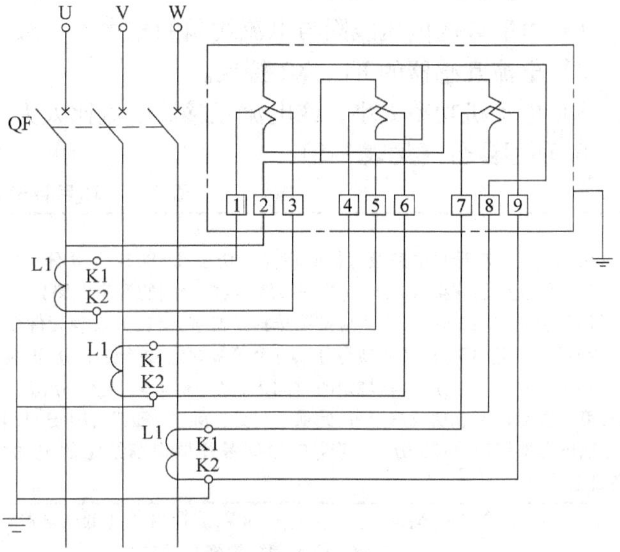

图 1-13　DX862-2 型无功电能表的接线

（3）线路检查（取下 FU2）。

1）主电路的检查：将万用表打到 $R\times1$ 或数字表的 200Ω 挡，按如下步骤检查：

① 表笔放在 1、2 处，分别按下 KM1、KM2，读数约为电动机两绕组串联再与另一绕组并联的电阻值。

② 表笔放在 1、3 或 2、3 处，分别按下 KM1、KM2，读数约为电动机两绕组串联再与另一绕组并联的电阻值。

③ 表笔放在 1、5 处，按下 KM3，读数为电动机两绕组并联的电阻值。

2）控制电路的检查：将万用表打到 $R\times10$ 或 $R\times100$ 或数字表的 2k 挡，表笔放在 3、4 处，按如下步骤检查：

① 此时万用表读数应为无穷大。

② 按下 SB2（或 KM1），读数应为 KM1 线圈的电阻值，轻按下 SB1，则变为无穷大。

③ 按下 SB3（或 KM2），读数应为 KM2 线圈的电阻值，轻按下 SB1，则变为无穷大。

④ 按下 SB1（或 KM3），读数应为 KM3 与 KT 线圈的并联电阻值。

⑤ 同时按下 KM1、KM2、KM3 中的任意两个，读数为无穷大。

（4）通电试车。

经上述检查无误后，可在教师监护下通电试车。

1）电路送电：合上 QF，电源指示灯 EL 亮，电能表不转动。

2）正转制动：按下 SB2，电动机正转，电能表正转，当需要制动时，按下 SB1，电动机制动（即立即停止）。

3）反转制动：按下 SB3，电动机反转，电能表正转，当需要制动时，按下 SB1，电动机制动。

4）电路停电：断开 QF，电源指示灯 EL 灭，电能表不转动。

5. 故障分析

（1）电源指示灯不亮，应检查 FU1、FU2 及电源是否缺相。

（2）控制电路的 KM1（正转）和 KM2（反转）都不吸合，但 EL 亮，则应检查 SB1 及 FR 的常闭触头，以及两个线圈公共部分的接线。

（3）控制电路的 KM1 或 KM2 或 KM3 不能吸合，则应检查其所在支路的接线。

（4）控制电路的 KM1、KM2 都能吸合，但电动机没有反转，则是主电路没有换相。

（5）电动机能正反转，但无能耗制动（即自由停车），则原因如下：

1）时间继电器 KT 整定时间太短。

2）二极管 VD 断路或零线未接好。

3）KM3 主触头未接对。

（6）电能表不转或反转。

1）电能表的电压线圈与电流线圈的相序不一致。

2）电流互感器的 K1、K2 接反。

3）电动机功率太小，或电流互感器电流比太大。

6. 项目评分（见表 1-5）

表 1-5　项目评分表

考核时间定额：150min

一、画三相无功计量电路及保护措施：（无功表：DX862-2）10 分。（计量部分：6 分；保护措施：4 分）

二、电气线路的连接：70 分。（按图接线，包括绘制的计量电路）

（1）元件选择：15 分。（考生应按图选择及检查元件，如发现元件损坏务必及时更换）

（2）接线工艺：15 分。（此项得分以三个等级评定：A 级：15 分；B 级：10 分；C 级：5 分）

（3）通电试车：40 分。（在规定的时间内，电动机运转得 30 分，其中，第一次运转成功得 30 分；第二次运转成功得 10 分；第二次运转不成功或放弃者，此项不得分。无功表运转：10 分；反转或不转不得分）

三、电器选用部分：20 分。（考生应根据考评员现场给定的电动机功率进行估算并选择系列值，填入表格的对应栏目上）

给定功率：M ________ kW，选择内容：（低压电器的额定值及导线规格和型号）	扣分	得分	考评员签名
选择空气断路器（5 分）________，________			
选择主电路熔体（5 分）________			
选择主电路导线截面积（穿管敷设）（5 分）________			
热继电器整定（5 分）________			

四、安全文明操作：违反安全文明操作由考评员视情况扣分，所有在场的考评员签名有效。（①有作弊等违反考场纪律行为按考场规定执行；②未将考核设备复位及清理现场扣除 20 分；③未归还考试工具、仪表、图样扣除 50 分；④造成主要设备损坏该项目记 0 分。）

考核说明：考试时间一到，所有考生必须停止操作，上交试卷，已接完线的考生等候考评员通知进场给予一次通电机会（已通电两次的除外）。

（1）时间继电器的整定时间不能太长，也不能太短。

（2）电流互感器二次侧的一端要接地，K1、K2 不能接反。

（3）电能表的电压与电流线圈的相序要一致。

（4）正反转的主电路要调换相序。

（1）无功和有功电能表有何区别？

（2）二极管的阴阳极能否反过来连接？为什么？

（3）在主电路的检查时，表笔放在 1、2 处，分别按下 KM1、KM2，读数约为电动机两绕组串联再与另一绕组并联的电阻值，这里为什么是一个约数？其具体值应该是什么？

（4）测量无功电能的目的是什么？

（5）供电局规定功率因数一般要大于多少，否则要罚款。

实训2　双速电动机控制

1. 实训目的

（1）了解双速电动机的结构及原理。

（2）掌握双速电动机控制的动作原理。

（3）掌握双速电动机的接线及接线工艺。

（4）掌握用6只灯泡代替双速电动机的原理及接线要领。

2. 实训平台

本实训项目需要的设备及器材见表1-6。

表1-6　实训器材清单

序号	器材		数量
1	电力拖动实训柜(已安装下列低压电器及接线端子)1台	异步电动机(Y-112-4,4kW)	1台
		中间继电器(JZ7)	1个
		漏电断路器(动作电流小于30mA、额定电流为25A)	1个
		交流接触器(额定电流为60A、线圈额定电压为380V)	3个
		热继电器(额定电流为40A、整定电流为8.8A)	1个
		熔断器(R0-15-5A,控制电路可用1~5A)	5个
		时间继电器(JS140P,线圈额定电压为380V、延时闭合与延时断开触头各1对)	1个
		按钮(1对常开、1对常闭)	2个
		指示灯(额定电压为380V)	1个
		白炽灯(220V、15~60W)	6个
2	电工常用工具	螺钉旋具、胶钳、剥线钳、电工刀、万用表等	1套
3	导线	常温明敷1mm^{2}或穿管暗敷2.5mm^{2}的BV型铜芯塑料绝缘导线	若干

3. 实训准备

在进行操作之前，应对电气电路的原理动作过程做好充分地熟悉及解读，对要使用的电气元器件进行清点、测量。

4. 工作原理

实训原理图如图1-14所示。

（1）电路分析：当KM1闭合时，电动机作“△”联结，如图1-15a所示，U2、V2、W2空着，而U1、V1、W1分别和电源U、V、W相连接（为顺时针），此时为普通三角形联结，电动机低速运行；当KM2、KM3闭合时，电动机作双“Y”联结，如图1-15b所示，U1、V1、W1经KM3短接在一起，而U2、V2、W2分别和电源W、V、U相连接（为逆时针），此时两个半相绕组并联，其中一个半相绕组电流反相，电动机极对数减少一半，于是电动机高速运行。

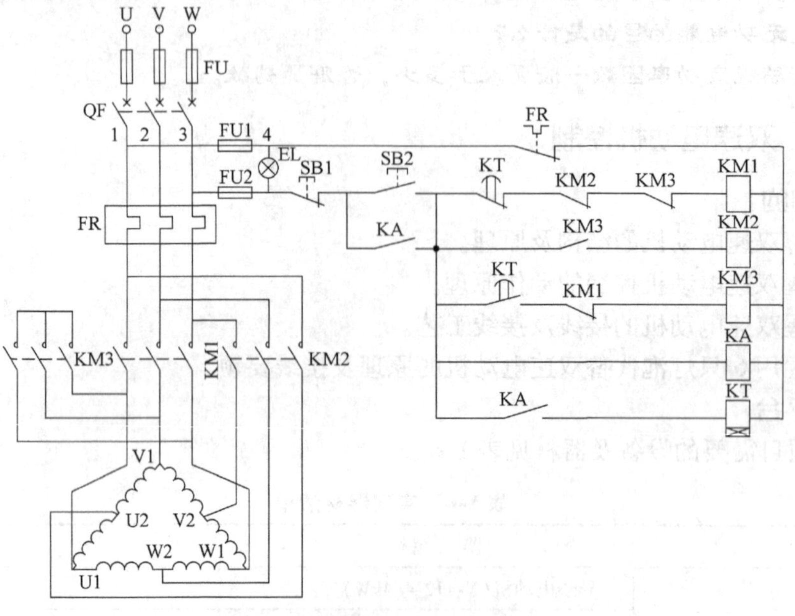

图 1-14　双速电动机控制原理图

由上可知，电动机由低速变成高速以后，电源相序由顺时针变成了逆时针。但是，电动机不会反转，这是因为，电动机的空间机械角度不变，而电角度随着极对数的变化而变化，极对数的变化要求电源的相序改变，所以，电动机不会反转。实训时，如果条件有限，可以采用 6 个灯泡来代替 6 个半绕组。

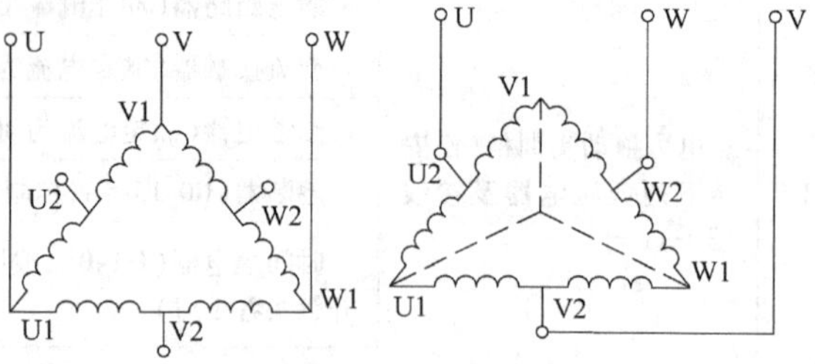

a)　　b)

图 1-15　双速电动机的接线原理

a）“△”联结　b）“Y”联结

（2）动作原理：按下SB2，KM1线圈得电 → KM1主触头闭合 → 电动机作“△”联结，低速运行（6只灯泡亮度较暗）

└→ KA线圈得电 → KA自锁触头闭合自锁

└→ KA常开触头闭合 → KT线圈得电，并开始延时

┌→ KT常闭触点断开 → KM1线圈失电 → KM1主触头断开（低速停止）

延时时间到 → KT常开触点闭合 → KM3线圈得电 → KM3常开触头闭合 → KM2线圈得电，KM2主触头闭合 ┐

└→ KM3主触头闭合 → 电动机作双“Y”联结，高速运行（6只灯泡正常发光）

5. 实训步骤

（1）元器件检查。参照实训 1 所介绍的方法，将图 1-14 所需元器件进行检查。若用灯泡代替双速电动机，则 6 个灯泡的电阻必须相等。

（2）线路装接：图 1-14 所示的主电路用 6 只灯泡代替后，其接线比较复杂，经简化后，可按图 1-16 所示接线。由于灯泡不存在正反转的问题，所以，接线时不用考虑电源的相序，这样，思路就比较清楚了，其他部分可按照原理图进行接线。

（3）线路检查（取下 FU1）。

1）主电路的检查：将万用表打到 $R\times10$ 或 $R\times100$ 或数字表的 2k 挡，然后按如下步骤检查：

① 表笔放在1、2（或1、3 或2、3）处，按下 KM1，读数为4 $R_{灯}/3$。

② 表笔放在1、2（或1、3 或2、3）处，同时按下 KM2 和 KM3，读数为 $R_{灯}$。

2）控制电路的检查：将万用表打到 $R\times10$ 或 $R\times100$ 或数字表的2k 挡，然后按如下步骤检查：

① 表笔放在 3、4 处，按下 SB2，读数为 KM1 和 KA 线圈的并联值。

② 表笔放在时间继电器的—⊃—或 KM3 常开触头两端，读数为上述值与 KM3 或 KM2 线圈的串联值。

（4）通电试车。经上述检查无误后，在教师的监护下通电试车。

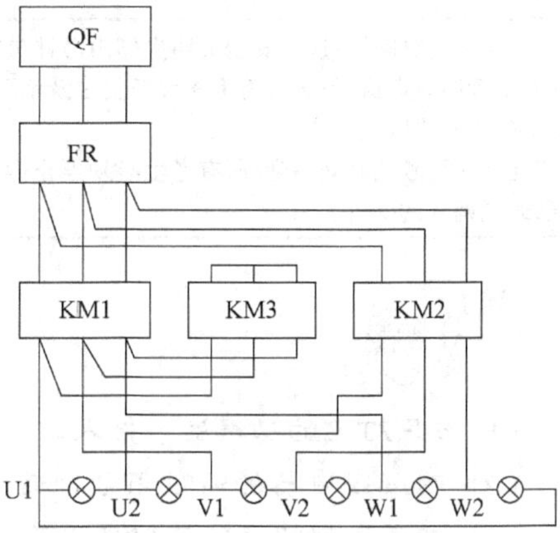

图 1-16　主电路简化接线图

1）电路通电：合上 QF，电源指示灯 EL 亮。

2）电动机运行：按下 SB2，电动机低速运行（6 只灯亮度较暗），延时后电动机高速运行（6 只灯正常发光）。

3）电动机停止：按下 SB1，电动机停止（6 只灯全灭）。

6. 故障分析

一般要根据故障的现象进行分析，通常在送电后，应观察指示灯的情况，正确后，再按起动按钮，这时既要观察控制电路中线圈的动作情况，又要观察主电路的动作情况，从而判断是控制电路的问题，还是主电路的问题，然后进一步分清是哪一支路的问题。这样就可将故障锁定在某一个小范围内，从而缩短检查故障的时间，也避免了对照原理图一根线一根线地查找。例如，双速电动机电路中，经常出现有低速运行而无高速运行的情况，这时应先观察控制电路是否正常。如果正常，则是主电路接线错误；如果控制电路动作不正常，则要看时间继电器是否得电，再看其延时触头（包括延时断开和闭合）是否有问题，然后看 KM3、KM2 的得电情况，这样逐渐缩小范围，逐渐排除故障，直到通电成功。具体的分析由读者参照完成。

7. 项目评分（见表 1-7）

表 1-7　项目评分表

考核时间定额：120min

一、电气线路的连接：70 分。（按图接线）

1. 元件选择：15 分。（考生应按图选择及检查元件，如发现元件损坏务必及时更换）
2. 接线工艺：15 分。（此项得分以三个等级评定：A 级：15 分；B 级：10 分；C 级 5 分）
3. 通电试车：40 分。（在规定的时间内，第一次运转成功得 40 分；第二次运转成功得 15 分；第二次运转不成功或放弃者，此项不得分）

二、电器选用部分：30 分。（考生应根据考评员现场给定的电动机功率进行估算并选择系列值，填入表格的对应栏目上）

给定功率：M ______ kW，选择内容：（低压电器的额定值及导线规格、型号）	扣分	得分	考评员签名
选择空气断路器（6 分）______，______			
选择主电路熔体（6 分）______			
选择主电路导线截面积（穿管敷设）（6 分）______			
选择主接触器（6 分）______，______			
热继电器的整定值（6 分）______			

（续）

三、安全文明操作：违反安全文明操作由考评员视情况扣分，所有在场的考评员签名有效。（①有作弊等违反考场纪律行为按考场规定执行；②未将考核设备复位及清理现场扣除20分；③未归还考试工具、仪表、图样扣除50分；④造成主要设备损坏该项目记0分。）
考核说明：考试时间一到，所有考生必须停止操作，上交试卷，已按完线的考生等候考评员通知进场给予一次通电机会（已通电两次的除外）。

注意事项

（1）6只灯泡的功率要一样大。

（2）时间继电器的延时闭合和延时断开触头要有一公共点。

（3）双速电动机由低速转换到高速时要注意换相序。

分析思考

（1）双速电动机的调速实际上是改变了什么？

（2）能否去掉中间继电器KA？若可以，则要改变哪些地方？

（3）若缺一相，则6只灯泡的亮度怎样变化？

（4）双速电动机的主接线，为什么要调换电源的相序？

实训3　Y/△起动及顺序控制

1. 实训目的

（1）掌握电动机Y/△起动的接线原理。

（2）掌握电动机Y/△起动及顺序控制的动作原理。

2. 实训平台

本实训项目需要的设备及器材见表1-8。

表1-8　实训器材清单

序号	器材		数量
1	电力拖动实训柜（已安装下列低压电器及接线端子）1台	三相异步电动机（Y-112-4，功率小于3kW）	2台
		漏电断路器（动作电流小于30mA、额定电流为25A）	1个
		交流接触器（额定电流为60A、线圈额定电压为380V）	4个
		热继电器（额定电流为40A、整定电流为8.8A）	2个
		熔断器（R0-15-5A，控制电路可用1～5A）	5个
		时间继电器（JS140P，线圈额定电压为380V、延时闭合与延时断开触头各1对）	1个
		按钮（1对常开、1对常闭）	4个
		指示灯（额定电压为380V）	1个
2	电工常用工具	螺钉旋具、胶钳、剥线钳、电工刀、万用表等	1套
3	导线	常温明敷1mm^{2}或穿管暗敷2.5mm^{2}的BV型铜芯塑料绝缘导线	若干

3. **实训准备**

在进行操作之前，应对电气电路的原理动作过程做好充分地熟悉及解读，对要使用的电气元器件进行清点、测量。

4. **工作原理**

实训原理图如图 1-17 所示。

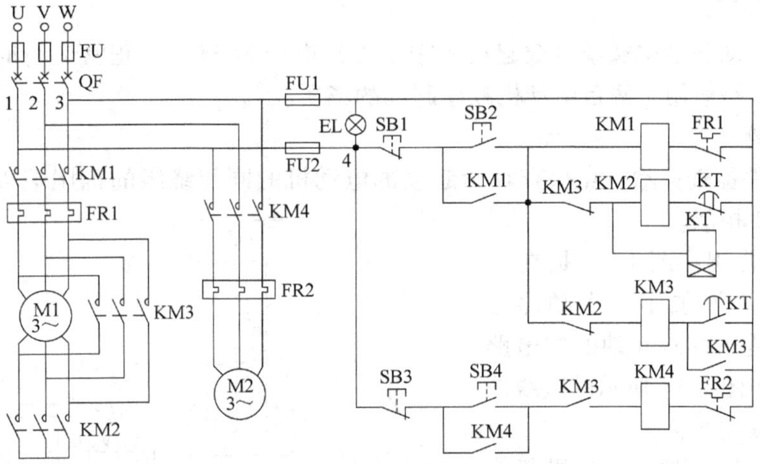

图 1-17　Y/△起动及顺序控制原理图

（1）电路分析：该电路有两台电动机，其中一台电动机采用Y/△减压起动，第二台采用直接起动，同时，第二台电动机必须在第一台“△”运行后，才能起动，是一个顺序起动的过程；停止时，可先停第二台，再停第一台，也可以两台同时停。

（2）动作原理。

1）电动机Y/△起动：

按下SB2 → KM1 线圈得电 → KM1 自锁触头闭合
　　　　　　　　　　　→ KM1 主触头闭合 ┐
　　　→ KM2 线圈得电 → KM2 主触头闭合 ┘→ 电动机“Y”起动
　　　→ KT 线圈得电，并开始延时，延时时间到 → KT 延时闭合触头闭合
　　　　　　　　　　　　　　　　　　　　→ KM2 线圈失电 →

→ KM2 主触头断开
→ KM2 常闭触头闭合 → KM3 线圈得电 → KM3 自锁触头自锁
　　　　　　　　　　　　　　　→ KM3 主触头闭合 → 电动机“Δ”运行
　　　　　　　　　　　　　　　→ KM3 常闭触头断开（KT 线圈失电）

2）顺序控制：

当电动机“Δ”运行时 → 按下SB4 → KM4 线圈得电 → KM4 主触头闭合 ┐→ 电动机M2 运行
　　　　　　　　　　　　　　　　　　　→ KM4 自锁触头闭合 ┘

3）停止运动：

① 若按下SB3 → KM4线圈失电 → KM4主触头断开 ┐→ 电动机M2停止
　　　　　　　　　　　　→ KM4自锁触头断开 ┘

若按下SB1 → KM1线圈失电 → KM1主触头断开 ┐→ 电动机M1停止
　　　　　　　　　　→ KM1自锁触头断开 ┘

（3）适用场所。

Y/△减压起动适合空载或轻载起动的额定工作电压为380V，正常运行时为三角形联结的电动机。该电路适用于两台电动机顺序起动的场所。

5. 实训步骤

（1）元器件检查：除重点检查Y/△起动的电动机的同相绕组的首尾端以外，其他的检查内容与实训2相似。

（2）线路装接：图1-17是在Y/△起动的基础上增加了一个顺序控制，其难点还是在Y/△起动的主电路的接线，故参照图1-18所示的接线图进行接线的步骤如下：

1）用万用表判别出电动机每个绕组的两个端子，可设为：U1、U2，V1、V2和W1、W2。

2）按图1-18所示将电动机的6条端线分别接到KM3的主触头上。

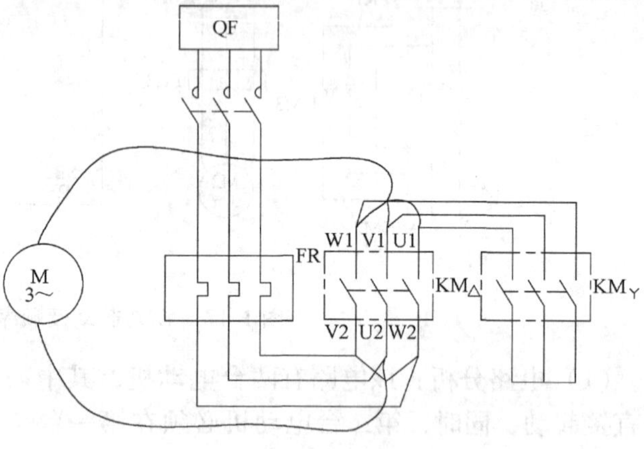

图1-18　Y/△起动的主电路的接线图

3）从W1、V1、U1分别引出一条线，再将这3条线不分相序地接到KM2主触头的3条进线处，KM2主触头的3条出线短接在一起。

4）从V2、U2、W2分别引出一条线，再将这3条线不分相序地接到FR1的3条出线处，然后将主电路的其他线按图1-18所示进行连接。

5）主电路接好后，可用万用表的$R\times1$挡分别测KM3的3个主触头对应的进出线处的电阻。若电阻为无穷大，则正确；若其电阻不为无穷大（而为电动机两个绕组的串联值），则三角形的接线有错误。

（3）线路检查（取FU2）。

1）主电路的检查（万用表挡位同前）包括电动机M1的主电路检查，请参见《初级电工技能考核指导》的Y/△起动控制的有关部分，电动机M2的主电路检查很简单，这里就不再介绍。

2）控制电路的检查（万用表挡位同前）。

① 按下SB2或KM1读数为KM1、KM2、KT线圈的并联电阻值。

② 同时按下KM1（或SB2）和KM3读数为KM1、KM3线圈的并联电阻值。

③ 同时按下KM3、KM4（或SB4）读数为KM4线圈的电阻值。

④ 表笔放在时间继电器的—⊅—的两端，读数为KM1、KM2、KT线圈并联后再和KM3线圈的串联电阻值。

（4）通电试车。经上述检查正确后，在教师的监护下通电试车。

1）电路通电：合上 QF，电源指示灯亮。

2）Y/△起动：按下 SB2 电动机 M1 进行Y/△起动。

3）顺序控制：电动机 M1 在“△”运行时，按下 SB4，则电动机 M2 运行。

4）停车：若按下 SB3，电动机 M2 停止运行，M1 正常运行；若再按下 SB1，则电动机 M1 停止运行。若直接按下 SB1，则电动机 M1、M2 均停止运行。

5）电路断电：断开 QF，电源指示灯 EL 灭。

6. 故障分析

该项目的故障分析请参考有关部分。

7. 项目评分（见表 1-9）

表 1-9　项目评分表

考核时间定额：150min

一、电气线路的连接：70 分。（按图接线）

1. 元件选择：15 分。（考生应按图选择及检查元件，如发现元件损坏务必及时更换）

2. 接线工艺：15 分。（此项得分以三个等级评定：A 级：15 分；B 级：10 分；C 级：5 分）

3. 通电试车：40 分。（在规定的时间内，第一次运转成功得 40 分；第二次运转成功得 15 分；第二次运转不成功或放弃者，此项不得分）

二、电器选用部分：30 分。（考生应根据考评员现场给定的电动机功率进行估算并选择系列值，填入表格的对应栏目上）

给定功率：M1 为______kW，M2 为______kW。选择内容：（低压电器的额定值及导线规格、型号）	扣分	得分	考评员签名
选择空气断路器（6 分）______，______			
选择主电路熔体（6 分）______			
选择主电路导线截面积（穿管敷设）（6 分）______			
选择主接触器 KM1（6 分）______，______			
热继电器 FR1 的整定值（6 分）______			

三、安全文明操作：违反安全文明操作由考评员视情况扣分，所有在场的考评员签名有效。（①有作弊等违反考场纪律行为按考场规定执行；②未将考核设备复位及清理现场扣除 20 分；③未归还考试工具、仪表、图样扣除 50 分；④造成主要设备损坏该项目记 0 分。）

考核说明：考试时间一到，所有考生必须停止操作，上交试卷，已接完线的考生等候考评员通知进场给予一次通电机会（已通电两次的除外）。

（1）Y/△起动的主电路中，未标明电动机的首尾端，则必须注意电动机△接线的原理。

（2）时间继电器的和有公共点。

（3）电动机 M1、M2 起动时，有先后顺序。

（1）时间继电器的和为什么要画在最右边？能否画在其他位置？

（2）电动机 M1 在Y起动的过程中，能否起动电动机 M2，为什么？

实训 4　三速电动机控制

1. 实训目的

（1）了解三速电动机的结构及原理。

（2）掌握三速电动机的接线和用 9 只灯泡代替三速电动机的接线原理。

（3）掌握三速电动机控制的动作原理。

（4）掌握复杂的控制线路的接线及接线工艺。

（5）掌握复杂的控制线路的故障检查方法，并根据故障现象准确地判断故障的位置。

2. 实训平台

本实训项目需要的设备及器材见表 1-10。

表 1-10　实训器材清单

序号	器材		数量
1	电力拖动实训柜（已安装下列低压电器及接线端子）1 台	异步电动机（Y-112-4，4kW）	1 台
		中间继电器（JZ7）	1 个
		漏电断路器（动作电流小于 30mA、额定电流为 25A）	1 个
		交流接触器（额定电流为 60A、线圈额定电压为 380V）	5 个
		热继电器（额定电流为 40A、整定电流为 8.8A）	1 个
		熔断器（R0-15-5A，控制电路可用 1～5A）	5 个
		时间继电器（JS140P，线圈额定电压为 380V、延时闭合与延时断开触头各 1 对）	1 个
		按钮（1 对常开、1 对常闭）	3 个
		指示灯（额定电压为 380V）	1 个
		白炽灯　（220V、15～60W）	9 个
2	电工常用工具	螺钉旋具、胶钳、剥线钳、电工刀、万用表等	1 套
3	导线	常温明敷 $1mm^2$ 或穿管暗敷 $2.5mm^2$ 的 BV 型铜芯塑料绝缘导线	若干

3. 实训准备

在进行操作之前，应对电气电路的原理动作过程做好充分地熟悉及解读，对要使用的电气元器件进行清点、测量。

4. 工作原理

实训原理图如图 1-19 所示。

（1）电路分析。三速电动机有两套在连接上独立的定子绕组，有三种不同的转速。当接触器 KM1、KM2 闭合时，电动机的绕组端头 U1、U1、V1、W1（逆时针）接到电源的 U、V、W 相上，作“△”联结，电动机低速运行；当接触器 KM3 闭合时，电动机的绕组端头 U、V、W 接到电源的 U、V、W 相上，作单“Y”联结，电动机中速运行；当接触器 KM4、KM5 闭合时，电动机的绕组端头 U1、V1、W1 经 KM5 短接，而端头 U2、V2、W2（顺时针）接到电源的 U、V、W 相上，作双“Y”联结，电动机高速运行。电动机由“△”联结变成双“Y”联结的变极原理与双速电动机相同，只是三速电动机是开口三角形，如果接成

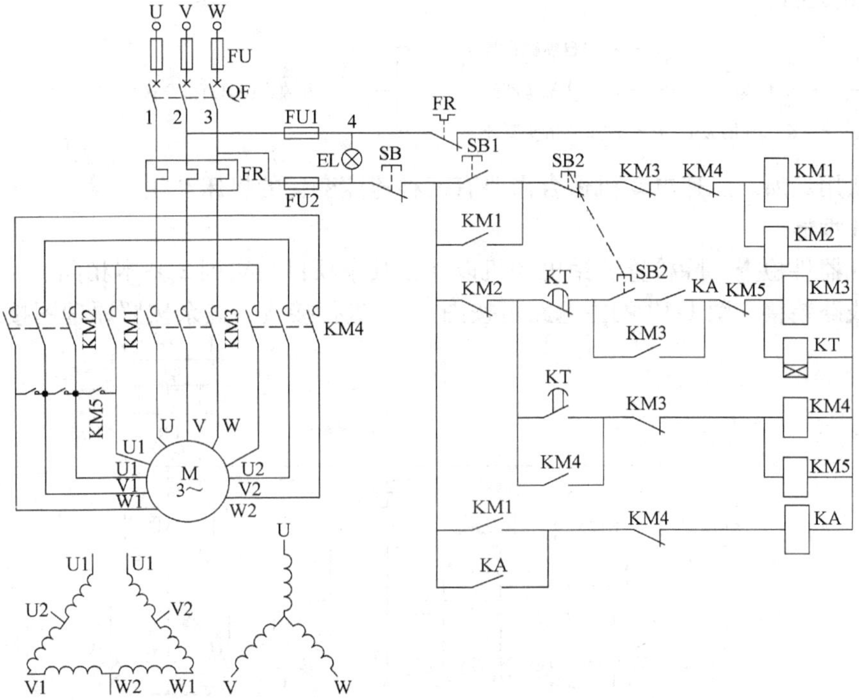

图1-19 三速电动机控制原理图

为闭口三角形，那么，电动机中速运行时，则在闭口三角形中产生环流，而开口三角形就不会产生这一现象。实训时，如果条件有限，可以采用9个灯泡来代替9个半绕组。

（2）动作原理。

1）低速运行：

按下SB1 → KM1线圈得电 → KM1常开触头闭合 → KA线圈得电并自锁
KM1线圈得电 → KM1自锁触头闭合
KM1线圈得电 → KM1主触头闭合 → 电动机作"Δ"联结，低速运行(6只灯泡较暗)
按下SB1 → KM2线圈得电 → KM2主触头闭合 → 电动机作"Δ"联结，低速运行(6只灯泡较暗)

2）中速运行：

按下SB2 → KM1线圈失电 → 低速停止运行(6只灯泡灭)
按下SB2 → KM2线圈失电 → 低速停止运行(6只灯泡灭)
按下SB2 → KM3线圈得电 → KM3自锁触头闭合 → 电动机作单"Y"联结，中速运行(另3只灯正常亮)
KM3线圈得电 → KM3主触头闭合 → 电动机作单"Y"联结，中速运行(另3只灯正常亮)
按下SB2 → KT线圈得电，并开始延时

3）高速运行：

当电动机中速运行到KT线圈的设定时间时，即延时时间到 →
→ KT 断开 → KM3线圈失电 → 中速停止运行(3只灯泡灭)
→ KT 闭合 → KM4、KM5线圈得电并自锁 → 电动机作双"Y"联结，高速运行(原6只灯正常亮)
KM4、KM5线圈得电并自锁 → KA线圈失电

4）停止运行：

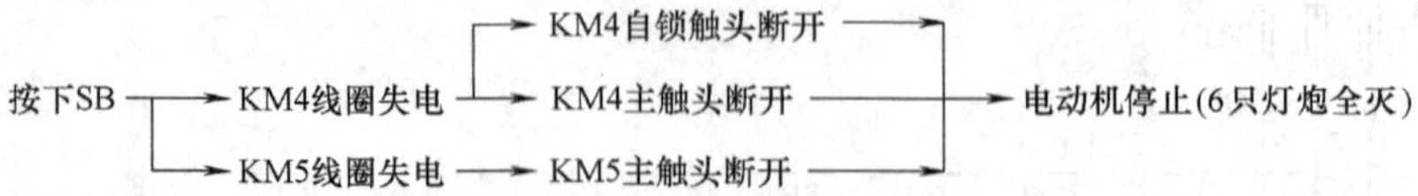

（3）适用场所。三速电动机适合需要有三种速度变化的机床和生产设备。

5. 实训步骤

（1）元器件检查。除检查三速电动机以外，其余项目与实训2基本相同。

（2）线路装接。图1-19的主电路可按图1-20进行接线，其余按照原理图接线。

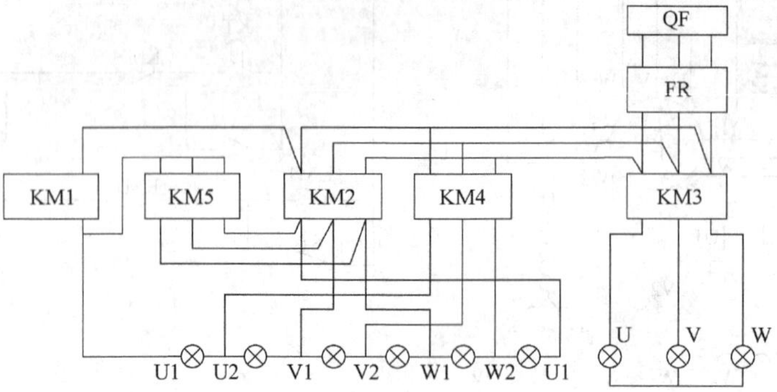

图1-20　主电路简化接线图

（3）线路检查（取下FU2）。

1）主电路的检查（万用表打到 $R\times10$ 或 $R\times100$ 或数字表的2k挡）。

① 表笔放在1、2处，按KM1和KM2，读数为 $4R_{灯}/3$。

② 表笔放在1、2处，按KM3，读数为 $2R_{灯}$。

③ 表笔放在1、2处，按KM4和KM5，读数为 $R_{灯}$。

④ 表笔放在1、3或2、3处，重复上述步骤。

2）控制电路的检查（万用表挡位同前）。

① 按下SB1，读数为KM1和KM2线圈的并联值。

② 按下KM1，读数为KM1和KM2及KA线圈的并联值。

③ 同时按下SB2和KA，读数为KM3、KT、KA线圈的并联值。

④ 按下KM4，读数为KM4和KM5线圈的并联值。

（4）通电试车。经过上述检查无误后，可在教师的监护下通电试车。

1）电路送电：合上QF，电源指示灯亮。

2）低速运行：按下SB1，电动机低速运行（6只灯较暗）。

3）中速运行：按下SB2，电动机中速运行（另3只灯正常发光）。

4）高速运行：经过延时后，电动机高速运行（3只灯灭，原6只灯正常发光）。

5）停车：按下SB，电动机停车（6只灯灭）。

6）电路断电：断开QF，电源指示灯灭。

6. 故障分析

请根据前面3个项目介绍的方法自行分析，然后进行总结。

7. 项目评分（见表1-11）

表1-11 项目评分表

考核时间定额:150min

一、电气线路的连接:70分。(按图接线)

(1)元件选择:15分。(考生应按图选择及检查元件,如发现元件损坏务必及时更换)

(2)接线工艺:15分。(此项得分以三个等级评定:A级:15分;B级:10分;C级:5分)

(3)通电试车:40分。(在规定的时间内,第一次运转成功得40分;第二次运转成功得15分;第二次运转不成功或放弃者,此项不得分)

二、电器选用部分:30分。(考生应根据考评员现场给定的电动机功率进行估算并选择系列值,填入表格的对应栏目上)

给定功率:M为________kW,选择内容:(低压电器的额定值及导线规格、型号)	扣分	得分	考评员签名
选择空气断路器(6分)________,________			
选择主电路熔体(6分)________			
选择主电路导线截面积(穿管敷设)(6分)________			
选择主接触器(6分)________,________			
热继电器的整定值(6分)________			

三、安全文明操作:违反安全文明操作由考评员视情况扣分,所有在场的考评员签名有效。(①有作弊等违反考场纪律行为按考场规定执行;②未将考核设备复位及清理现场扣除20分;③未归还考试工具、仪表、图样扣除50分;④造成主要设备损坏该项目记0分。)

考核说明:考试时间一到,所有考生必须停止操作,上交试卷,已接完线的考生等候考评员通知进场给予一次通电机会(已通电两次的除外)。

(1) KM5主电路的接线要避免造成短路。

(2) 各灯泡的连接关系应使之符合电路要求。

(3) 注意三种速度的相序关系，避免相序不对而造成变速后变成反转。

(4) 接成“△”的6只灯泡的功率要一样，以避免由于灯泡亮度不一致而造成的误判。

(1) 控制电路中KA的作用是什么?

(2) 电动机绕组为什么要接成开口三角形?

(3) KM1、KM2在主电路中的4条线能否平均分配?

实训5 直流电动机正反转、调速及制动控制

1. 实训目的

(1) 了解直流电动机的结构。

(2) 掌握直流电动机的正反转、调速、制动的工作原理。

(3) 掌握直流电动机控制线路的接线方法。

(4) 掌握直流电动机控制线路的检查方法。

(5) 了解桥式整流的作用。

2. 实训平台

本实训项目需要的设备及器材见表 1-12。

表 1-12　实训器材清单

序号	器材		数量
1	电力拖动实训柜（已安装下列低压电器及接线端子）1 台	直流电动机（110SZ56H3，123W）	1 台
		漏电断路器（动作电流小于 30mA、额定电流为 25A）	1 个
		交流接触器（额定电流为 60A、线圈额定电压为 380V）	2 个
		单相交流变压器（220/127V，200V·A）	1 个
		熔断器（R0-15-5A 控制电路可用 1～5A）	4 个
		中间继电器（JZ7）	2 个
		整流桥堆	1 个
		R_1 可调线绕电阻（YT—T—150，150W，150Ω）	1 个
		R_2 可调线绕电阻（YT—T—150，150W，50Ω）	1 个
		按钮（1 对常开、1 对常闭）	2 个
		行程开关（1 对常开触头、1 对常闭触头）	4 个
2	电工常用工具	螺钉旋具、胶钳、剥线钳、电工刀、万用表等	1 套
3	导线	常温明敷 $1mm^2$ 或穿管暗敷 $2.5mm^2$ 的 BV 型铜芯塑料绝缘导线	若干

3. 实训准备

在进行操作之前，应对电气电路的原理动作过程做好充分地熟悉及解读，对要使用的电气元器件进行清点、测量。

4. 工作原理

实训原理图如图 1-21 所示。

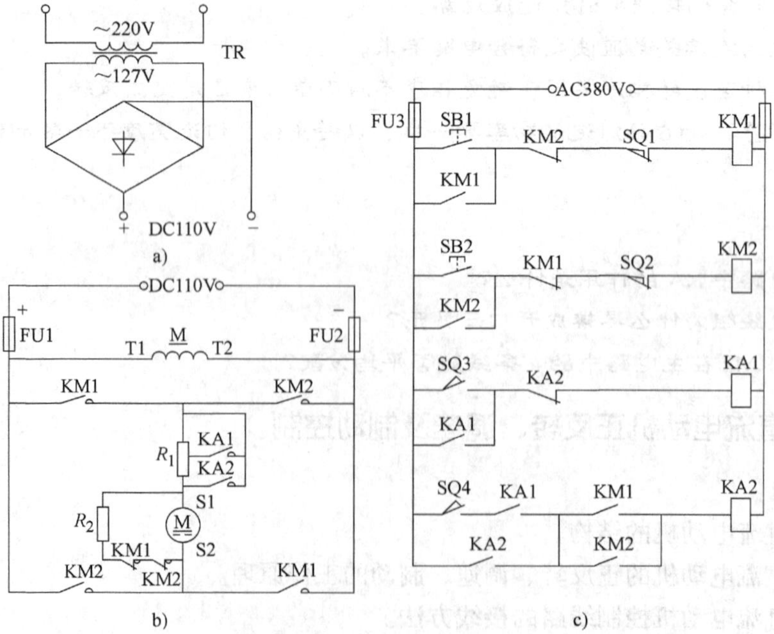

图 1-21　直流电动机正反转、调速及制动控制原理图

a）直流电源部分　b）主电路部分　c）控制电路部分

（1）电路分析。直流电动机正反转、调速及制动控制主要由以下三个部分组成

第一部分是直流电源部分，如图1-21 a所示，它由一个交流220V/127V的降压变压器和一个桥堆组成，将220V的交流电变成110V的直流电提供给直流电动机。

第二部分是主电路部分，如图1-21b所示，它主要由励磁绕组T1T2、电枢绕组S1S2及调速电阻R_1（可调线绕电阻）和制动电阻R_2组成。由图1-21b可知，该电动机为并励式直流电动机，可选用型号为110SZ的直流电动机。当接通220V的交流电源时，励磁绕组T1T2就接在DC110V的电源上，当KM1主触头闭合时（其辅助常闭触头断开），电流从电源的正极，左边的KM1主触头→R_1→电枢绕组S1S2→右边的KM1主触头→电源负极，此时电动机正转，由于R_1与电枢绕组S1S2串联，故电动机低速正转运行。当KA1常开触头闭合时，R_1只有一部分与电枢绕组S1S2串联，此时电动机中速运行；当KA2常开触头闭合时，R_1被短接，此时电动机高速运行。当KM1主触头断开时，KM1辅助常闭触头闭合，此时电枢绕组S1S2与R_2构成制动回路，将电枢绕组S1S2的能量在R_2消耗。当KM2主触头闭合时（其辅助常用触头断开），电流从电源的正极→左边的KM2主触头→电枢绕组S2S1→R_1→右边的KM2主触头→电源负极，此时电动机反转，调速及制动与正转时相同，请读者自行分析。

第三部分是控制电路部分，如图1-21c所示，通过控制电路的动作来控制直流电动机的正反转、调速及制动。

（2）动作原理。

1）正转运行：

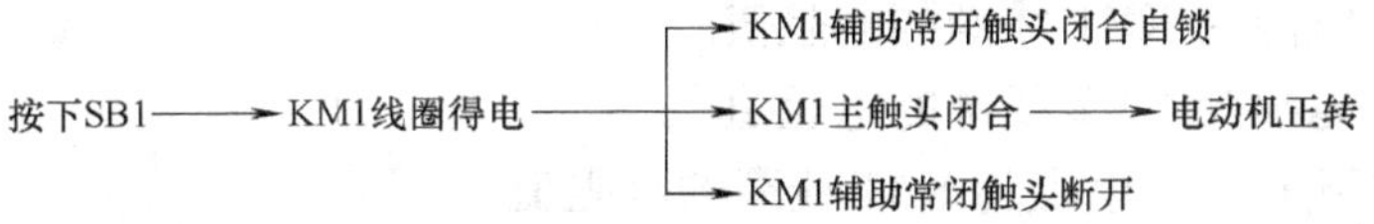

2）调速：

① 当需要加速时，

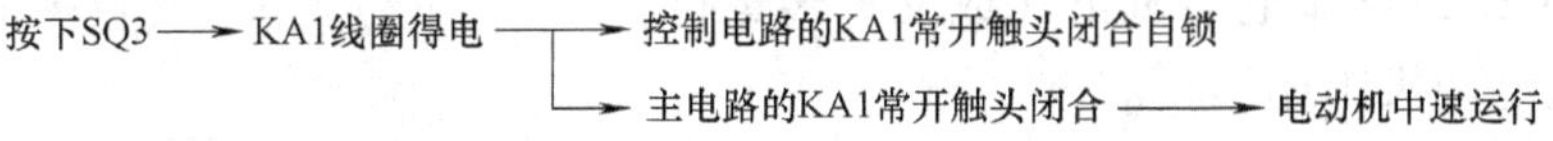

② 当需要再加速时，

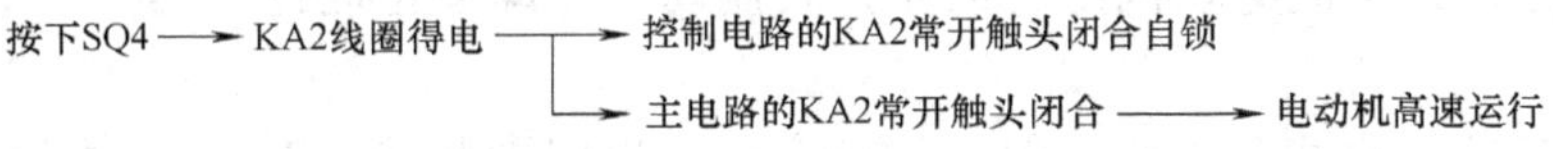

3）制动：

当需要制动时，

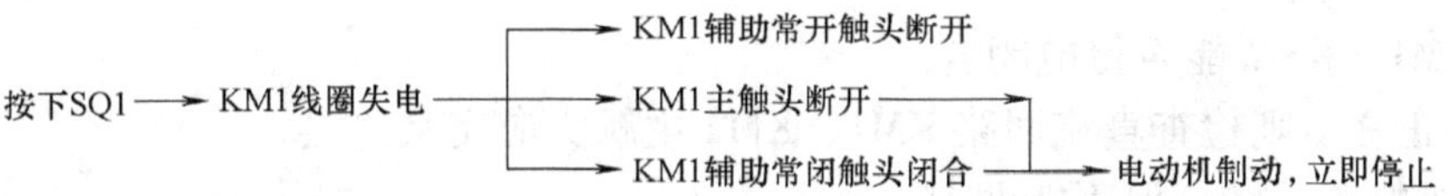

电动机反转、调速及制动，请读者参照以上进行分析。

5. 实训步骤

（1）元器件检查。

1）用万用表检查接触器的主触头及辅助常开、常闭触头，当按下试验按钮时常开触头

应闭合，常闭触头应断开。

2）检查行程开关常开触头、常闭触头，当按下时常开触头应闭合，常闭触头应断开。

3）检查接触器（KM），中间继电器（KA）线圈电阻值。

4）检查各熔断器两端，以确定其好坏。

5）检查变压器线圈电阻，电阻大的为一次侧（220V），电阻小的为二次侧（127V）。

6）检查整流桥堆对角二端，交流端的电阻为无穷大；直流端只有一次导通，导通时的红表笔所接端为直流正极，黑表笔所接端为直流负极（指针式万用表）。

7）测量直流电动机励磁绕组、电枢绕组及 R_1、R_2 的电阻值。

（2）线路装接。先接电源部分，再接主电路部分，然后接控制电路部分，并做好必要的接线标记。

（3）线路检查。

1）直流部分检查：在断开220V电源的情况下，断开FU3、FU4，将万用表打到欧姆挡 $R\times100$，红表笔接DC110V直流正极，黑表笔接DC110V直流负极，然后按下述步骤检查。

① 此时为直流电动机励磁绕组的电阻值。

② 按下KM1或KM2，电阻为电枢绕组与 R_1 串联后再与励磁绕组并联的电阻值。

③ 按下KM1或KM2，再按下KA1，电阻值略小于上一值。

④ 按下KM1或KM2，再按下KA2，电阻值略小于上一值。

2）交流部分检查：断开电源及FU1、FU2，将万用表打到欧姆挡 $R\times100$，两表笔接到AC380V两端，然后按下述步骤检查。

① 按下SB1或按下KM1，电阻为KM1线圈的电阻值。

② 按下SB2或按下KM2，电阻为KM2线圈的电阻值。

③ 按下行程开关SQ3或按下KA1，电阻为KA1线圈的电阻值。

④ 同时按下KM1、KA1、SQ4，电阻为KM1、KA1、KA2线圈并联的电阻值。

（4）通电试车。

1）按下SB1（或SB2），直流电动机正（或反）转运行。

2）按下SQ3，直流电动机中速运行。

3）按下SQ4，直流电动机高速运行。

4）按下SQ1（或SQ2），直流电动机正（或反）转制动，立即停止运行。

6. 故障分析

（1）控制电路能正反转，也能到中速，但不能到高速。这时要检查KA2线圈左边的接线是否接错。

（2）直流电动机不能正反转。

1）交流回路KM1、KM2能否得电闭合。

2）若控制电路正常，则检查直流回路KM1、KM2主触头应交叉连接。

（3）直流电动机能正反转，但不能调速。

1）检查KA1、KA2线圈能否得电闭合。

2）检查中间继电器常开触头KA1、KA2，公共点应连接到 R_1 上端或KM1与KM2主触头的中间。

（4）直流电动机能正反转，也能调速，但无制动。

1）检查 R_2 下端与 KM1、KM2 辅助常闭触头是否导通。

2）测量 S1、S2 两端电阻，应是电枢绕组与 R_2 并联的电阻值。

7. 项目评分（见表 1-13）

表 1-13　项目评分表

考核时间定额：150min

一、电器元件检查及接线工艺：30 分。（元件检查：15 分，考生应按图选择及检查元件，如发现元件损坏务必及时更换；接线工艺：15 分，此项得分以三个等级评定：A 级：15 分；B 级：10 分；C 级：5 分）

二、电气线路的连接：70 分。（考生应按图接线，在规定的时间内，每人只有两次通电机会）

（1）控制线路的运行：20 分。（控制线路运行正常：20 分）

（2）电动机运行：50 分。（在规定的时间内，第一次运转成功得 50 分；第二次运转成功得 30 分；第二次运转部分成功：①正反转 6 分，单向转动得 3 分；②双向制动 6 分，单向制动 3 分；③单向调速正常，6 分。第二次运转不成功或放弃者，此项不得分。）

三、安全文明操作：违反安全文明操作由考评员视情况扣分，所有在场的考评员签名有效。（①有作弊等违反考场纪律行为按考场规定执行；②未将考核设备复位及清理现场扣除 20 分；③未归还考试工具、仪表、图样扣除 50 分；④造成主要设备损坏该项目记 0 分。）

考核说明：考试时间一到，所有考生必须停止操作，上交试卷，已接完线的考生等候考评员通知进场给予一次通电机会（已通电两次的除外）。

注意事项

（1）直流电源部分的桥堆好坏及输入和输出端。

（2）主电路部分的主触头 KM1、KM2 及辅助常闭触头 KM1、KM2 的区别。

（3）主电路部分的电源是直流 110V 而控制部分的电源是交流 380V，二者不能混淆。

分析思考

（1）直流电动机的起动方法有哪几种？

（2）直流电动机的调速方法有哪几种？

（3）直流电动机制动的含义是什么？有哪几种制动方法？

（4）为什么直流电动机只能从中速到高速而不能从低速直接到高速？

实训 6　直流电动机反接制动控制

1. 实训目的

（1）了解直流电动机的结构。

（2）掌握直流电动机的正反转、调速、反接制动的工作原理。

（3）掌握直流电动机控制线路的接线方法。

（4）掌握直流电动机控制线路的检查方法。

（5）了解桥式整流的作用。

2. 实训平台

本实训项目需要的设备及器材见表 1-14。

表 1-14 实训器材清单

序号	器材		数 量
1	电力拖动实训柜（已安装下列低压电器及接线端子）1 台	直流电动机（110SZ56H3，123W）	1 台
		漏电断路器（动作电流小于 30mA、额定电流为 25A）	1 个
		交流接触器（额定电流为 60A、线圈额定电压为 380V）	2 个
		单相交流变压器（220/127V，200V · A）	1 个
		熔断器（R0-15-5A，控制电路可用 1 ~ 5A）	4 个
		中间继电器（JZ7）	1 个
		整流桥堆	1 个
		R_F 可调线绕电阻（YT—T—150，150W，150Ω）	1 个
		按钮（1 对常开、1 对常闭）	2 个
		行程开关（1 对常开触头、1 对常闭触头）	1 个
2	电工常用工具	螺钉旋具、胶钳、剥线钳、电工刀、万用表等	1 套
3	导线	常温明敷 $1mm^2$ 或穿管暗敷 $2.5mm^2$ 的 BV 型铜芯塑料绝缘导线	若干

3. 实训准备

在进行操作之前，应对电气电路的原理动作过程做好充分地熟悉及解读，对要使用的电气元器件进行清点、测量。

4. 工作原理

实训原理图如图 1-22 所示。

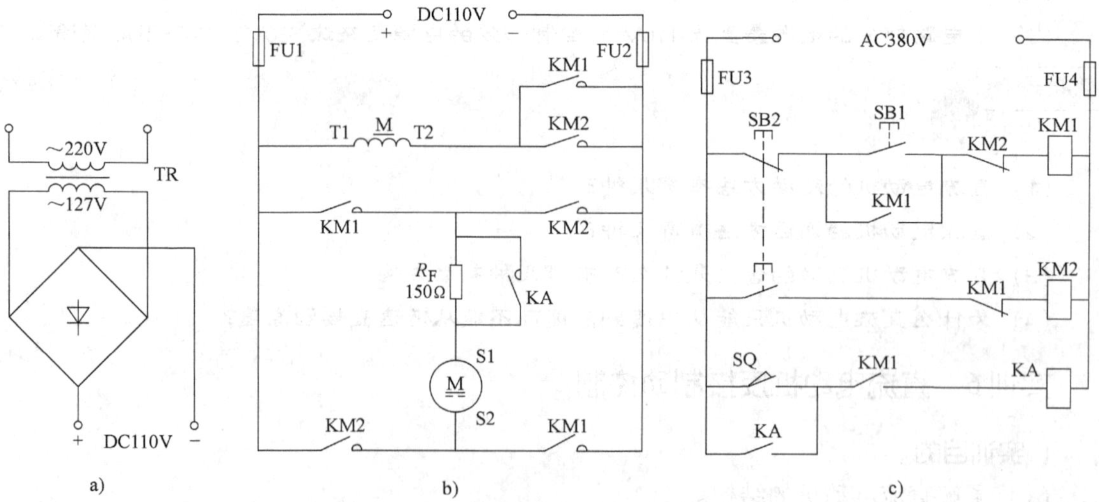

图 1-22 直流电动机反接制动控制

a）直流电源部分 b）主电路部分 c）控制电路部分

（1）电路分析。直流电动机正反转、调速及制动控制主要由三个部分组成：

第一部分是直流电源部分，如图 1-22a 所示，它由一个交流 220/127V 的降压变压器和一个桥堆组成，将 220V 的交流电变成 110V 的直流电提供给直流电动机。

第二部分是主电路部分，如图 1-22b 所示，它主要由励磁绕组 T1T2、电枢绕组 S1S2 及电位器 RP（可调线绕电阻）组成。由图可知，该电动机为他励式直流电动机，可选用型号为110SZ 的直流电动机。当接通220V 的交流电源时，励磁绕组 T1T2 就接在 DC110V 的电源上，当按下 SB1 时，KM1 吸合，主触头闭合（其辅助常闭触头断开），电流从电源的正极→左边的 KM1 主触头→R_F→电枢绕组 S1S2→右边的 KM1 主触头→电源负极，此时电动机转动，由于 R_1 与电枢绕组 S1S2 串联，故电动机低速正转运行按下 SQ 时，KA 吸合，触头短接 R_F，电动机电压升高，加速；停止时，按下 SB2（点动）时，KM1 失电，KM2 短时吸合，反向电源短时接入电机，电动机立即制动。

第三部分是控制电路部分，如图 1-22c 所示，通过控制电路的动作来控制直流电动机的正反转、调速及制动，其动作过程如下。

（2）动作原理。

1）转动运行：

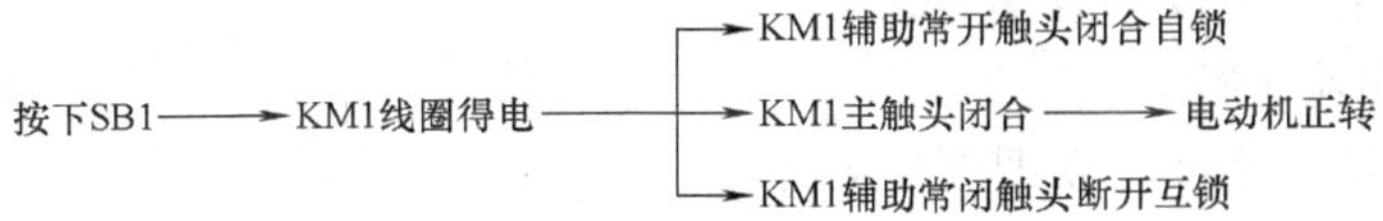

2）调速：当需要加速时，

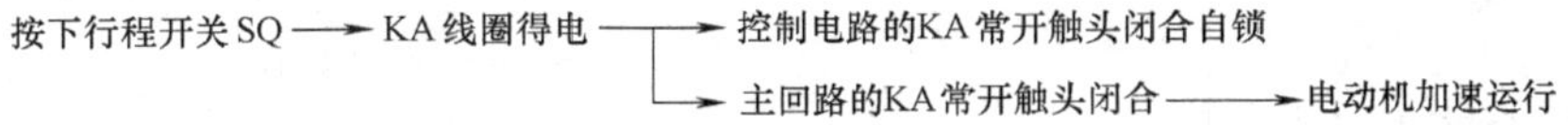

3）制动：当需要制动时，

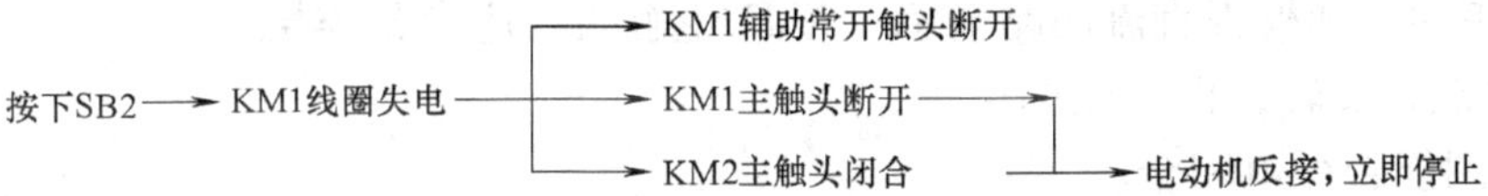

同时 KM2 吸合，电动机反转制动，请读者参照以上进行分析。

（3）适用场所

该电路应用在需要急停的电路中。

5. 实训步骤

（1）元器件检查。

1）用万用表检查接触器的主触头及辅助常开触头、常闭触头，当按下试验按钮时常开触头应闭合，常闭触头应断开。

2）检查行程开关常开触头、常闭触头，当按下时常开触头应闭合，常闭触头应断开。

3）检查接触器（KM），中间继电器（KA）线圈电阻值。

4）检查各熔断器两端，以确定其好坏。

5）检查变压器线圈电阻，电阻大的为一次侧（220V），电阻小的为二次侧（127V）。

6）检查整流桥堆对角二端，交流端的电阻为无穷大；直流端只有一次导通，导通时的红表笔所接端为直流正极，黑表笔所接端为直流负极（指针式万用表）。

7）测量直流电动机励磁绕组、电枢绕组及 R_F 的电阻值。

（2）线路装接。先接电源部分，再接主电路部分，然后接控制电路部分，并做好必要的接线标记。

（3）线路检查。

1）直流部分检查：在断开220V电源情况下，断开FU3、FU4，将万用表打到欧姆挡$R\times100$，红表笔接DC110V直流正极，黑表笔接DC110V直流负极，然后按下述步骤检查。

① 此时为直流电动机励磁绕组的电阻值。

② 按下KM1或KM2，电阻为电枢绕组与R_F串联后再与励磁绕组并联的电阻值。

③ 按下KM1或KM2，再按下KA，电阻值略小于上一值。

2）交流部分检查：断开电源及FU1、FU2，将万用表打到欧姆挡$R\times100$，两表笔接到AC380V两端，然后按下述步骤检查。

① 按下SB1或按下KM1，电阻为KM1线圈的电阻值。

② 按下SB2或按下KM2，电阻为KM2线圈的电阻值。

③ 按下行程开关SQ或按下KM1，电阻为KA线圈的电阻值。

（4）通电试车。

1）按下SB1，直流电动机正（或反）转运行。

2）按下SQ，直流电动机加速运行。

3）按下SB2，直流电动机反接制动，立即停止运行。

6. 故障分析

（1）控制电路能正反转，也能到中速，但不能到高速。这时要检查KA线圈左边的接线是否接错。

（2）直流电动机不能正反转。

1）交流回路KM1、KM2能否得电闭合。

2）若控制电路正常，则检查直流回路KM1、KM2主触头，应交叉连接。

（3）直流电动机能正反转，但不能调速。

1）检查KA1线圈能否得电闭合。

2）检查中间继电器常开触点KA、公共点应连接到R_F上端或KM1与KM2主触头的中间。

（4）直流电动机能正反转，也能调速，但无制动。

1）检查R_F下端与KM1、KM2辅助常闭触头是否导通。

2）测量S1、S2两端电阻，应是电枢绕组与R_F并联的电阻值。

7. 项目评分（见表1-15）

表1-15　项目评分表

考核时间定额：150min
一、电器元件检查及接线工艺：30分（元件检查：15分，考生应按图选择及检查元件，如发现元件损坏务必及时更换；接线工艺：15分，此项得分以三个等级评定：A级：15分；B级：10分；C级：5分）
二、电气线路的连接：70分。（考生应按图接线，在规定的时间内，每人只有两次通电机会）
（1）控制线路的运行：20分。（控制线路运行正常：20分）
（2）电动机运行：50分。（在规定的时间内，第一次运转成功得50分；第二次运转成功得30分；第二次运转不成功或放弃者，此项不得分）
三、安全文明操作：违反安全文明操作由考评员视情况扣分，所有在场的考评员签名有效。（①有作弊等违反考场纪律行为按考场规定执行；②未将考核设备复位及清理现场扣除20分；③未归还考试工具、仪表、图纸扣除50分；④造成主要设备损坏该项目记0分。）
考核说明：考试时间一到，所有考生必须停止操作，上交试卷，已接完线的考生等候考评员通知进场给予一次通电机会（已通电两次的除外）。

（1）直流电源部分的桥堆好坏及输入和输出端。

（2）主电路部分的主触头 KM1、KM2 及辅助常闭触头 KM1、KM2 的区别。

（3）主电路部分的电源是直流 110V 而控制部分的电源是交流 380V，二者不能混淆。

（1）直流电动机的起动方法有哪几种？

（2）直流电动机的调速方法有哪几种？

（3）直流电动机制动的含义是什么？有哪几种制动方法？

（4）为什么直流电动机只能从中速到高速而不能从低速直接到高速？

实训7　可逆的点动、起动控制

1. 实训目的

（1）掌握电动机正反转的互锁控制方式及主电路的接线方式。

（2）掌握电动机起动的控制方式、点动的控制方式及可逆转动的控制方式。

2. 实训平台

本实训项目需要的设备及器材见表 1-16。

表 1-16　实训器材清单

序号	器　材		数　量
1	电力拖动实训柜（已安装下列低压电器及接线端子）1 台	三相异步电动机（Y-112-4，4kW）	1 台
		漏电断路器（动作电流小于 30mA、额定电流为 25A）	1 个
		交流接触器（额定电流为 60A、线圈额定电压为 380V）	2 个
		热继电器（额定电流为 40A、整定电流为 8.8A）	1 个
		熔断器（R0-15-5A，控制电路可用 1～5A）	5 个
		按钮（1 对常开、1 对常闭）	5 个
		指示灯（额定电压为 380V）	1 个
2	电工常用工具	螺钉旋具、胶钳、剥线钳、电工刀、万用表等	1 套
3	导线	常温明敷 $1mm^2$ 或穿管暗敷 $2.5mm^2$ 的 BV 型铜芯塑料绝缘导线	若干

3. 实训准备

在进行操作之前，应对电气电路的原理动作过程做好充分地熟悉及解读，对要使用电气元器件进行清点、测量。

4. 工作原理

实训原理图如图 1-23 所示。

电路分析：

按下起动按钮 SB1，KM1 吸合，电动机起动并正转，KM1 的辅助接头自锁；当按下按

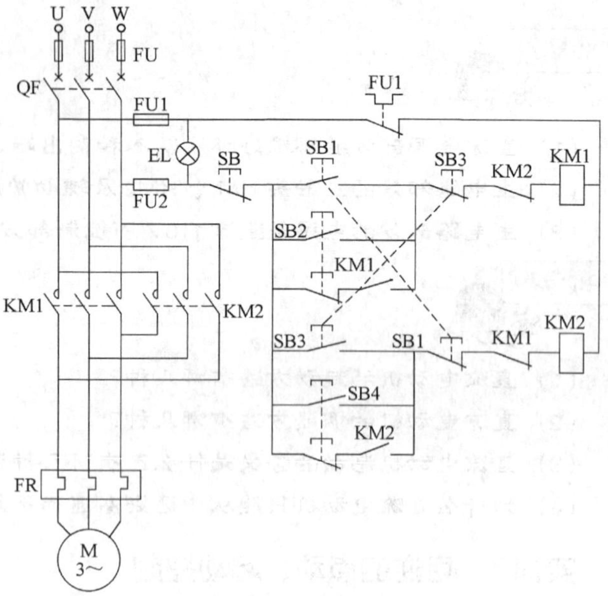

图 1-23　电动机可逆的点动、起动控制

钮 SB3 时，KM1 失电，KM2 吸合，电动机由正转变为反转；当按下按钮 SB4 时，电动机的反转运行将转为反转点动运行；在正转运行时，按下按钮 SB2 时，电动机的正转运行将转为正转点动运行，SB 为停止按钮。

5. 实训步骤

（1）元器件检查。

1）用万用表检查接触器（KM）的主触头及辅助常开、常闭触头，当按下试验按钮时常开触头应闭合，常闭触头应断开。

2）测量接触器线圈电阻值是否正常。

3）检查热继电器及其常闭触头是否处于完好状态。

4）测量电动机绕组的电阻值是否正常。

5）检查按钮常开触头、常闭触头，当按下时常开触头应闭合，常闭触头应断开。

6）检查各熔断器两端的电阻，以确定其好坏。

7）排除指示灯的短路。

（2）线路装接。

图 1-23 的主电路主要是由正、反转两部分组成。其接线可根据原理图进行，也可参考初级电工的有关部分。

（3）线路检查（取下 FU2）。

① 检查电动机引出的六根线，首端组（末端组）的三个端与热继电器 FR 下端相连，另三个末端组（首端组）短接。按此连接正确，进行下一步测量。

② 表笔放在接触器主触头上端 U、V 相，分别按 KM1、KM2，读数约为电动机两绕组串联的电阻值。

③ 表笔分别放在接触器主触头上端 V、W 相，W、U 相，分别按 KM1、KM2，读数为电动机两绕组串联的电阻值。

④ 检查 KM1、KM2 主触头上端顺相连接，下端应颠倒相序。

检查若符合以上结果，说明主电路接触器以下连接正常。

（4）控制电路的检查：将万用表打到 $R\times10$ 或 $R\times100$ 或数字表的 2k 挡，表笔放在两个控制熔断器上，按如下步骤检查：

① 此时万用表读数应为无穷大。

② 按下 SB1、SB2（或 KM1），读数应为 KM1 线圈的电阻值。

③ 按下 SB3、SB4（或 KM2），读数应为 KM2 线圈的电阻值。

④ 同时按下 KM1、KM2，读数为 KM1、KM2 线圈并联的电阻值。

（5）通电试车。经上述检查无误后，可在教师监护下通电试车。

1）电路送电：合上 QF，电源指示灯 EL 亮。

2）正转：按下 SB1，电动机正转，按下 SB2，电动机变为点动。

3）反转：按下 SB3，电动机反转，按下 SB4，电动机变为点动反转。

4）电路停电：断开 QF，电源指示灯 EL 灭。

6. 故障分析

（1）若合上电源开关 QF，按下按钮 SB1，电动机不起动，应检查接触器 KM1 的回路中是否有断点。

（2）按下按钮 SB3 若电动机也不起动，应检查接触器 KM2 的回路中是否有断点或控制保险是否断开。

（3）在正、反转运行时，按下按钮 SB2 或 SB4，应转为正、反转的点动，若不转为点动，应检查按钮 SB2 或 SB4 的常闭触头支路的接线是否正常。

7. 项目评分（见表 1-17）

表 1-17 项目评分表

考核时间定额：150min

一、电气线路的连接：70 分。（按图接线）

（1）元件选择：15 分。（考生应按图选择及检查元件，如发现元件损坏务必及时更换）

（2）接线工艺：15 分。（此项得分以三个等级评定：A 级：15 分；B 级：10 分；C 级：5 分）

（3）通电试车：40 分。（在规定的时间内，第一次运转成功得 40 分；第二次运转成功得 15 分；第二次运转不成功或放弃者，此项不得分）

二、电器选用部分：30 分。（考生应根据考评员现场给定的电动机功率进行估算并选择系列值，填入表格的对应栏目上）

给定功率：M ________ kW，选择内容：（低压电器的额定值及导线规格、型号）	扣分	得分	考评员签名
选择空气断路器（6 分）________，________			
选择主电路熔体（6 分）________			
选择主电路导线截面积（穿管敷设）（6 分）________			
选择主接触器（6 分）________，________			
热继电器整定（6 分）________			

三、安全文明操作：违反安全文明操作由考评员视情况扣分，所有在场的考评员签名有效。（①有作弊等违反考场纪律行为按考场规定执行；②未将考核设备复位及清理现场扣除 20 分；③未归还考试工具、仪表、图样扣除 50 分；④造成重大设备损坏该项目记 0 分。）

考核说明：考试时间一到，所有考生必须停止操作，上交试卷，已接完线的考生等候考评员通知进场给予一次通电机会（已通电两次的除外）。

（1）注意两个接触器的主电路接线时，颠倒相序不要重复，否则电动机的转向相同。

（2）正反转的起动按钮都是常开常闭的双层按钮，在连接时注意相互的对应。

实训 8 多台电动机的联动控制

1. 实训目的

（1）掌握电动机正反转的互锁控制方式及主电路的接线方式。

（2）掌握电动机联动的控制方式、点动的控制方式及可逆转动的控制方式。

(3) 行程开关的连接方式及作用。

2. 实训平台

本实训项目需要的设备及器材见表 1-18。

表 1-18 实训器材清单

序号	器材		数量
1	电力拖动实训柜（已安装下列低压电器及接线端子）1 台	三相异步电动机（Y-112-4，4kW）	2 台
		漏电断路器（动作电流小于 30mA、额定电流为 25A）	1 个
		交流接触器（额定电流为 60A、线圈额定电压为 380V）	3 个
		热继电器（额定电流为 40A、整定电流为 8.8A）	2 个
		熔断器（R0-15-5A，控制电路可用 1～5A）	5 个
		行程开关（1 对常开触头、1 对常闭触头）	3 个
		按钮（1 对常开、1 对常闭）	2 个
		指示灯（额定电压为 380V）	1 个
2	电工常用工具	螺钉旋具、胶钳、剥线钳、电工刀、万用表等	1 套
3	导线	常温明敷 $1mm^2$ 或穿管暗敷 $2.5mm^2$ 的 BV 型铜芯塑料绝缘导线	若干

3. 实训准备

在进行操作之前，应对电气电路的原理动作过程做好充分地熟悉及解读，对要使用的电气元器件进行清点、测量。

4. 工作原理

实训原理图如图 1-24 所示。

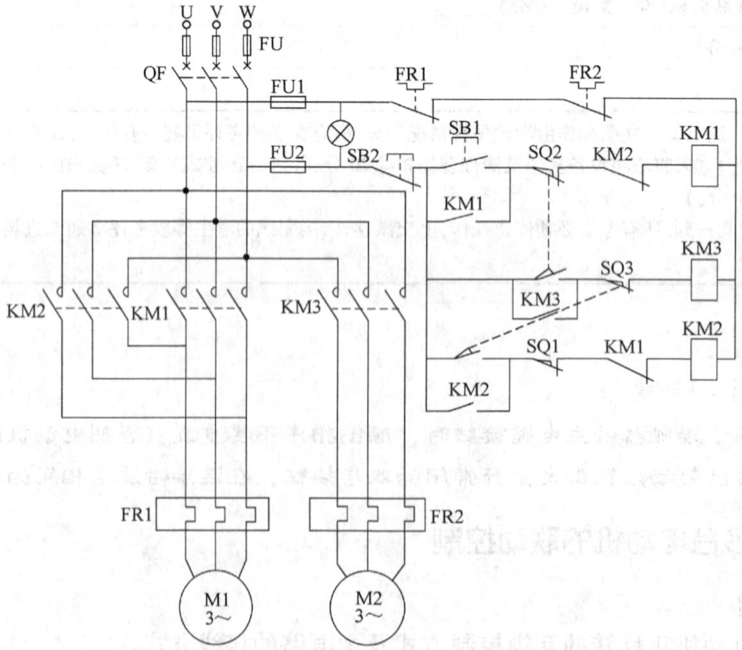

图 1-24 多台电动机的联动控制原理图

多台电动机的联动控制工作原理电路分析：

按下 SB1 时，接触器 KM1 吸合，第一台电动机 M1 起动，辅助接点闭合自锁；当触动行程开关 SQ2 时，KM1 释放，电动机 M1 停止，KM3 吸合，电动机 M2 起动，KM3 辅助接点闭合自锁；当触动行程开关 SQ3 时，KM3 释放，电动机 M2 停止，KM2 吸合，电动机 M1 反转起动，KM2 辅助接点闭合自锁；当触动行程开关 SQ1 时，KM2 释放，电动机 M1 停止。

5. 实训步骤

（1）元器件检查。

1）用万用表检查接触器的主触头及辅助常开触头、常闭触头，当按下试验按钮时常开触头应闭合，常闭触头应断开。

2）检查接触器（KM），线圈电阻值。

3）检查各熔断器两端，以确定其好坏。

4）行程开关（SQ）的检查，触动行程开关时，测量常开触头闭合，常闭触头断开。

（2）线路装接。先接电源部分，再接主电路部分，然后接控制电路部分，并做好必要的接线标记。

接线完毕，对照原理图详细检查线路连接的正确与否，若正确则可通电实验。

（3）通电试车。

① 合上电源开关 QF，按下 SB1，接触器 KM1 吸合，第一台电动机 M1 起动。

② 当触动行程开关 SQ2 时，KM1 释放，电动机 M1 停止，KM3 吸合，电动机 M2 起动。

③ 当触动行程开关 SQ3 时，KM3 释放，电动机 M2 停止，KM2 吸合，电动机 M1 反转起动。

④ 当触动行程开关 SQ1 时，KM2 释放，电动机 M1 停止。

6. 故障分析

（1）按下 SB1 时，KM1 不吸合，电动机不起动，应检查 KM1 线圈的控制支路是否接好。

（2）若 KM1 吸合电动机起动，触动行程开关 SQ2，KM3 不吸合，应检查 KM3 线圈支路是否接好。

（3）若 KM3 吸合，触动行程开关 SQ3，KM2 不吸合，应检查 KM2 线圈支路是否接好。

7. 项目评分（见表 1-19）

表 1-19 项目评分表

考核时间定额：120min
一、电气线路的连接：70 分。（按图接线） （1）元件选择：15 分。（考生应按图选择及检查元件，如发现元件损坏务必及时更换） （2）接线工艺：15 分。（此项得分以三个等级评定：A 级：15 分；B 级：10 分；C 级：5 分） （3）通电试车：40 分。（在规定的时间内，第一次运转成功得 40 分；第二次运转成功得 15 分；第二次运转不成功或放弃者，此项不得分） 二、电器选用部分：30 分。（考生应根据考评员现场给定的电动机功率进行估算并选择系列值，填入表格的对应栏目上）

（续）

给定功率：M1 为________ kW，M2 为________ kW，选择内容：（低压电器的额定值及导线规格、型号）	扣分	得分	考评员签名
选择空气断路器（6 分）________，________			
选择主电路熔体（6 分）________			
选择主电路导线截面积（穿管敷设）（6 分）________			
选择主接触器 KM1（6 分）________，________			
热继电器的整定值（6 分）________			
三、安全文明操作：违反安全文明操作由考评员视情况扣分，所有在场的考评员签名有效。（①有作弊等违反考场纪律行为按考场规定执行；②未将考核设备复位及清理现场扣除 20 分；③未归还考试工具、仪表、图样扣除 50 分；④造成主要设备损坏该项目记 0 分。）			
考核说明：考试时间一到，所有考生必须停止操作，上交试卷，已接完线的考生等候考评员通知进场给予一次通电机会（已通电两次的除外）。			

（1）当电动机正转起动后，触动行程开关 SQ3，接触器 KM2 是不能吸合的，只有在 KM3 吸合后 KM2 才能吸合。

（2）行程开关 SQ2、SQ3 在使用时要注意，同一开关的常开触头、常闭触头是连动的，要测量准确后连接。

实训 9　电动机控制与计量

1. 实训目的

（1）掌握电动机控制方式及主电路的接线方式。

（2）掌握电流互感器的接线方式。

（3）时间继电器的连接方式及作用。

（4）掌握有功电能表的接线方式。

2. 实训平台

本实训项目需要的设备及器材见表 1-20。

表 1-20　实训器材清单

序号	器　材		数　量
1	电力拖动实训柜（已安装下列低压电器及接线端子）1 台	三相异步电动机（Y-112-4，4kW）	1 台
		漏电断路器（动作电流小于 30mA、额定电流为 25A）	1 个
		交流接触器（额定电流为 60A、线圈额定电压为 380V）	2 个
		热继电器（额定电流为 40A、整定电流为 8.8A）	1 个
		时间继电器（JS140P，线圈额定电压为 380V、延时闭合与延时断开触头各 1 对）	1 个
		中间继电器（JZ7，线圈额定电压为 380V）	1 个
		熔断器（R0-15-5A，控制电路可用 1～5A）	5 个
		白炽灯（220V、40W）	1 个

（续）

序号	器　　材		数　　量
1	电力拖动实训柜（已安装下列低压电器及接线端子）1 台	按钮（1 对常开、1 对常闭）	2 个
		指示灯（额定电压为 380V）	1 个
2	电工常用工具	螺钉旋具、胶钳、剥线钳、电工刀、万用表等	1 套
3	导线	常用明敷 $1mm^2$ 或穿管暗敷 $2.5mm^2$ 的 BV 型铜芯塑料绝缘导线	若干

3. 实训准备

在进行操作之前，应对电气电路的原理动作过程做好充分地熟悉及解读，对要使用的电气元器件进行清点、测量。

4. 工作原理

实训原理图如图 1-25 所示。

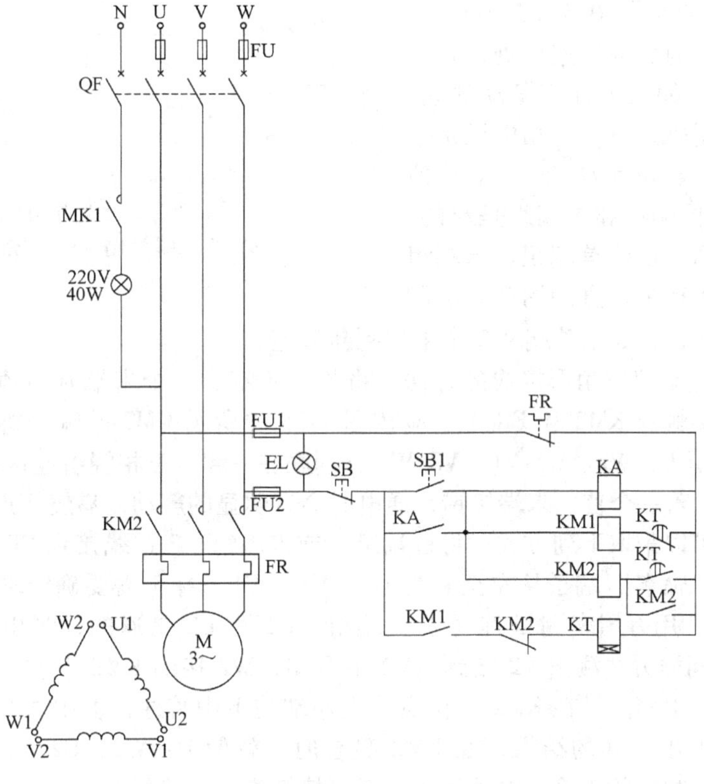

图 1-25　电动机控制与计量原理图

注：电动机必须按三角形联结。

合上电源开关 QF 后，按下起动按钮 SB1 时，接触器 KM1 吸合、电灯亮、电能表开始计量、时间继电器 KT 开始延时，中间继电器 KA 吸合，电路自锁；几秒钟后时间继电器 KT 开始动作，常开触头闭合、常闭触头断开，接触器 KM1 释放、电灯灭，接触器 KM2 吸合电动机转动；同时由于 KM1 释放，KM1 辅助常开触头断开，KT 断电，常闭触头闭合，使 KM1 吸合，电灯重新点亮，电能表开始对电灯、电动机计量，表盘有明显的转动。

5. 实训步骤

（1）元器件检查。

1）用万用表检查接触器的主触头及辅助常开、常闭触头，当按下试验按钮时常开触头应闭合，常闭触头应断开。

2）检查接触器（KM），线圈电阻值。

3）检查中间继电器（KA）。

4）检查各熔断器两端，以确定其好坏。

5）检查时间继电器（KT）。

6）认真测量电动机的 6 个端子，分清首端及末端，在接线时不能接错。

（2）电动机绕组首端、末端判别。判断三相异步电动机绕组的 6 个接头首端、末端。

1）首先用万用表测量 6 个接头，两个接头间电阻较小，说明是同一绕组的首末端。

2）在三相分辨后，将假设的 3 个首端、3 个末端分别连接成两组，如图1-26a 所示，用万用表的直流 0.5～2.5mA 或 0.5～2.5V 挡位，测量两组连接处，轻轻转动电动机的轴，如果表针不摆动的话，则电动机剩余的弱磁发电，三相电压是平衡的（大小相等，相位互差 120°，合成值为 0），说明 3 个首端组和末端组是对的；如果表针摆动的话，说明首端组、末端组的组合有错，要进行更换直到用此方法测量表针不摆动为止，将 3 个首端和 3 个末端判断清楚。

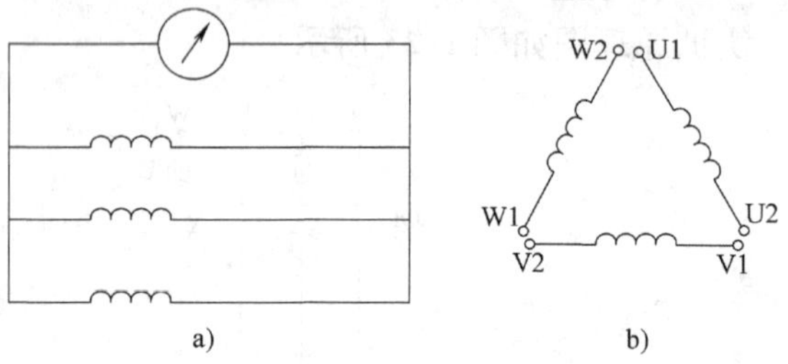

图 1-26　连接方法

a）首、末端相连　b）三角形联结

（3）主电路电动机三角形接线的方法。将 3 个首端和 3 个末端判断清楚后，要把电动机的 6 根线接到接触器 KM2 和 FR 上，应按图 1-25 中所示 KM2 的端子标注进行连接，当 KM2 吸合时，端子 U1-W2、U2-V1、V2-W1 分别联在一起，三相绕组连接成了三角形联结，如图 1-26b 所示。若一个首、末端接错，通电时会有明显的震动，易烧坏点电机。

实际接线时可以采取下列方式：将首端组（或末端组）3 根线接到 FR 下端并引到 KM2 主接点上端，并"命名"端子从左至右为 U1、V1、W1（并不需要确定端子是否是电动机的 U、V、W 相），用万用表测量首（末）端组，U1 和 U2 是通的，测出 U2，将 U2 接到 KM2 的下中端，同样方法测出 V2 接到 KM2 下右端，W2 接到 KM2 下左端。按上述方法连接，用万用表的电阻挡测量在 KM2 主接点：上左端与下中端通；上中端与下右端通；上右端与下左端通。测出这样的结果，在 KM2 吸合时，就使 U1-W2、U2-V1、V2-W1 分别连通，保证了三角形联结的正确。电动机接完后可接灯泡的线路。

（4）控制电路的连接依然可按照分支路的方法进行。接完线路后应对照图样详细地检查电路。

（5）通电试车。合上开关 QF，按下按钮 SB1，接触器 KM1 吸合、电灯亮、电能表计量、KT 开始延时，KA 吸合，电路自锁；延时时间到 KT 开始动作，常开触头闭合、常闭触头断开，KM1 释放、灯灭，KM2 吸合电动机转动；同时由于 KM1 释放，KM1 辅助常开触头断开，KT 断电，常闭触头闭合，KM1 重新吸合，电灯重新点亮，电能表对电灯、电动机计量。

6. 故障分析

（1）在合上电源开关，按下起动按钮后，若灯的亮度远远超过正常亮度，应立即停电，检查主电路的零线是否接错为相线，使灯泡通入了380V电源。

（2）电动机的运行是三角形运行，起动时，若电动机的振动声明显增大，应立即停电，检查电动机的首端、末端连接是否出现了错误。

（3）在电动机正常转动，灯正常亮，电能表出现了反转时，应停电检查电流互感器的穿线是否穿反；电流互感器的二次侧S1、S2端是否接反；各相的电流与电压回路是否对应。

7. 项目评分（见表1-21）

表1-21　项目评分表

考核时间定额：150min

一、画出三相有功计量电路及保护措施（有功表：DT862-2）：10分。（计量部分：6分；保护措施：4分）

二、电气线路的连接：70分。（按图接线，包括绘制的计量电路）

（1）元件选择：15分。（考生应按图选择及检查元件，如发现元件损坏务必及时更换）

（2）接线工艺：15分。（此项得分以三个等级评定：A级：15分；B级：10分；C级：5分）

（3）通电试车：40分。（在规定的时间内，电动机运转第一次运转成功得30分；第二次运转成功得10分；第二次运转不成功或放弃者，此项不得分。有功表运转：10分；反转或不转不得分）

三、电器选用部分：20分。（考生应根据考评员现场给定的电动机功率进行估算并选择系列值，填入表格的对应栏目上）

给定功率：________kW，选择内容：（低压电器的额定值及导线规格、型号）	扣分	得分	考评员签名
选择空气断路器（5分）________，________			
选择主电路熔体（5分）________			
选择主电路导线截面积（穿管敷设）（5分）________			
热继电器整定（5分）________			

四、安全文明操作：违反安全文明操作由考评员视情况扣分，所有在场的考评员签名有效。（①有作弊等违反考场纪律行为按考场规定执行；②未将考核设备复位及清理现场扣除20分；③未归还考试工具、仪表、图样扣除50分；④造成主要设备损坏该项目记0分。）

考核说明：考试时间一到，所有考生必须停止操作，上交试卷，已接完线的考生等候考评员通知进场给予一次通电机会（已通电两次的除外）。

（1）通电试车时，灯泡过亮说明电压过高，应立即停电检查，否则会烧坏灯泡。

（2）通电试车时，电动机的声音异常大，并剧烈振动，说明电动机的绕组端子接错，通入电动机的电流是额定电流的十几到二十几倍，应立即停电检查，否则在极短的时间内就会烧坏电动机。

实训10　顺序起动控制

1. 实训目的

（1）充分熟悉电路的工作原理及动作过程。

（2）掌握电动机控制方式及主电路的接线方式。

（3）时间继电器的连接方式及作用。

（4）掌握有功电能表的接线方式。

2. 实训平台

本实训项目需要的设备及器材见表1-22。

表1-22　实训器材清单

序号	器　材		数　量
1	电力拖动实训柜（已安装下列低压电器及接线端子）1台	三相异步电动机（Y-112-4，4kW）	1台
		漏电断路器（动作电流小于30mA、额定电流为25A）	1个
		交流接触器（额定电流为60A、线圈额定电压为380V）	4个
		热继电器（额定电流为40A、整定电流为8.8A）	1个
		熔断器（R0-15-5A，控制电路可用1～5A）	5个
		中间继电器（JZ7）	2个
		时间继电器（JS140P）	1个
		白炽灯（220V、40W）	6个
		按钮（1对常开、1对常闭）	3个
		电源指示灯（额定电压为380V）	1个
2	电工常用工具	螺钉旋具、胶钳、剥线钳、电工刀、万用表等	1套
3	导线	常温明敷$1mm^2$或穿管暗敷$2.5mm^2$的BV型铜芯塑料绝缘导线	若干

3. 实训准备

在进行操作之前，应对电气电路的原理动作过程做好充分地熟悉及解读，对要使用的电气元器件进行清点、测量。

4. 工作原理

电路如图1-27所示，合上电源开关QF，按下起动按钮SB1时，接触器KM1吸合，电动机起动、中间继电器KA1吸合，电路自锁，同时时间继电器KT开始延时，几秒钟后时间继电器KT开始动作，常开触头闭合，接触器KM2吸合，3只电灯点亮，KM2辅助常开触头闭合，KM2控制电路自锁，同时断开KT的线圈使时间继电器释放；当按下按钮SB2时，接触器KM3、KM4吸合，另外3只灯点亮，KM4的常开触头闭合，KM3自锁；KM3的辅助常开触头闭合使KT接通，重新开始延时，几秒钟后KT动作，另外一对常开触头闭合，使中间继电器KA2接通吸合，KA2的常闭触头使KA1断电，KA1的断电使起动按钮SB1下方的自锁点断开，电路全部断电，电路停止工作。

5. 实训步骤

（1）元器件检查。

1）用万用表检查接触器的主触头及辅助常开、常闭触头，中间继电器的辅助常开触头、常闭触头，当按下试验按钮时常开触头应闭合，常闭触头应断开。

2）检查接触器（KM），线圈电阻值。

3）检查中间继电器（KA）线圈的电阻值。

4）检查各熔断器两端，以确定其好坏。

5）检查时间继电器（KT）。

（2）线路接线。

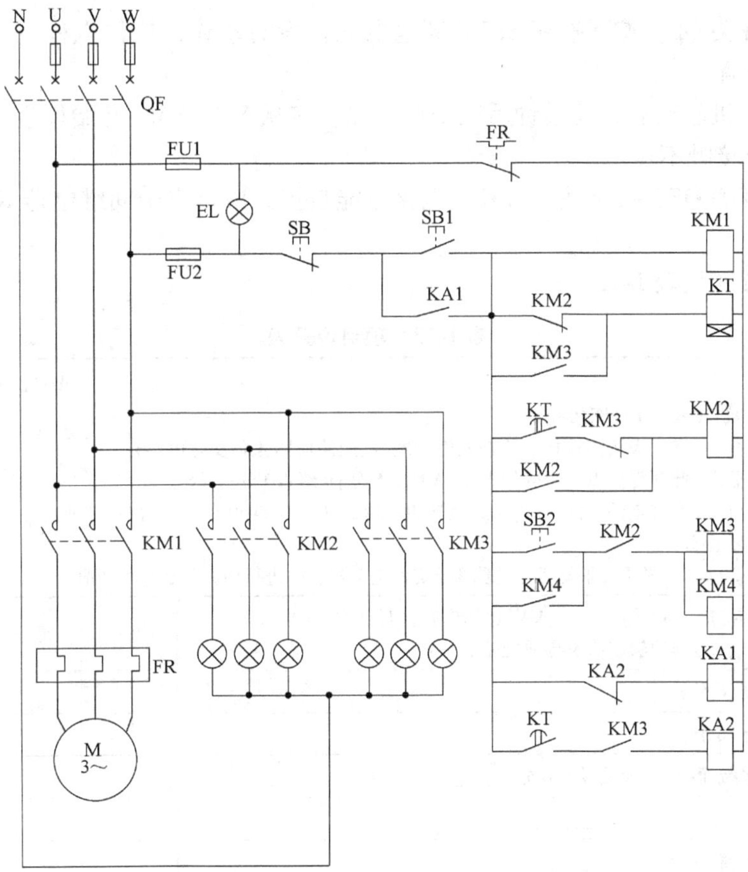

图 1-27 顺序起动控制原理图

1）先接电源部分，再接主电路部分，然后接控制电路部分，并做好必要的接线标记。

2）接灯泡时注意，每组 3 个灯泡的功率应相同。

3）接线完毕，对照原理图详细检查线路连接的正确与否，若正确可通电实验。

（3）检查线路：

1）对照原理图，认真检查主电路及控制电路。

2）主电路的检查可用万用表 $R\times10$ 测量，首先把一只表笔放在 QF 的零线端，另一只表笔分别测量 KM2、KM3 的主接点的下端，其电阻值都应相同，否则说明电路接错或灯泡的大小不同。

3）电动机连接的线路可以用万用表的 $R\times1$ 测量，分别测量 QF 两相的下端，然后按下接触器 KM1，其阻值应相同，否则说明线路接错。

4）控制电路的检查应按照控制电路图逐条核对，确认无误后，可通电试车。

（4）通电实验。合上开关 QF，按下按钮 SB1，KM1 吸合，电动机起动，时间继电器 KT 指示灯闪动，几秒钟后 KT 动作，KM2 吸合，3 只电灯点亮，当按下 SB2 时，KM3、KM4 吸合，另外 3 只电灯点亮，KM4 的常开触头闭合，KM3 自锁；KT 指示灯重新闪动，几秒钟后 KT 动作，KA2 接通吸合，KA1 断电，电路全部断电，电动机停止工作。

6. 故障分析

（1）合上开关 QF，按下按钮 SB1，若电器元件没有动作，应停电检查控制电路，从控制电源保险开始查。

（2）若电动机起动后，几秒钟后三个灯不亮，应从 KT、KM2 开始检查，检查控制支路接线是否接错或接触不良。

（3）合上开关 QF，按下按钮 SB1，电路不能自锁，应检查中间继电器 KA1 的接线是否正常。

7. 项目评分（见表 1-23）

表 1-23　项目评分表

考核时间定额：150min

一、电气线路的连接：70 分。（按图接线）

（1）元件选择：15 分。（考生应按图选择及检查元件，如发现元件损坏务必及时更换）

（2）接线工艺：15 分。（此项得分以三个等级评定：A 级：15 分；B 级：10 分；C 级：5 分）

（3）通电试车：40 分。（在规定的时间内，电动机运转第一次运转成功得 40 分；第二次运转成功得 15 分；第二次运转不成功或放弃者，此项不得分）

二、电器选用部分：30 分。（考生应根据考评员现场给定的电动机功率进行估算并选择系列值，填入表格的对应栏目上）

给定功率：M 为________kW，选择内容：（低压电器的额定值及导线规格、型号）	扣分	得分	考评员签名
选择空气断路器（6 分）________，________			
选择主电路熔体（6 分）________			
选择主电路导线截面积（穿管敷设）（6 分）________			
选择主接触器（6 分）________，________			
热继电器的整定值（6 分）________			

三、安全文明操作：违反安全文明操作由考评员视情况扣分，所有在场的考评员签名有效。（①有作弊等违反考场纪律行为按考场规定执行；②未将考核设备复位及清理现场扣除 20 分；③未归还考试工具、仪表、图样扣除 50 分；④造成主要设备损坏该项目记 0 分。）

考核说明：考试时间一到，所有考生必须停止操作，上交试卷，已接完线的考生等候考评员通知进场给予一次通电机会（已通电两次的除外）。

此电路灯泡的连接为星形联结，使用相同的灯泡，每一个灯泡获得的电压为 220V。

顺序起动一般应用在哪些场合？

模块2　电子技术

电子技术是现代电工技术的基础，其内容丰富，应用广泛，更新速度快，是电工技能的重要基础课程之一。本模块选择了具有代表性的三类电路来进行实训，其目的有两个：一是通过对模拟电子电路的反复训练，掌握模拟电子电路的焊接、测试和调整的方法，达到能解决工作中的实际问题的目的；二是通过对运算放大电路和数字电子电路的学习，为掌握新知识、新技能奠定基础。

2.1　电子技术基础

电子技术基础知识在初级电工中介绍过，这里就有关电子元器件的基本知识、电子仪器的使用、焊接技术、电子电路的调试作详细地叙述。

2.1.1　电子元器件的基本知识

2.1.1.1　晶体管

晶体管内含两个PN结，三个导电区域。从三个导电区引出三个电极，分别为集电极C、基极B和发射极E，它的基本结构示意图及电路符号如图2-1所示，在电路中，常用V或VT来表示。晶体管的用途非常广泛，主要用于各类放大、开关、限幅、恒流、有源滤波等电路中。

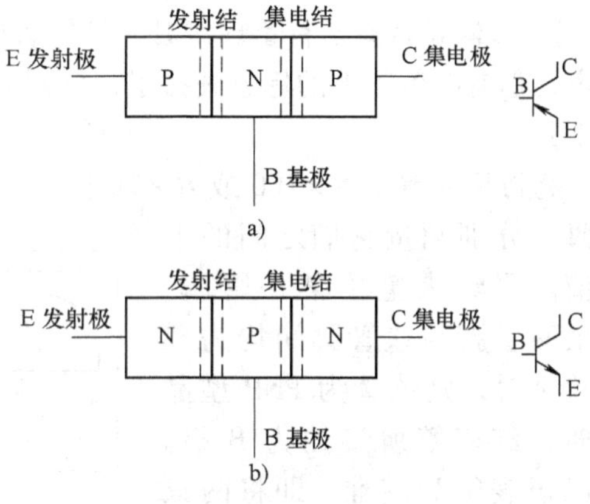

图2-1　晶体管的基本结构及电路符号

a）PNP型　b）NPN型

1. 晶体管的参数　晶体管的参数是用来表明管子性能优劣和适应范围的，也是选用的依据，晶体管的参数较多，最常用到的有以下几个参数：

（1）电流放大系数β：晶体管在共发射极接法时的电流放大系数，有直流和交流电流放大系数之分，β值的离散性很大，一般在20～200之间。β值大，电路增益大，容易产生自激，所以必须根据电路参数恰当地选择β值。

（2）极间反向电流I_{CBO}、I_{CEO}：I_{CBO}为C、B极（集电极—基极）间的反向饱和电流，即在C、B极间加上一定反向电压时的反向电流，表示发射极开路；I_{CEO}为C、E极（集电极—发射极）反向饱和电流，即在C、E极间加上一定反向电压时的集电极电流，又称穿透电流，表示基极开路。这两个电流要求越小越好。

（3）反向击穿电压U_{EBO}、U_{CBO}、U_{CEO}：晶体管反向击穿电压有C极开路时E、B极间的反向击穿电压U_{EBO}；E极开路时C、B极间的反向击穿电压U_{CBO}；B极开路时C、E极间的反向击穿电压U_{CEO}。在实际使用时，电路中各极之间的反向工作电压都必须小于上述的反向击穿电压值，否则将使晶体管造成永久性损坏。

(4) 集电极最大允许功耗 P_{CM}：表示集电极上允许损耗功率的最大值，若超过就会使管子的性能下降，甚至被烧坏。

(5) 集电极最大允许电流 I_{CM}：电路工作时，集电极的最大工作电流不能大于 I_{CM}，否则晶体管的性能将显著下降，甚至被烧坏。

实验室常用的几种晶体管的主要参数见表 2-1。

表 2-1 实验室常用的几种晶体管的主要参数

型号＼参数	I_{CEO} (nA)	h_{FE}	U_{CEO} (V)	f_T (MHz)	I_{CM} (mA)	P_{CM} (mW)
9011	100	28～198	30	150	30	400
9012	-100	64～202	-20	150	-500	625
9013	100	64～202	20	140	500	625
9014	50	60～1000	45	80	100	625
9015	-50	60～600	-45	80	-100	450
9016	100	28～198	20	500	25	400
9018	50	28～198	15	500	50	400
8050	100	85～300	25	100	1500	1000
8550	-100	60～300	-25	100	-1500	1000

注：9011、9013、9014、9016、9018、8050 为 NPN 型管，9012、9015、8550 为 PNP 型管。

2. *晶体管的类型和管脚判别* 晶体管的型号和管脚排列可从有关手册或管子的标志来确定，但有时管子上的标志失去了，就需要用万用表来判别晶体管的类型和三个管脚，方法如下：

将万用表置于 $R\times100$ 或 $R\times1k$ 挡位，红表笔任意接一个管脚，黑表笔依次接另外两个管脚，分别测量它们之间的电阻值。当红表笔接某一管脚，其余两管脚与该管脚间均为几百欧姆时，则该管为 PNP 型晶体管，红表笔所接的为 B 极。若以黑表笔为基准，即将两只表笔对调后，重复上述测量方法。若同时出现低电阻的情况，则该管为 NPN 型晶体管，黑表笔所接的为 B 极。若不能出现上述测量结果，或者管脚之间正反向测量均为无穷大或很小，则表明晶体管管脚之间断路或短路，如图 2-2 所示。

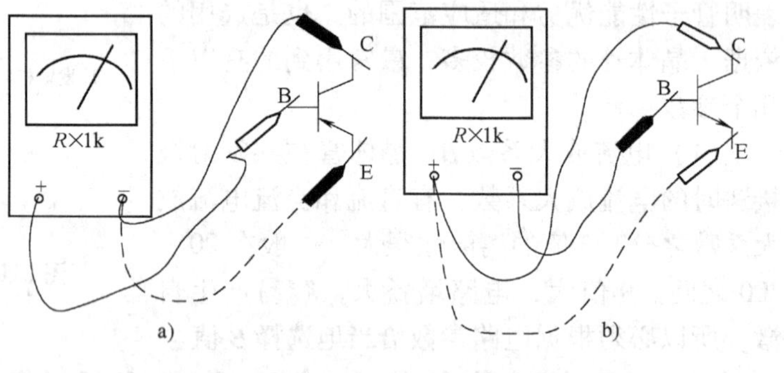

图 2-2 晶体管的类型和管脚判别
a) PNP 型 b) NPN 型

在判别出类型和 B 极之后，再任意假定一个管脚为 E 极，另一个为 C 极。对于 PNP 型晶体管，用红表笔接 C 极，黑表笔接 E 极，同时用手捏住管子的 B、C 极，观察万用表指针摆动的幅度。按此法对调红、黑表笔，比较两次测量表针摆动的幅度，摆动较大的那一次，红表笔接的是C极，黑表笔接的是E极。对于NPN型晶体管，摆动较大的那一次，黑表笔接的是C极，而红表笔接的是E极。用这种方法也能初步判断晶体管电流放大系数β值的大小，摆动越大，晶体管的β值也越大。这里以NPN型晶体管为例，如图2-3所示。

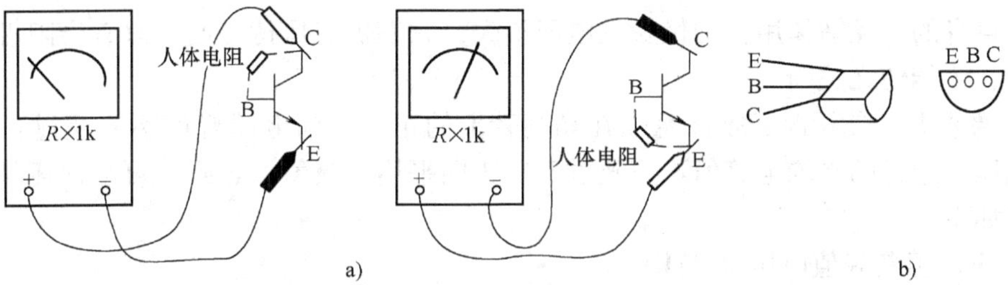

图2-3 NPN型晶体管的类型和管脚判别

特殊类型晶体管如阻尼管、达林顿管不能按上述方法来判断类型及引脚，必须根据其内部结构特点去判断。

3. 晶体管的使用常识 设计、安装、维修电子电路，选用和更换晶体管时，必须注意以下几个方面的问题：

（1）小功率管不能代替中、大功率管，反向击穿电压低的管子不能代替高反压管，低频管不能代替高频管，不同类型的晶体管不能互换。

（2）晶体管的三个引线不能接错，不能互换。

（3）在高频电路中，有的晶体管有4个引出脚，除B、E、C三个管脚外，第4个是“地线”，起屏蔽作用。

（4）中小功率晶体管管脚的线径较细，容易折断，在安装、拆卸晶体管时，不要过度弯曲。

（5）安装、拆卸晶体管时，焊接速度要快，防止时间太长，温度过高而把晶体管烧坏。

（6）一些和晶体管外形完全相同的特殊半导体器件，如单结晶体管、晶闸管、三端稳压管、场效应晶体管等，不能简单地混为晶体管，也不能用万用表测量三个管脚之间的电阻来判断其好坏。此时，必须用专用仪器或管子上的标志来鉴别是何种类型的晶体管。

2.1.1.2 晶闸管

1. 结构 晶闸管有三个电极，即阳极A、阴极K和门极G。一般情况下，有螺纹的一端是阳极A，另一端有两个电极，引线粗的是阴极K，细的是门极G。用万用表测量极间电阻的方法可以判断其好坏、触发能力及管脚。晶闸管的图形符号、文字符号及内部结构示意图如图2-4所示。

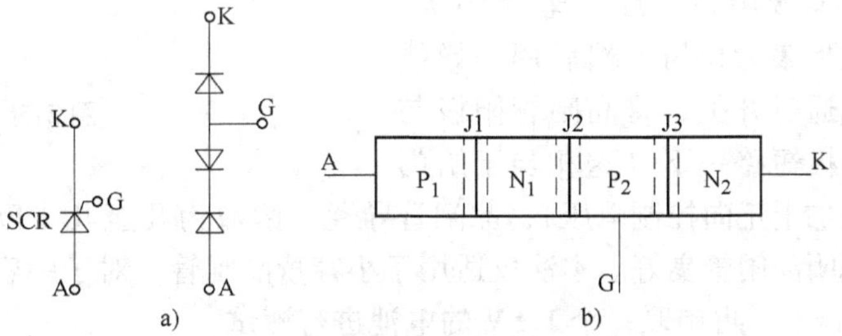

图2-4 晶闸管的基本结构及电路符号

a）图形、文字符号 b）内部结构示意图

2. 工作原理 晶闸管的阴阳极加反向电压时，只有J2结正向偏置，故只能通过很小的反向漏电流，晶闸管不导通，呈反向阻断状态。在晶闸管的阴阳极加正向电压时（控制极断开），J1、J3 结正向偏置，而 J2 结反向偏置，故在此时还是只有极小的正向漏电流通过，晶闸管仍不导通，呈正向阻断状态。在晶闸管的阴阳极加正向电压，并在控制极与阴极之间加上一定的正向触发电压 U_g，此时 J1、J2、J3 结均为正偏值，并且由于自身的正反馈作用，即使触发电压消失，它们仍能保持导通，只有当阳极电压切除或反向时，才能使之关断。

3. 主要参数　使用时必须注意加在晶闸管上的正、反向电压峰值不应超过正、反向峰值阻断电压，通过的平均电流值不应超过额定正向平均电流值，否则，可能损坏晶闸管，其主要参数如下：

（1）正向阻断峰值电压（*PFV*）；

（2）反向阻断峰值电压（*PRV*）；

（3）额定正向平均电流（I_f）；

（4）控制极触发电压（U_g）；

（5）维持电流（I_h）。

4. 好坏判别

（1）$R\times100$ 挡，测量晶闸管阴阳极间正反向电阻值，正常的晶闸管正反向电阻值都应在几百千欧姆以上，若只有几欧姆或几十欧姆，则说明晶闸管已短路损坏。

（2）$R\times10$ 挡或 $R\times1$ 挡，测量门极与阴极间的正向电阻应很小（几十欧姆），反向电阻应很大（几十至几百千欧姆），但有时由于门极 PN 结特性并不太理想，反向呈不完全阻断状态，故有时测得的反向电阻不是太大（几千欧姆或几十千欧姆），这并不能说明门极特性不好。测试时，如果门极与阴极间的正反向电阻都很小（接近 0）或很大，则说明晶闸管已损坏。

5. 管脚判别　用万用表的 $R\times1\text{k}$ 或 $R\times100$ 挡测量任意两管脚之间的正、反向电阻，若找到一对管脚的电阻为低阻值 100Ω～1kΩ，则此时黑表笔接的是门极 G，红表笔接的是阴极 K，剩下一个管脚是阳极 A，如图 2-5 所示。

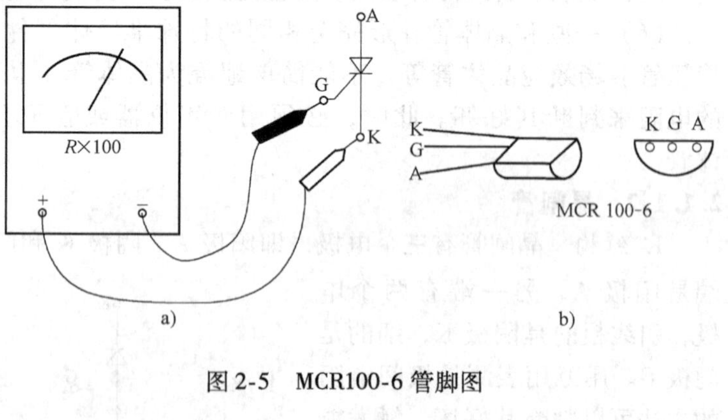

图 2-5　MCR100-6 管脚图

6. 导通维持性能判别　将万用表量程拨至 $R\times1$ 挡，将黑表笔接阳极，红表笔接阴极，记下表针位置。然后用一导线或通过开关，将晶闸管阳极与门极短路一下（这相当于给门极加上正向控制电压），晶闸管导通，读数为几至几十欧姆。再把导线断开，若读数不变，说明晶闸管良好。本法仅适用于小容量晶闸管，对于中容量和大容量晶闸管可在万用表 $R\times1$ 挡上，再串联一个 1.5V 的电池进行测试。

2.1.1.3　单结晶体管

1. 结构　单结晶体管由一个 PN 结、发射极 e、第一基极 b_1（离 e 较远）和第二基极

b_2（离 e 较近）组成，由于有两个基极，故又称为双基极二极管。其结构图形符号和等效电路如图 2-6 所示。图中 VD 代表发射极 e 与基极 b_1、b_2 间的等效二极管，因此，单结晶体管的发射极与任一基极间都有单向导电性，而基极 b_1 与 b_2 之间有约 2 ~ 12kΩ 的电阻。

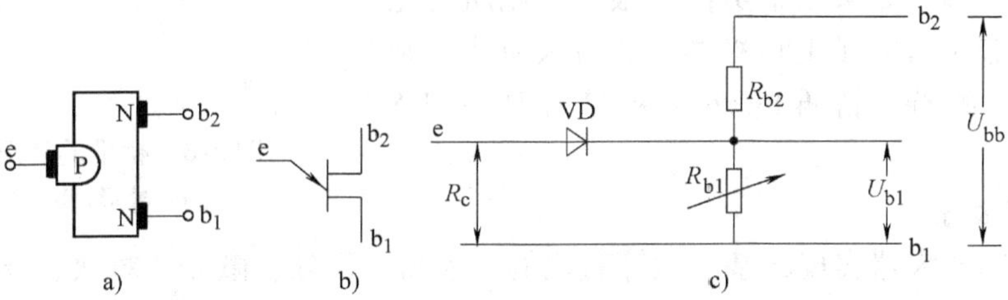

图 2-6　单结晶体管的结构、图形符号和等效电路

a）结构　b）符号　c）等效电路

2. *工作原理*　单结晶体管工作时，如果 $U_e < U_{b1}$，则 PN 结反向截止，e、b_1 极之间是高阻状态。如果 $U_e > U_p$（U_p 为峰点电压，且 $U_p = U_{b1} + U_v$，一般 U_v 为 0.6 ~ 0.7V，为 PN 的正向电压降，即谷点电压），则 PN 结正向导通，e、b_1 极间的电阻突然减小，发射极 e 即流过一个很大的脉冲电流，导通后，只要 $U_e > U_v$，它就能维持导通状态，当 $U_e < U_v$ 时，它就呈截止状态。

3. *单结晶体管管脚判别*

（1）发射极 e：将万用表置于 $R \times 1k$ 挡，任意测量两个管脚间的正反向电阻，其中必有两个电极间的正反向电阻是相等的，约为 3 ~ 10kΩ（这两个管脚分别为第一基极 b_1 和第二基极 b_2），则剩余一个管脚为发射极 e（因为单结晶体管是在一块高电阻率的 N 型硅半导体基片上引出两个欧姆接触的电极作为两个基极 b_1、b_2，b_1 和 b_2 之间的电阻就是硅片本身的电阻，正反向电相同）。

（2）b_1、b_2 极：测量发射极与某一基极间的正向电阻，阻值较大的为 b_1，阻值较小的为 b_2。如图 2-7 所示。

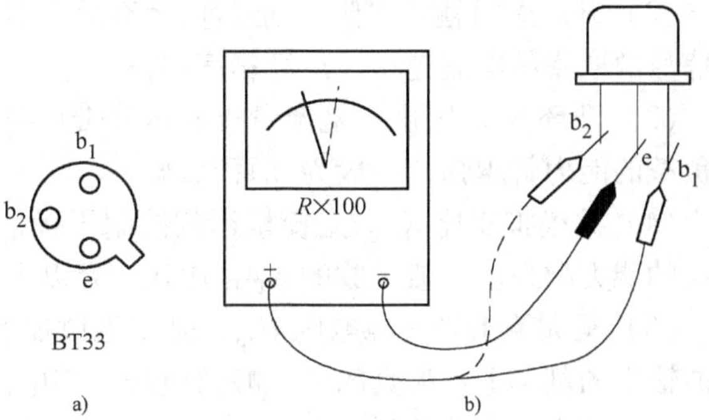

图 2-7　单结晶体管管脚判别

a）管脚图　b）单结晶体管 b_1 极和 b_2 极的区分

4. *如何用万用表判别单结晶体管和普通晶体管（NPN）*　单结晶体管不但外形与普通晶体管相似，而且与 NPN 型晶体管在测量时也有相似之处，单结晶体管的发射极 e 对两个基极 b_1、b_2 均呈现 PN 结的正向特性：正小反大，与普通 NPN 型晶体管特性一样。利用单结晶体管的 b_1、b_2 之间没有 PN 结的特性，可以与普通 NPN 型晶体管相区别。b_1、b_2 间正反向电阻都一样，约为 3 ~ 10kΩ，而 NPN 型晶体管的 c、e 极之间是一个正向 PN 结和一个反向 PN 结串联，用万用表测量时正反向阻值都很大。

2.1.1.4　桥堆

1. *桥堆好坏判别*　利用桥堆相邻的两个管脚间都有一个 PN 结（正向导通，反向阻断），如果有相邻两个管脚正反向电阻都无穷大（开路）或很小接近0（短路）的情况，说明桥堆已经损坏。

2. *管脚判别*　将万用表打到$R\times 1k$挡，选定一管脚接到万用表黑（红）表笔上，红（黑）表笔分别接到其余三个管脚。如果三个阻值都很小，则所选定管脚为桥堆直流输出负（正）极端，若有大有小，则为桥堆输入电源端。桥堆的外形和符号如图2-8所示。

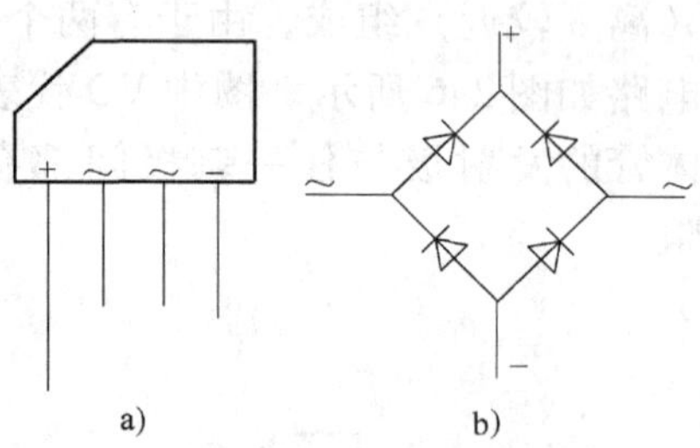

图2-8　桥堆的外形和符号
a）外形　b）符号

2.1.1.5　集成运放

用集成运算放大器实现的基本运算有比例、求和、积分、微分、对数、指数、乘法和除法等。进行运算时，输出量一定要反映输入量的某种运算结果，即输出电压将在一定的范围内变化，所以集成运算放大器必须工作在线性区。

1. *运放的组成*　运算放大器的内部电路通常由输入级、中间级、输出级三部分组成。输入级是运算放大器的关键部分，一般由差动放大电路组成，它的输入电阻很高，能有效地放大有用（差模）信号，抑制干扰（共模）信号。中间级一般由共发射极放大电路构成，能提供足够的电压放大倍数。输出级一般由互补对称式电路构成，可以使运算放大器的输出电阻很低，能输出较大的功率，推动负载。

2. *主要参数*　集成运放的参数是反映其性能优劣的指标，是正确选择和使用集成运放的依据。

（1）开环电压放大倍数A_{uo}也称差模电压放大倍数，是衡量集成运放运算精度的参数。它是在运放加标称电源电压，输出端开路时，输出电压与两个输入端信号电压之差的比值。该值越高，运算精度就越高。

（2）开环差模输入电阻r_{id}是衡量运算放大器从信号源取用电流大小的参数。该值越大，从信号源取用的电流越小，运算精度越高。

（3）开环输出电阻r_o是衡量集成运放带负载能力的参数。输出电阻r_o越小，集成运放带负载的能力就越强，一般为几百欧姆。

（4）共模抑制比K_{CMR}是衡量运放抑制干扰信号能力大小的参数。K_{CMR}数值越大，抑制干扰的能力越强。一般运放的K_{CMR}达几十万以上。

（5）最大输出峰—峰电压U_{op}，是指运放加上标称电源电压、输出端开路时，运算放大器能输出的基本上不失真的最大峰值电压。其电压一般为电源电压的70%左右。

除上述主要参数外，还有输入失调电压、输入失调电流、输入失调温漂电压、输入失调温漂电流等参数。

3. *测量引脚间电阻来判别运算放大器的好坏*　用万用表电阻挡分别测出运算放大器各引脚间的电阻，以此来判别运放器的好坏，但首先必须有一组正常电阻数据作为参考，这组数据可查资料或从完好的同一种型号的运放器上测得。这里以LM324为例提供一组数据，见表2-2。LM324的内部结构如图2-9所示。

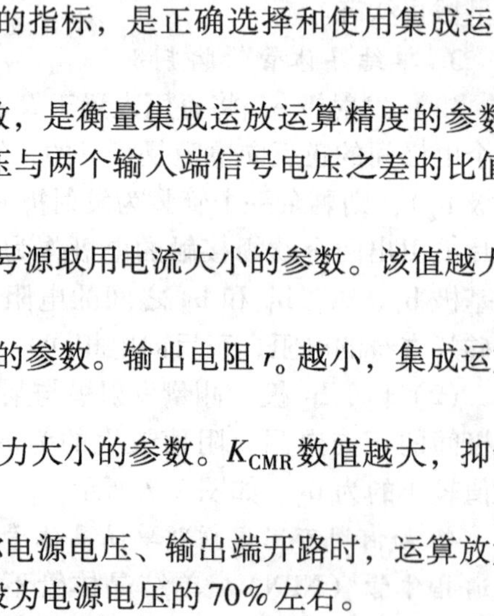

图2-9　LM324的内部结构

表 2-2　LM324 运算放大器的内部电阻

引脚号		1	2	3	4	5	6	7	8	9	10	11	12	13	14
LM324 内部电阻(kΩ)	红表笔接地	50	∞	∞	20	∞	∞	150	150	∞	∞	地	∞	∞	150
	黑表笔接地	7.7	8.6	8.6	6.0	8.0	8.6	7.7	7.7	8.6	8.6	地	8.6	8.6	7.7
直接代换型号	LM324A、LM324N、AN1324、F324、LM124、LM224 等														

注："地"是指固定的接线端。

注意，用不同型号的万用表测量同一种运算放大器，或者用同种型号的万用表去测多个同种运算放大器，所测结果虽然有较大的分散性，不可能与参考数据完全一致，但数据变化的规律应当相同，否则说明被测运放器已受损坏。

4. 运放在线性工作时的特点

（1）因运放的开环差模输入电阻很大，因此两个输入端之间的电流很小，两输入端相当于断路，称为"虚断"，此电流可认为近似等于零（即 $i_i=0$），这是运算放大器在线性工作的第一个基本特点。

（2）由于开环放大倍数很高，因此两个输入端之间的电位差很小，两输入端相当于短路，称为"虚短"，两输入端之间的电压可认为近似等于零（即 $U_+\approx U_-$），这是运算放大器在线性工作的第二个基本特点。

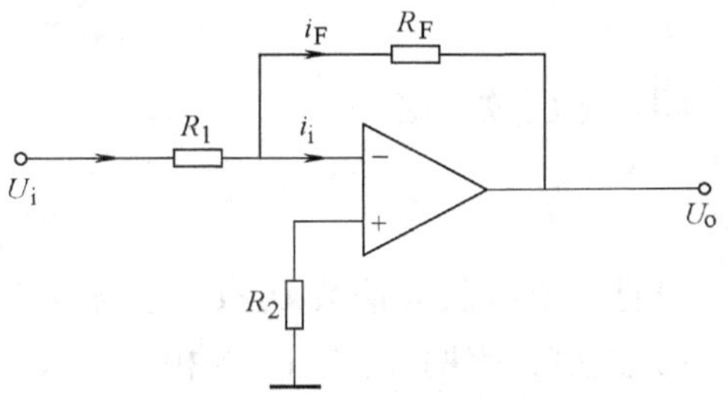

图 2-10　反相比例运算电路

5. 反相比例运算　输入信号加在反相输入端的电路称为反相运算电路。图 2-10 是反相比例运算电路。输入信号 U_i 经电阻 R_1 加到 IN－端，而 IN＋端经电阻 R_2 接地。为使放大器工作在线性区，在运放的 OUT 端与 IN－端之间接有反馈元件 R_F，此时电路的闭环电压放大倍数 $A_{uF}=U_o/U_i$。

由前述两个基本特点可知：$U_+\approx U_-$ 与 $i_i=0$

则

$$i_F=i_1$$

所以

$$\frac{U_- - U_o}{R_F}=\frac{U_i - U_-}{R_1}$$

所以反相比例运算电路的输出电压

$$U_o=-\frac{R_F}{R_1}U_i \tag{2-1}$$

闭环电压放大倍数为

$$A_{uF}=\frac{U_o}{U_i}=-\frac{R_F}{R_1} \tag{2-2}$$

式（2-1）表明，输出电压 U_o 与输入电压 U_i 之间存在着比例运算关系，比例系数由电阻 R_F 与 R_1 的比值确定，与运算放大器本身的参数无关。改变 R_F 与 R_1 的比值，可获得不同的比例，实现了比例运算，且闭环电压放大倍数 A_{uF} 总为负值，说明 U_o 与 U_i 总是相反的。

在反相比例运算电路中，输入信号由反相端输入，同相端接地，即 $U_+=0$，$U_-\approx 0$，说明反相端电位为“地”电位，称为“虚地”。

6. 同相比例运算　输入信号加在同相输入端的电路称为同相比例运算电路。图 2-11 是同相比例运算电路，由图看出，信号从运算放大器 IN + 端输入，因 U_o 与 U_i 同相位，故称为同相比例运算电路。为使运放工作在线性区，在电路的输出端通过反馈电阻 R_F 加到 IN - 端实现负反馈。因 $U_+=U_i\neq 0$，而 $U_-\approx U_+$，故此时反相输入端不再称为“虚地”。

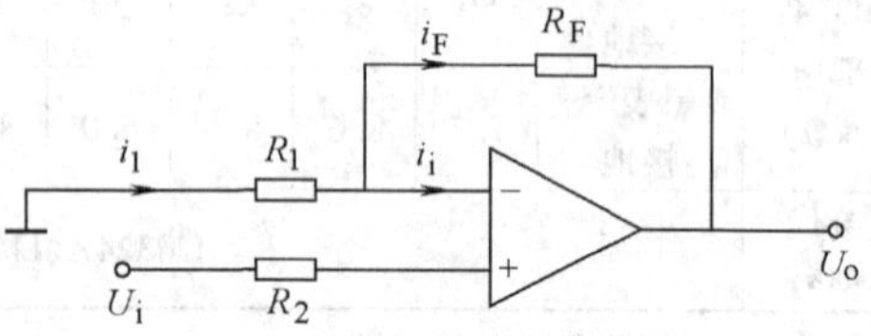

图 2-11　同相比例运算电路

由运放的两个基本工作特点可知：$U_+\approx U_-$ 与 $i_i=0$

所以

$$\frac{U_o}{R_1+R_F}=\frac{U_i}{R_1}$$

所以同相比例运算电路的输出电压为

$$U_o=\left(1+\frac{R_F}{R_1}\right)U_i \tag{2-3}$$

闭环电压放大倍数为

$$A_{uF}=\frac{U_o}{U_i}=1+\frac{R_F}{R_1} \tag{2-4}$$

可见，电压放大倍数 U_o/U_i 也与放大器本身参数无关，而与 R_F/R_1 的比值有关。式中 A_{uF} 总为正值，表明 U_o 与 U_i 同相，且 A_{uF} 总是大于 1，这一点与反相比例运算不同。

2.1.1.6　逻辑门电路

逻辑门电路是一种具有一个或多个输入端和一个输出端的开关电路，它能按照给定的条件决定是否让信号通过，起到控制信号传输的作用，且输入信号与输出信号之间存在一定的因果关系。与逻辑门电路、或逻辑门电路、非逻辑门电路为三种最基本的逻辑门电路。在与、或、非的基础上可以组成许多复合逻辑门电路，如与非门、或非门、与或非门、异或门、同或门等。

1. 门电路中多余端的处理　TTL 集成电路和 MOS 门电路是应用最广泛的数字集成电路，它们的多余端的处理方式不同。TTL 与非门多余端的处理方式为将其接到电源的正端，或者和接信号的输入端并联使用。MOS 门电路的多余端应根据逻辑功能或接高电平（如与门、与非门），或接低电平（如或门、或非门），决不能悬空。

2. 组合逻辑电路设计的一般过程

（1）逻辑关系分析。确定逻辑输入、输出量，并给予定义。

（2）列出真值表。根据逻辑关系列真值表时，输入变量一般要按二进制递增的规律书写，以避免遗漏输入变量的状态。

（3）根据真值表写出逻辑函数式。具体方法是：挑出使函数值为 1 的输入变量取值组合，变量值为 1 的写原变量，变量值为 0 的写成反变量，把这样对应于函数值为 1 的每个输入变量的取值组合写成一个乘积项，再把这些乘积项相加，就得到相应的逻辑表达式。

（4）求最简逻辑函数表达式。用公式法对逻辑函数式进行化简或变换，得出最简逻辑函数表达式。

（5）根据最简逻辑函数表达式，画出逻辑电路图。

（6）选择能实现组合逻辑电路的器件，实现逻辑功能。

2.1.2　电子仪器的使用

2.1.2.1　示波器

1. 功能　这里以日立 V—552 型示波器为例进行介绍，其他型号大同小异，请参照使用。日立 V—552 型示波器的面板如图 2-12 所示，其中 7、8、22 和 36 的位置在示波器的背面，这里不进行说明。

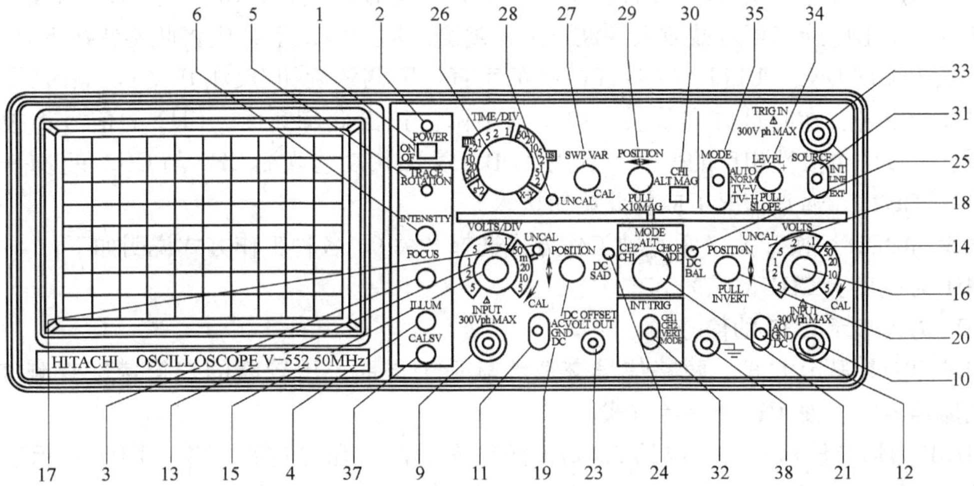

图 2-12　日立 V—552 型示波器的面板

图中：

1 为 POWER（电源开关）。ON 状态为电源接通，OFF 状态为电源切断。

2 为电源指示灯，电源接通时，此指示灯发光。

3 为 FOCUS（聚焦调整旋钮）。调整旋钮 6 使方格线的亮度合适后，用此旋钮进行聚焦调整。

4 为 ILLUM（V—522/V—552/V—223/V—222），显示屏亮度旋钮。顺时针方向旋转，亮度增大。用于环境亮度较小和波形摄影等情况。

5 为 TRACERQTATION（方格线旋转旋钮）。受地磁场的影响，水平方格线可能与水平线形成角度，用此旋钮可使方格线旋转，进行校准。

6 为 INTENSITY（方格线亮度旋钮）。顺时针旋转，方格线亮度增大。接通电源之前，请将此旋钮逆时针方向旋转到底。

9 为 CH1INPUT，通道 1（CH1）信号输入插座。

10 为 CH2 INPUT，通道 2（CH2）信号输入插座。

11、12 为 AC—GND—DC 输入耦合方式切换开关，其中 AC 为经电容器耦合，输入信号的直流分量被抑制，只显示其交流分量 GND 为垂直放大器的输入端被接地；DC 为直接耦合，输入信号的直流分量和交流分量同时显示。

13、14 为 VOLTS/DIV（垂直轴电压幅值标度开关，即每一格多少伏）。需要根据输入信号的幅度进行适当地设定。使用 10∶1 探头时，请将测量结果进行乘以 10 的换算。

15、16 为 VAR、PULLX5GAIN（垂直轴电压微调旋钮/增益 ×5 开关），可连续调整垂直灵敏度，逆时针方向旋转，可以使显示波形的幅度连续地减小，直至原来幅度的 1/2.5 以下。通常情况下，应将此旋钮顺时针方向旋转到底，置于校准位置。拉出此旋钮，垂直增益将放大 5 倍，实际值为测量结果除以 5。

17、18 为 UNCAL 指示灯（V—212/V—252 除外），即非校准状态指示灯。垂直轴电压微调旋转处于非校准位置时，此红色指示灯发光。

19 为 POSITION，PULLDCOFFSET（V—212/V—252 除外），即 CH1 的垂直位置调整旋钮，峰-峰值偏移开关。顺时针旋转，CH1 线上升，逆时针旋转，CH1 线下降。观测大振幅的信号时，拉出此旋钮可对被放大的波形进行观测。通常情况下，应将此旋钮按下。

20 为 POSITION，PULLINVERT（CH2 的垂直位置调整旋钮/反相开关）。顺时针方向旋转，CH2 线上升，逆时针方向旋转，CH2 线下降。拉出此旋钮时，CH2 的信号将被反相。为了便于比较两个极性相反的信号和利用 ADD（叠加）功能观测 CH1 与 CH2 两路信号的差［CH1］-［CH2］。通常情况下应将此旋钮按入。

21 为 MODE 切换开关（垂直轴工作方式选择开关）。各种工作方式说明如下：

CH1 为仅显示 CH1 的信号。

CH2 为仅显示 CH2 的信号。

ALT 为交替显示方式。两路信号交替地显示于屏面，用较高的扫描速度观测 CH1 和 CH2 两路信号时，使用这种显示方式。

CHOP 为切换显示方式。以约 250kHz 的频率对两路信号进行切换，同时显示于屏面。用较低的扫描速度观测 CH1 和 CH2 两路信号时，使用这种显示方式。

ADD 为叠加显式方式。此时显示的波形为 CH1 与 CH2 两路信号的代数和。

注意：有的示波器有 PUAL，这是双踪显示，即同时显示 CH1 和 CH2 两路信号。

23 为 DCOFFSETVOLTBOUT（直流偏移电压输出端子）。

24、25 为 DCBAL（衰减器平衡调整旋钮）。

26 为 TIME/DIV（周期（时间）标度，即每格多少秒或微秒），可以分 19 段从 0.2μs/div～0.2s/div 进行切换。

27 为 SWP VAR（时间轴微调旋钮），按箭头方向旋转到头，为 TIME/DIV 开关的设定值，逆时针旋转，可以降低设定值。通常情况下，请将此旋钮置于 CAL 校准位置。

28 为 UNCAL（SWPVAR 处于非校准状态时，此红色指示灯发光）。

29 为 POSITIONPULL ×10MAG（水平位置调整旋钮/周期放大开关）。

30 为 CH1 ALT MAG（CH1 扫描交替开关）。

31 为 SOURCE（触发信号源选择开关）。

INT 以 CH1 或 CH2 的输入信号作为触发信号源。

LINE 以交流电源信号作为触发信号源。用于观测与交流电源信号具有固定相位关系的信号。

EXT 以 TEIG INPUT 的输入信号作为触发信号源。可以用于与被测信号有同步关系的特殊信号作为触发信号源进行观测。

32 为 INT TRIG（内部触发信号源选择开关）。当 SOURCE 开关置于 INT 时，用此开关具体选择触发信号源。

CH1：以 CH1 的输入信号作为触发信号源。

CH2：以 CH2 的输入信号作为触发信号源。

VERT MODE：交替地分别以 CH1 和 CH2 两路信号作为触发信号源。观测两个通道的波形时，进行交替扫描的同时，触发信号源也交替地切换到相应的通道上。

33 为备用端子。

34 为 TRIG LEVEL（触发电平调整旋钮/触发极性选择开关）。调整触发电平可以改变波形上扫描开始的位置。这个旋钮同时作为 SLOPE（触发极性）切换开关。推入的位置（正常位置）触发极性为正；拉出的位置触发极性为负。

35 为 MODE（触发方式选择开关）。

AUTO：自动方式，任何情况下都有扫描线。有触发信号时，正常进行同步扫描，波形静止；无信号输入或触发失步时，也自动进行扫描。通常使用这种方式比较方便。

NORM：正常方式，仅在有触发信号时进行扫描。无信号输入或触发失步时，无扫描线出现，观测超低频信号（低于 25Hz）调整触发电平时，应使用这种触发方式。

37 为 CAL 端子（探头校正信号的输出端子），输出峰值为 0.5V、周期为 1kHz 的方波信号。

38 为 GND（接地端子）。

2. 示波器的使用

（1）熟悉示波器各旋钮、开关的功能和作用。

（2）显示水平线（CH1 通道）。

1）调节 11 使之处于 GND。

2）调节 32 使之处于 CH1。

3）调节 21 使之处于 CH1。

4）调节 35 使之处于 AUTO。

5）调节 31 使之处于 INT。

6）调节 3、6、19、29。

（3）用标准信号校准。调节 13、15、26、27、34，使之显示稳定的幅值为 0.5V，f = 1kHz 的方波。

（4）测量被测信号。调节 13、26、34，使之显示稳定的波形。

（5）读出信号周期和电压值：

信号周期 = 方格数 × 周期标度/周期放大倍数

信号电压 = 方格数 × 幅值标度 × 指针衰减数/垂直增益倍数

3. 注意事项

（1）示波器使用前一定要校准，否则测量不准。

（2）注意电压峰值与峰—峰值之间的区别。

（3）电压（频率）值不能以信号发生器或电子实训台上的显示为准，而应以示波器测量的读数为准。

为了考核方便，在附录C有麦创MOS—6××系列的620 20MHz型示波器的介绍，可供参考。

2.1.2.2 直流稳压电源

直流稳压电源一般采用双路稳压电源（主电源+辅助电源），其电源面板如图2-13所示。

1. 面板控制功能说明

1为POWER（电源开关）。整机电源控制。

2、3为V（电压表）。数显式分别指示Ⅰ、Ⅱ路输出电压值；指针式分别指示Ⅰ、Ⅱ路输出电压值。

4、5为A（电流表）：数显式分别指示Ⅰ、Ⅱ路稳流（限流）电流值；指针式分别指示Ⅰ、Ⅱ路稳流（限流）电流值。

6、7为VOLTAGE（电压控制旋钮）：分Ⅰ、Ⅱ路各一只，分别调节各自输出电压值。

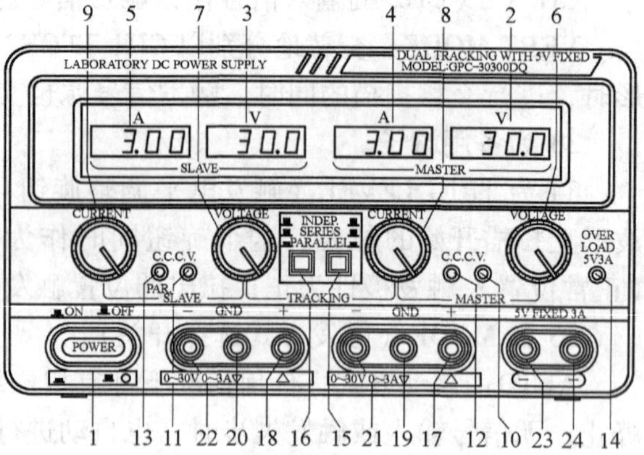

图2-13 双路稳压电源面板图

8、9为CURRENT（电流控制旋钮）：分Ⅰ、Ⅱ路各一只，分别调节各自稳流（限流）电流值。

10、11为C.V（稳压指示）：分别指示Ⅰ、Ⅱ路，处于稳压状态时，此灯亮。

12、13为C.C（稳流指示）：分别指示Ⅰ、Ⅱ路，处于稳流状态时，此灯亮。

14为过载指示。

15、16为输出工作方式开关（独立、跟踪、串联、并联）。

17、18为“+”输出端。

19、20为“地”端。

21、22为“-”输出端。

23为“-”输出端（5V）。

24为“+”输出端（5V）。

2. 输出工作方式

（1）独立工作方式。“跟踪/独立”按钮，置“独立”，得到两组完全独立的电源。用直流稳压电源或电子实训台调出±12V电压，并分别用万用表和示波器测量。

（2）跟踪工作方式。跟踪/独立按钮，置“跟踪”，将主电路输出“-”端与从路输出“+”端短接即可得到一组输出电压数值完全相同，极性相反的电源。

（3）并联工作方式（扩大电流使用）。跟踪/独立按钮，置“独立”，两路输出电压都调至使用值，将二路的“+”连在一起，二路的“-”连在一起。

（4）串联工作方式。跟踪/独立按钮，置“独立”，两路输出预置电流应大于使用电流，将Ⅰ路的“-”与Ⅱ路的“+”连在一起，然后将负载接在Ⅰ路的“+”与Ⅱ路的“-”上。

2.1.2.3 信号发生器

各教学单位的信号发生器的结构各不相同，但其使用步骤基本相同，一般有如下步骤：

（1）接通电源。

（2）选择波形。

（3）选择频率量程。

（4）频率调整。

（5）幅值调整。

2.1.2.4　操作练习

（1）用直流稳压电源或电子实训台调出直流10V电压，并分别用万用表和示波器测量。

（2）用直流稳压电源或电子实训台调出±8V电压，并分别用万用表和示波器测量。

（3）用信号发生器或电子实训台调出电压峰值为30mV，频率为2kHz的正弦波，用示波器观察并画出其波形。

（4）用信号发生器或电子实训台调出电压峰—峰值为50mV，频率为3kHz的正弦波，用示波器观察并画出其波形。

2.1.3　焊接技术

为保证焊接质量，使焊点牢固、光亮、圆滑、不出虚焊，必须了解锡钎焊工艺，掌握锡钎焊技术。

1. 焊接的工具及焊锡　电烙铁是常用的焊接工具，它的规格品种很多。焊接印制电路板上的电子元器件一般常采用20～30W的电烙铁，焊接较粗的导线或焊接面积较大的部件，可适当选择较大功率的电烙铁。焊接的其他辅助工具有尖嘴钳、斜口钳、镊子等。焊锡的选择对焊接质量有很大的影响，常用的焊锡为低熔点管状松香焊锡丝。助焊剂是锡钎焊中最重要的辅料之一。助焊剂性能的优劣，直接影响焊接的质量和焊接效率。松香焊剂是一种传统的助焊剂，它去除焊件表面氧化物的能力强，是常用的助焊剂。

2. 焊接技术

（1）净化焊接部位表面。引线、管脚和焊点处要刮干净，涂上松香水，或先搪上锡。

（2）掌握好焊接温度和时间。温度不够，焊锡流动性差，很容易凝固；温度过高，焊锡流淌，焊点不易存锡。焊接时烙铁头的温度要高于焊锡的熔点，烙铁头与焊点接触时间以使锡焊点光亮、圆滑为宜。焊点不亮或呈“豆腐渣”状，说明温度不够，焊接时间太短。焊剂不能充分挥发，容易形成“虚焊”。焊接温度过高和时间过长，容易损坏元器件和印制电路板。

（3）焊接时，被焊元器件要扶稳、扶牢，电烙铁不必加压或来回移动。尤其在焊锡凝固过程中，不要晃动被焊元器件，否则容易造成“虚焊”。烙铁蘸锡多少应视焊点大小而定，最好让所蘸锡量刚好能包住被焊物。一次上锡不够可以再次填补，但补锡时一定要和上次的锡一同熔化后方可移开烙铁头，以使焊点熔为一体。

（4）为提高效率，减少重复劳动，一般先将电阻、电容、二极管、晶体管等元器件引线弯成所需的形状，一次性插入印制电路板的焊孔内并排列整齐，然后统一焊接，检查焊点后剪去过长的引线。焊接元器件的顺序，一般是先焊电阻、电容、二极管等元器件，再焊晶体管和集成电路，集成电路最好采用专用插座。焊接晶体管和集成电路的时间要短，以避免烫坏管子和集成电路。如果印制电路板上要焊接较重的元器件，如继电器、变压器等，可留到最后一步去焊接，以免在焊接、翻转印制电路板时使笨重的元器件损坏印制电路板。

（5）焊接完所有元器件后，要检查焊点的质量。每个焊点应饱满适中，表面光滑，焊点周围干净，无毛刺和虚假焊点，有漏焊处应及时补焊。

2.1.4 电子电路的调试

电子电路的调试是一个复杂的过程，也是一个对电子基础知识、基本原理的综合应用的过程，它主要靠平时多积累经验和技巧。现将电子电路的调试过程介绍如下：

1. 检查电路　对照电路图检查电路元器件是否连接正确，晶体管和集成电路管脚，二极管、电容器极性、电源线、地线是否接对；连接或焊接是否牢固；电源电压的等级和方向是否符合电路要求等。

2. 按功能块分别调试　任何复杂的电子设备都是由简单的单元电路组成，把每一个单元电路调试正常，再把它们连接成整机后，才能进行整机调试，这也是整机正常工作的基础和前提。所以先分块调试电路既容易排除故障，又可以逐步扩大调试范围，实现整机调试。分块调试最好是装好一部分就调试一部分。有些设备不便于简单地分块调试，也可以在整机装配好后，再分块、分单元地进行调试。

3. 先静态、后动态调试　电路安装结束，不宜同时加电源又加信号进行电路调试。因为电路安装完毕后，未知因素太多，如接线是否正确，元器件是否完好，参数是否合适，分布参数影响如何等，都需要从最简单的工作状态开始观察、测试。所以，一般是先加电源不加信号进行静态调试，如调试放大器的静态工作点、电路的分压值等。直流（即静态）工作状态正确后再加信号进行动态调试。

4. 整机联调　单元电路或功能块工作正常后，再联机进行整机调试。调试重点应放在新单元电路或采用新电路、新技术的部位。调试顺序按信息传递的方向或路径，可以从前往后，也可以从后往前，逐级地测试，逐步完成全电路的调试工作。

2.2 电子技术实训

电子技术实训从模拟电子技术、数字电子技术和运算放大器三大技术中选取了具有代表性的6个电路来进行实训。其中在模拟电子技术中选取了电流负反馈放大电路、电压负反馈放大电路、单相可控整流电路、差动放大可调稳压电路共4个项目。数字电子技术和运算放大器在现代电子技术中应用非常广泛，作为中级电工，在这方面也应该有所认识，所以，在这里也安排了反相、同相放大电路及宿舍灯控制电路。通过电子技术实训，要求熟练掌握常见电子元器件的识别、电子仪器的使用及电子电路的焊接；熟练掌握晶体管放大电路中静态工作点的调试；熟练掌握可控整流电路的原理及差动放大可调稳压电路的工作原理；了解组合逻辑电路及运算放大器的功能与测试方法。

实训1　电流负反馈放大电路

1. 实训目的

（1）掌握电子电路的焊接及工艺要求。

（2）掌握放大电路静态工作点的调试及计算。

（3）掌握放大电路的电压放大倍数的测量。

（4）熟练掌握常用电子仪器（示波器、信号发生器、稳压电源等）的使用方法。

2. 实训器材

示波器一台、万用表一个、直流毫安表（10mA）一个、直流微安表（50μA）一个、100kΩ 可调电阻一个、30kΩ 电阻一个、10kΩ 电阻一个、2.4kΩ 电阻一个、510Ω 电阻一个、100μF 电解电容一个、47μF 电解电容一个、22μF 电解电容一个、3DG6（或 9013）晶体管一个、烙铁一个、万能板一块、焊锡与导线若干。12V 直流电源和正弦波信号从实验台取得。

3. 实训原理

（1）实训原理图如图 2-14 所示。

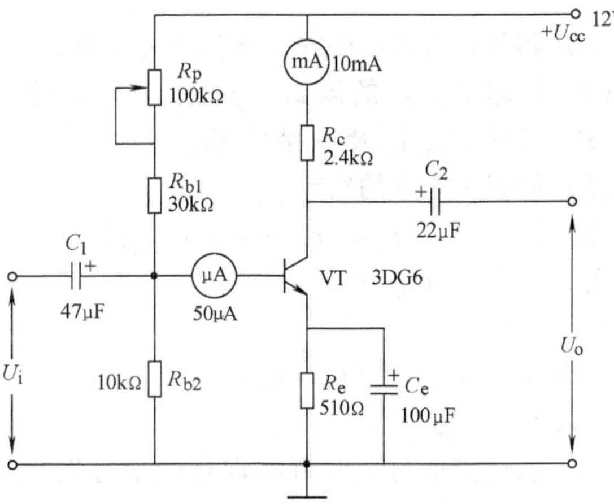

图 2-14 射极偏置放大电路

（2）元器件介绍：

1）mA 为直流毫安表，用来测量集电极电流 I_c。

2）μA 为直流微安表，用来测量基极电流 I_b。

3）VT 为晶体管，是放大电路的核心，只有保证发射结上加正向电压（正向偏置）、集电结上加反向电压（反向偏置）晶体管才能起放大作用。

4）U_{cc}为工作电源，它是放大器的能源，保证了放大器能将弱信号变为强信号（晶体管本身不产生能量，只起能量控制和转换的作用）。

5）R_c 为集电极电阻，集电极的电流信号经过 R_c 时产生压降，从而使晶体管的电流放大作用转化为电压放大作用。

6）R_{b1}、R_{b2}与 R_p 组成分压电路，保证晶体管发射结处于正向偏置，调节 R_p 就可以改变晶体管的静态基极电流，从而相应地改变集电极静态电流和管压降 U_{ce}，使放大器建立起合适的静态工作点，使晶体管工作在线性区，减少非线性失真。

7）R_e 为射极偏置电阻，利用输出回路 I_c 的变化反馈到输入回路（这叫电流负反馈），消除环境温度、电源电压的影响，从而达到稳定工作点的目的。

8）C_1、C_2 为耦合电容器，又称为隔直电容器，使交流信号能顺利通过，而直流信号不能通过，一般电容量较大。C_e 用来旁通输出电流中的交流成分，使其不通过 R_e，使交流成分不产生负反馈，从而避免了放大量下降。

（3）原理分析：在电子电路中，由于半导体的导电特性与温度有关，因此温度的变化对晶体管特性有很大的影响。当温度升高时，就会使静态工作点偏离，I_c 和 U_{ce}发生异常变化，偏离预定的数值。为了改善静态工作点，一般采用射极偏置放大电路（见图 2-14）和集基偏置放大电路（见图 2-16）。图 2-14 采用射极偏置（或电流负反馈）的方法，利用输出回路电流 I_c 的变化反馈到输入回路来抑制 I_c 的变化，由此改善静态工作点。具体过程如下：

温度 $\uparrow \rightarrow I_c \uparrow \rightarrow I_e \uparrow \rightarrow U_e \uparrow \rightarrow U_{ce} \downarrow \rightarrow I_b \downarrow \rightarrow$

$I_c \downarrow$

4. 实训步骤

（1）按照原理图选择合适的元器件，判别元器件好坏、极性或管脚、并进行元器件参数的确认。

（2）按照原理图焊接线路。焊接时，应先用烙铁加热万能板和元器件稍许后，再加焊锡。要避免因过热而损坏元器件以及虚焊和焊不牢的现象，要求各焊点光亮整洁，工艺美观。

（3）调节直流稳压电源，使输出电压为12V，并接入电路。

（4）静态工作点的调试（直流状态）。改变 R_p，应能使 U_{ce} 可调节，用万用表实测 $U_{ce} \approx 6V$，记录 I_c、I_b 及 R_p 测得值。

（5）静态工作点的估算。

因为 $U_b = U_{cc} \cdot R_{b2}/(R_{b2} + R_{b1} + R_{p测})$

而 $I_e = (U_b - U_{be})/R_e$

又因为 $I_c \approx I_e$

所以 $U_{ce} = U_{cc} - I_c(R_c + R_e)$

所以 $I_b = I_c/\beta$

（6）取交流信号。调节实训台的信号发生器，通过示波器读取，使其输出为 $U_{ip\text{-}p} = 10 \sim 80mV$、$f = 1kHz$ 的正弦交流电压信号，并加入电路输入端。

（7）观察输出信号。调节 R_p，使电路工作于非失真（放大）和截止失真状态，并记录波形，然后调节信号发生器，使电路工作于饱和失真状态，并记录波形，如图2-15所示。

（8）计算电压放大倍数及频率。调节 R_p 或增大输入信号，使电路工作于最大不失真状态，通过示波器读取 $U_{iP\text{-}P}$、$U_{op\text{-}p}$和周期 T 的值，计算电压放大倍数 A_V 及频率 f。

$$A_V = U_{ip\text{-}p}/U_{op\text{-}p} \qquad f = 1/T$$

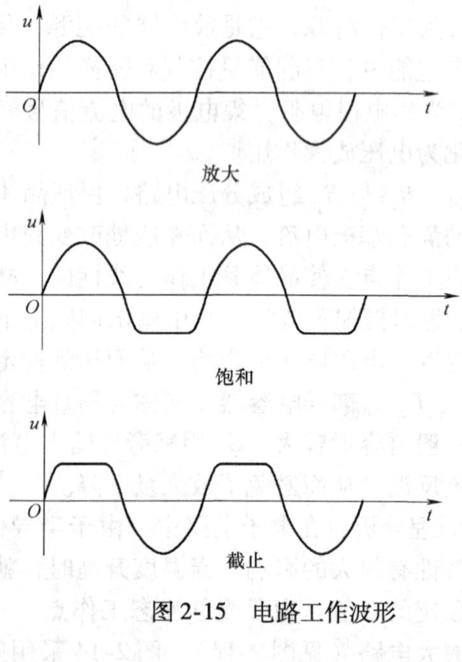

图 2-15 电路工作波形

5. 注意事项

（1）注意晶体管管脚及电容极性以及直流电源的正负极性。

（2）静态调试时，调节 R_p 的值，U_{ce} 和 I_c 应能连续变化。

（3）取交流正弦信号时，应以示波器观察到的信号为准。

6. 故障分析

（1）静态调试时，调节 R_p，U_{ce}为12V或0V。这种情况必须先检查晶体管的管脚和好坏，然后检查是否有接触不良和电路其他元器件有无损坏。

（2）动态调试时，无论怎样调节 R_p，输出均为饱和失真。这时肯定是输入信号太强，必须检查示波器是否衰减或未校准。

（3）静态调试正常，但动态调试时无信号输出。这时必须检查 C_1、C_2 是否开路或极性接反以及输入信号、集电极直流工作电压是否正常。

7. 项目评分（见表 2-3）

表 2-3 项目评分表

考核时间定额：120 min

序号	考核内容及要求	评分标准	扣分	得分	考评员签名
1	元器件选择及判别:10 分	选择及判别正确得 10 分			
2	按图焊接:25 分	焊接正确 25 分			
3	焊接工艺:15 分	A:15 分;B:10 分;C:5 分			
4	静态工作点调试:15 分 调节可变电阻 R_p, 实测 U_{ce} = ______ V,并根据实测数据确定工作点,写出有关计算公式	工作点对且公式正确得 15 分 工作点不对但公式正确得 7 分			
5	周期、频率的测试及放大倍数的计算:20 分 在输入端加上 1kHz、U_{p-p} 为 30 ~ 80mV 的正弦波信号,用示波器测试输入、输出信号周期、频率,并在最大不失真的情况下计算放大倍数 A_v	能观察信号且正确得 5 分 能调出饱和失真和最大不失真状态得 5 分 读取周期、频率正确得 5 分 放大倍数计算正确且有公式得 5 分,未写公式得 3 分			
6	观察波形:10 分 用示波器观察波形并画出失真与不失真的波形	每对一个得 5 分			
7	回答问题:5 分	分析正确得 5 分			
8	安全文明操作	违反安全文明操作由考评员视情况扣分,所有在场的考评员签名有效			

（1）观察输出信号时，为什么放大器的输入和输出波形正好倒相？

（2）为什么用万用表测出的信号电压值与示波器的不一样？

实训 2 电压负反馈放大电路

1. 实训目的

（1）掌握电子电路的焊接及工艺要求。

（2）掌握放大电路静态工作点的调试及计算。

（3）观察静态工作点对放大倍数及非线性失真的影响。

（4）掌握放大电路的电压放大倍数的测量。

（5）熟练掌握常用电子仪器（示波器、信号发生器，稳压电源等）的使用方法。

2. 实训器材

示波器一台、万用表一个、烙铁一个、直流毫安表（10mA）一个、直流微安表（50μA）一个、2.4kΩ 电阻一个、30kΩ 电阻一个、470kΩ 可调电阻一个、47μF 电解电容一个、22μF 电解电容一个、3DG6（或 9013）晶体管一个、万能板一块、焊锡与导线若干。12V 直流电源和正弦波信号从实验台取得。

3. 实训原理

（1）实训原理图如图 2-16 所示。

（2）元器件介绍：图 2-16 中所用到的电子元器件的选择及判别都在《初级电工技能考核指导》中作过详细介绍，请参见有关部分。其中 R_b 与 R_p 为基极偏置电阻，使晶体管发射结处于正向偏置，调节 R_p 就可以改变晶体管的静态基极电流，从而相应地改变集电极静态电流 I_c 和管压降 U_{ce}，使放大器建立起合适的静态工作点，使晶体管工作于线性区，减少非线性失真。

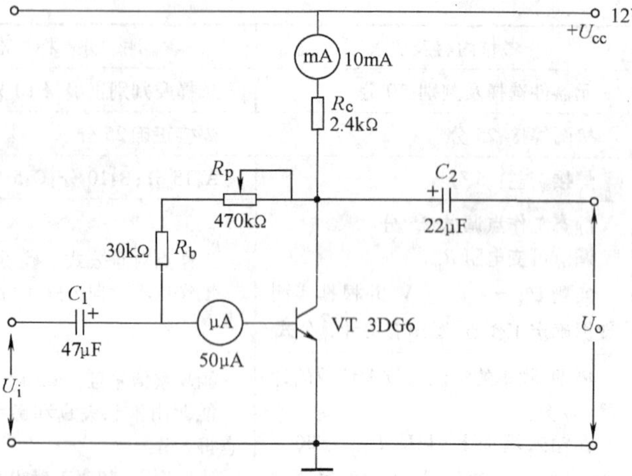

图 2-16 集基偏置放大电路

（3）原理分析：

在电子电路中，由于半导体的导电特性与温度有关，因此温度的变化对晶体管特性有很大的影响。当温度升高时，就会使静态工作点偏离，使 I_c 和 U_{ce} 发生异常变化，偏离预定的数值。为了改善静态工作点，一般采用集基偏置放大电路和射极偏置放大电路。

图 2-16 为采用集基偏置（或电压负反馈）的方法，来抑制因温度升高而使 I_c 增大。这种电路是利用 R_b 与 R_p 跨接于晶体管的 c、e 两极之间，这时偏流 I_b 不是直接由 U_{cc} 驱动，而是由集电极电压 U_{ce} 驱动。故当集电极 I_c 因温度升高而增加时 U_{ce} 下降，从而引起 I_b 减小，I_b 减小了，就有促使 I_c 回降的作用，这就使 I_c 的增加受到制约而趋向稳定，由此改善静态工作点。具体过程如下：

温度 $\uparrow \rightarrow I_c \uparrow \rightarrow I_e R_c \uparrow \rightarrow U_{ce} \downarrow \rightarrow I_b \downarrow$ ⟶

$I_c \downarrow$ ⟵

4. 实训步骤

（1）按照原理图选择合适的元器件，判别其好坏、极性或管脚，并进行元器件参数的确认。

（2）按照原理图焊接线路。焊接时，应先用烙铁加热万能板和元器件稍许后，再加焊锡，要避免元器件因过热而损坏以及虚焊和焊不牢的现象，要求各焊点光亮整洁，工艺美观。

（3）调节直流稳压电源使输出电压为 12V，并接入电路。

（4）静态工作点的调试（直流状态）。改变 R_p，应能使 U_{ce} 可调节，用万用表实测 $U_{ce} \approx 6V$，记录 I_c、I_b 的值。

（5）静态工作点的估算。

$$I_b = (U_{cc} - U_{be}) / (R_c(1 + \beta) + R_b + R_{p测})$$

（U_{be} 为发射结的正向压降，硅管约为 0.7V，锗管约为 -0.2V，$R_{p测}$ 为调整后 R_p 的实

际值)

由于穿透电流很小，通常忽略不计，所以

$$I_c \approx \beta I_b$$

$$U_{ce} = U_{cc} - (I_c + I_b) R_c$$

(6) 取交流信号。调节实训台的信号发生器，通过示波器读取，使其输出为 $U_{iP\text{-}P}$ = 10 ~ 80mV、f = 1kHz 的正弦交流电压信号，并加入电路输入端。

(7) 观察输出信号。调节 R_p，使电路工作于非失真（放大）和截止失真状态，并记录波形，然后调节信号发生器，使电路工作于饱和失真状态，并记录波形。

(8) 计算电压放大倍数及频率。调节 R_p 或增大输入信号，使电路工作于最大不失真状态，通过示波器读取 $U_{ip\text{-}p}$、$U_{op\text{-}p}$ 和周期 T 的值，计算电压放大倍数 A_V 及频率 f。

$$A_V = U_{ip\text{-}p}/U_{op\text{-}p} \qquad f = 1/T$$

5. 注意事项

(1) 注意晶体管管脚、电容极性以及直流电源的正负极性。

(2) 静态调试时，调节 R_p 的值，U_{ce} 和 I_c 应能连续变化。

(3) 取交流正弦信号时，应以示波器观察到的信号为准。

(4) 观察输出信号时，应注意放大器的倒相作用。

6. 故障分析

(1) 静态调试时，调节 R_p，U_{ce} 为 12V 或 0V。这种情况必须先检查晶体管的管脚和好坏，然后检查是否有接触不良和电路其他元器件有无损坏。

(2) 动态调试时，无论怎样调节 R_p，输出均为饱和失真。这时肯定是输入信号太强，必须检查示波器是否衰减或未校准。

(3) 静态调试正常，但动态调试时无信号输出。这时必须检查 C_1、C_2 是否开路或极性接反以及输入信号、集电极直流工作电压是否正常。

7. 项目评分（见表 2-4）

表 2-4　项目评分表

考核时间定额： 120 min

序号	考核内容及要求	评 分 标 准	扣分	得分	考评员签名
1	元器件选择及判别:10 分	选择及判别正确得 10 分			
2	按图焊接:25 分	焊接正确 25 分			
3	焊接工艺:15 分	此项得分以三个等级评定：A:15 分;B:10 分;C:5 分			
4	静态工作点调试:15 分 调节可变电阻 R_p,实测 U_{ce} = ______ V,并根据实测数据确定工作点,写出有关计算公式	工作点对且公式正确得 15 分 工作点不对但公式正确得 7 分			
5	周期、频率的测试及放大倍数的计算:20 分 在输入端加上 1kHz、$U_{p\text{-}p}$ 为 30 ~ 80mV 的正弦波信号,用示波器测试输入、输出信号周期、频率并在最大不失真的情况下,计算放大倍数 A_v	能观察信号且正确得 5 分 能调出饱和失真和最大不失真状态得 5 分 读取周期、频率正确得 5 分 放大倍数计算正确且有公式得 5 分;未写公式得 3 分			

（续）

序号	考核内容及要求	评分标准	扣分	得分	考评员签名
6	观察波形:10 分 用示波器观察波形并画出失真与不失真的波形	每对一个得 5 分			
7	回答问题:5 分	分析正确得 5 分			
8	安全文明操作	违反安全文明操作由考评员视情况扣分,所有在场的考评员签名有效			

分析思考

（1）比较图 2-14 与图 2-16 的异同。

（2）测量各点电压时，万用表分别用什么挡位?

实训 3　单相可控整流电路

1. 实训目的

（1）掌握单结晶体管和晶闸管的工作原理。

（2）了解单结晶体管触发脉冲产生的原理。

（3）了解调压的原理。

（4）掌握各工作点的输出波形。

（5）掌握输出电压与控制角之间的关系。

2. 实训器材

示波器、万用表、桥堆各一个、100Ω 电阻两个、8V 稳压管一个、100kΩ 可调电阻一个、10kΩ 电阻一个、0.1μF 电容一个、510Ω 电阻一个、单结晶体管（BT33）一个、47Ω 电阻两个、二极管两个、晶闸管两个、12V 灯泡一个、万能板一块、导线若干、烙铁一个与焊锡若干。220V/12V 交流变压器一个作为 TR2 供 12V 灯泡的电源，桥堆所需的 12V 交流电从实验台取得。

3. 实训原理

（1）实训原理图如图 2-17 所示。

（2）元器件介绍：图 2-17 中元器件 TR1、TR2 为交流变压器，VS 为稳压管，VD1 ~ VD4 为 4 个二极管，也可用一个桥堆代替，BT33 为单结晶体管，SCR1、SCR2 为晶闸管。

（3）原理分析：

本电路为晶闸管整流调压电路，由单结晶体管组成的触发电路和单相桥式可控整流电路组成。在如图 2-18 所示的触发电路中，由桥式整流电路输出全波整流电压信号，通过限流电阻 R_1 和稳压管后，因稳压管使整流电源的输出电压幅值限制在一定值上，输出一列梯形波，提供给 RC 振荡电路，经电容 C 充放电后输出一列锯齿波电压信号，该信号又作为单结晶体管的发射极的输入电压信号，从而使单结晶体管输出一系列较窄的尖峰脉冲。主电路工作后，晶闸管的阴阳极在正向电压作用下，且当门极接收到同步的脉冲信号时，晶闸管即触发导通。调节充放电回路中的 R_p，改变控制角 α，从而改变导通角 β，以达到调节输出电压的目的。

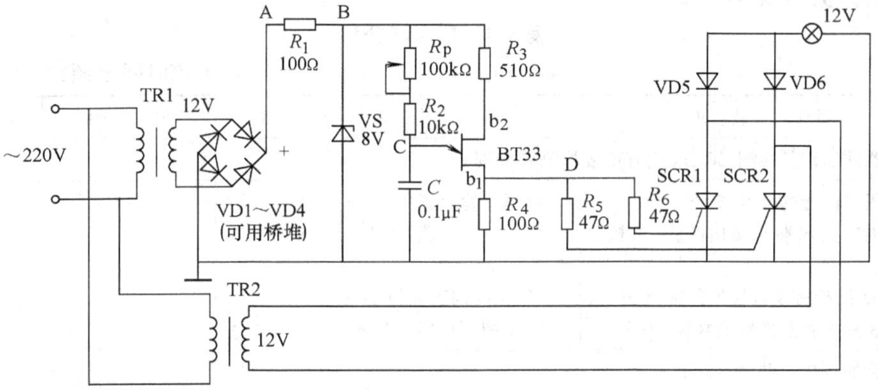

图 2-17　晶闸管整流电路

4. 实训步骤

（1）根据原理图，选择合适的元器件。有极性或管脚要求的元器件应进行正确的判断，对其他元器件应确认标称参数。

（2）按照原理图正确焊接电路。

（3）调试触发电路。电路焊好后，调节 R_p 用示波器观察各工作点电压波形，直至输出一列连续可调的脉冲信号。

（4）系统调试。接通主电路，将脉冲信号加入晶闸管的门极，用示波器测试负载两端的电压波形，波形正常后，调节 R_p 应使灯泡亮度发生变化。

5. 注意事项

（1）连接电路时，必须将各元器件正确接入，特别应注意二极管、桥堆、稳压管的极性。

（2）主电路和触发电路必须同步（取同相电源）。

（3）测试负载电压波形时，因电压较高应用带衰减器的探针直接从灯泡两端测试。

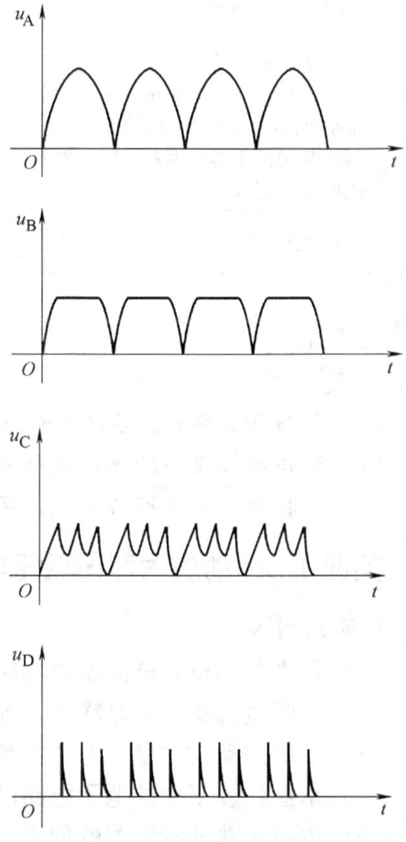

图 2-18　ABCD 各点所测波形示意图

6. 故障分析

（1）观察电容两端的波形时，无锯齿波输出，这时须先检查整流桥是否有电压输出，稳压管是否接反及击穿，然后检查单结晶体管的好坏及管脚是否有误。

（2）触发电路有脉冲输出，但接好主电路后灯泡不亮。这种情况应先检查晶闸管两端是否加上了正向电压及晶闸管的好坏和管脚是否有问题，然后检查脉冲幅值是否达到要求。

（3）灯泡能发光，但亮度不可调。这时必须检查可调电阻及电容是否有问题，然后检查单结晶体管的接线及好坏。

7. 项目评分（见表 2-5）

表 2-5　项目评分表

考核时间定额：120 min

序号	考核内容及要求	评分标准	扣分	得分	考评员签名
1	元器件识别及检测:30 分(用万用表检测和判别)				
	稳压二极管的极性:5 分 桥堆的交流端与输出的正、负极:10 分 BT33 的检查及极性的判别:5 分 SCR 的检查及极性的判别:10 分	稳压管检测正确:5 分 桥堆判别正确:10 分 BT33 判别正确:5 分 SCR 判别正确:10 分			
2	电路的焊接与调试:70 分				
	焊接正确:30 分	通电正常得 30 分			
	负载的调节:25 分 接通电源,调节灯泡亮度	亮度正常且能平滑改变得 25 分 亮度正常但不能改变得 10 分 不能亮不得分			
	波形测量:15 分 调节 R_P 的值,使导通角为最大或最小时,测整流桥输出端(A)、稳压器两端(B)、电容器两端(C)点的电压波形,并绘出	由考评员现场指定测最大或最小时的波形并抽查有效: 每点波形正确得 5 分			
3	安全文明操作	违反安全文明操作由考评员视情况扣分,所有在场的考评员签名有效			

(1) 了解触发角α，导通角β与负载电压的关系。

(2) 若将触发电路的电源接到 A 相，主电路的电源接到 B 或 C 相，会出现什么现象？

(3) 当脉冲的幅值不够高时，用什么方法增大其幅值？

实训 4　差动放大可调稳压电路

1. 实训目的

(1) 熟悉单相桥式整流滤波电路的工作特性。

(2) 了解整流滤波电路输入、输出端的电压波形。

(3) 了解差动放大稳压电路的特点和电路的工作原理。

(4) 掌握比较复杂的电子电路的分析方法。

(5) 进一步熟悉示波器的使用。

2. 实训器材

示波器一台、万用表一个、220V/12V 变压器一个、大面包板一块、桥堆一个、100μF 电容一个、470μF 电容一个、5.1Ω 电阻（3W）一个、PNP 大功率晶体管一个、NPN 小功率晶体管（配对）两个、100kΩ 电阻一个、300Ω 电阻一个、200pF 电容一个、1kΩ 电阻一个、4.7V 稳压器一个、2kΩ 电阻一个、47kΩ 可调电阻一个、100Ω 电阻一个、12V 灯泡一个、200mA 直流毫安表一个与导线若干。

3. 实训原理

（1）实训原理图如图 2-19 所示。

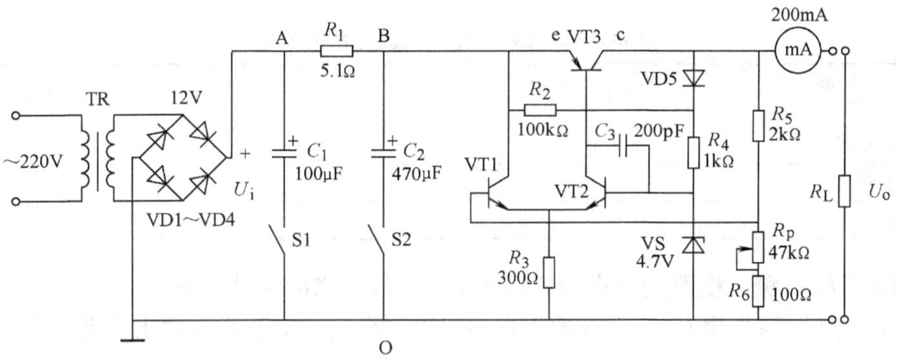

图 2-19　差动放大可调稳压电路

（2）原理分析：

在《初级电工技能考核指导》中介绍过串联稳压电路。串联稳压电路能在输入电压变化或负载电流变化时保持输出电压的稳定，但是当环境温度变化时，晶体管的参数会发生变化，从而影响输出电压的稳定。所以，在要求输入电压变化或负载电流变化且要求输出电压的温度稳定度高的稳压电路中，就常常用差动放大稳压电路或运算放大器。

图 2-19 就是一个差动放大的稳压电路，图中 VD1 ~ VD4 组成单相桥式整流，将交流电变成脉动性较大的直流电。C_1、C_2、R_1 组成 π 型滤波电路，将电路中的交流成分滤掉，变成脉动性较小的直流电。VT3 为调整管，起电压调节作用。R_4、R_p、R_6 组成分压电路，用来把输出电压 U_o 的变化量的一部分取出加到直流放大器 VT1 的基极，故分压电路也叫取样电路。从 R_p 上取出的电压叫取样电压。VD5、R_4、VS 组成稳压电路，用来提供基准电压，加到直流放大器 VT2 的基极。基准电压信号与取样电压信号经差动放大后，作用于 VT3，使 VT3 的发射极与集电极之间的电压 U_{ce} 发生变化，从而达到稳定输出电压的目的。

稳压过程如下：

1）当负载不变，输入电压变化（或者输入电压不变，负载变化），而使 U_o 增加时，其工作过程如下。

$$U_i\uparrow \to I_L\uparrow \to U_o\uparrow \to U_{b1}\uparrow \to U_{b3}\uparrow \to U_{ce3}\uparrow \to U_o\downarrow$$

2）当温度变化时，差动放大电路能抑制零点漂移，其工作过程如下：

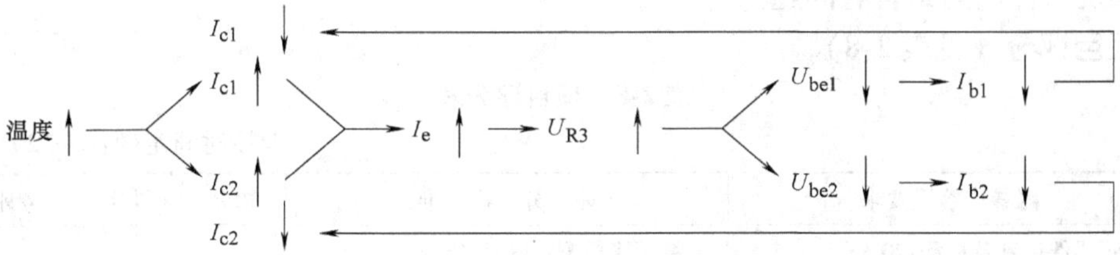

4. 实训步骤

（1）根据原理图选择良好的元器件，正确判别元器件的极性、管脚及参数。

（2）按照原理图正确插接线路。

（3）线路无误后，接入电源，在S1S2不同的状态下，用示波器测量整流电路波形，并填入表2-6中。

表2-6　示波器测得的整流电路的波形

电路状态＼波形	U_i	U_{A0}	U_{B0}
S1S2全断			
S1合S2断			
S1S2全合			

（4）调节R_p，测量电路输出电压，应能在6～12V之间连续可调。

（5）在不同的输出电压下，测量VT3的管压降U_{ce}和电路的输出电流，并记录于表2-7中。

表2-7　VT3的管压降U_{ce}和电路的输出电流

输出电压	6V	8V	9V	10V	12V
VT3　U_{ce}					
输出电流					

（6）测量输出电压为12V时，接入负载电阻，测量负载两端电压，观察电压变化情况，其波动范围应不超过0.5V。

5. 注意事项

（1）连接电路时，必须按元器件的极性、管脚正确地接入电路。

（2）晶体管VT3使用5～10W的PNP型晶体管，VT1、VT2使用NPN型小功率晶体管并配对。

（3）负载采用51Ω/3W电阻或12V灯泡。

（4）测量波形时，注意信号交、直流特性，所画波形周期应一致。

6. 故障分析

（1）当S1、S2全合时，U_{B0}的脉动性较大。这时应检查S1、S2是否真正合上，再检查C_1、C_2是否开路，然后检查VD1～VD4中是否有二极管开路（桥堆损坏）。

（2）U_{B0}输出正常，但经过差动放大后，无输出电压或输出电压不可调。这时必须先检查接线是否有问题，再检查VT3是否正常工作，然后检查U_{b1}是否随R_p的变化而变化以及U_{b2}是否有稳定的电压信号。

（3）电源接通后，输出电压很低，调节R_p也调不上去。这时要检查稳压管是否接反或击穿，以及取样电路是否有问题。

7. 项目评分（见表2-8）

表2-8　项目评分表

考核时间定额：120 min

序号	考核内容及要求	评分标准	扣分	得分	考评员签名
1	元器件识别及检测：20分 用万用表检测稳压二极管的极性及电容、晶体管的好坏	稳压管检测正确：5分 电容检测正确：5分 晶体管检测正确：10分			

（续）

序号	考核内容及要求	评　分　标　准	扣分	得分	考评员签名
2	电路的插接与调试:70 分				
	插接正确:20 分	通电正常得 20 分			
	波形测量:15 分 接通电源,按表 2-6 中要求测量并填入表 2-6	现场抽查: 按表 2-6 中要求评分			
	输出电压的调节:10 分 调节 R_p 使输出电压能在 6 ~ 12V 连续可调	连续可调得 10 分; 不能调有电压得 4 分			
	VT3 管压降 U_{ce} 的测量:10 分 按表 2-7 中要求进行测量并填入表 2-7 中	现场抽查: 按表 2-7 中要求评分			
	输出电流的测量:5 分 按表 2-7 中要求进行测量并填入表 2-7 中	现场抽查: 按表 2-7 中要求评分			
	接入负载:10 分 将输出电压调到 12V,接入负载电阻,其输出电压降不应超过 0. 5V	空载与有载相比,输出电压超过 0. 5V 不得分			
3	回答问题:10 分 简述差动放大原理	能准确地答出要点得 10 分			
4	安全文明操作	违反安全文明操作由考评员视情况扣分,所有在场的考评员签名有效			

（1）输出电压U_o的大小与哪些因素有关?

（2）VD5 在电路中有何作用?

实训 5　反相、同相放大电路

1. 实训目的

（1）了解比例运算放大器的特点，掌握运算放大器的测量及分析方法。

（2）掌握同相、反相运算放大器的接线及调试。

2. 实训器材

小面包板一块、10kΩ 电阻四个、1kΩ 可调电阻两个、100kΩ 电阻一个、470Ω 电阻两个、发光二极管两个、LM324 集成块一块、导线若干、万用表一个。+/－12V 直流电源由实验台的两组直流电源串联取得，如图 2-20 所示。

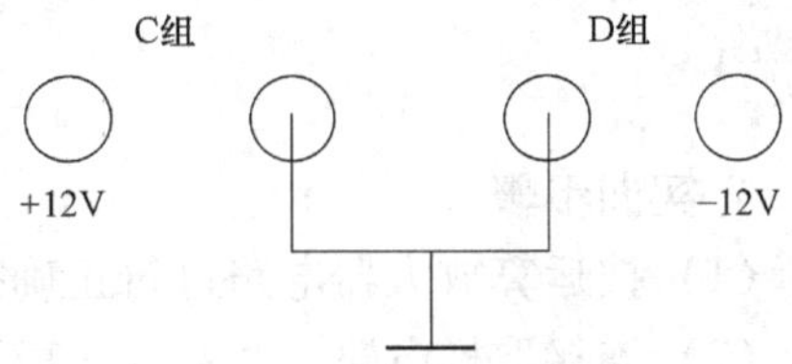

图 2-20　直流电源串联

3. 实训原理

（1）按图 2-21 所示连接电路，利用取样电路分别取出正负不同的小电压信号，加入运放电路输入端，实测输出电压，实际计算电压放大倍数并与理论值比较。LM324 内部结构如图 2-22 所示。

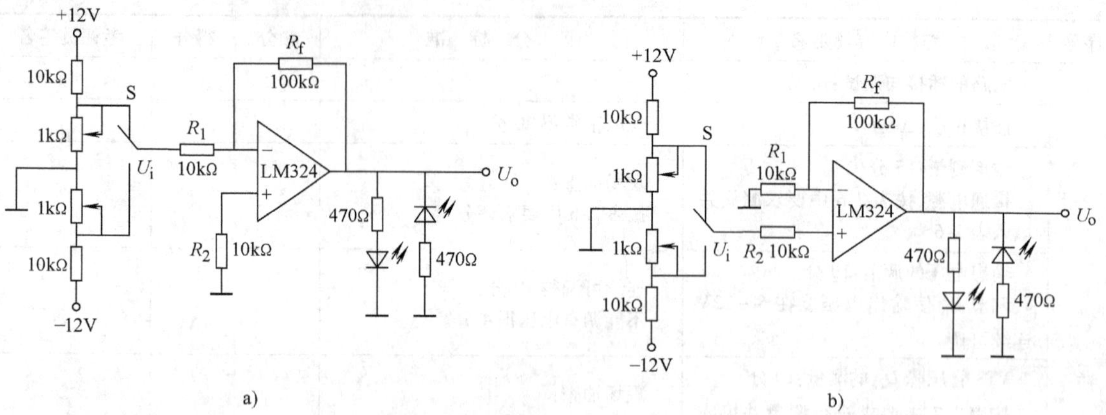

图 2-21　反相、同相运算放大器

a）反相运算放大电路　b）同相运算放大电路

（2）原理分析：集成运算放大器是一种典型的线性集成电路，是一个高放大倍数的直接耦合放大器，运算放大器有两个输入端、一个输出端。（一个为反相输入端，另一个为同相输入端），使用时，信号可从反相端输入（作反向比例放大器），也可以从同相端输入（作同相比例放大器），还可以从同反相端同时输入（作差动比例放大器），使用起来非常方便灵活。

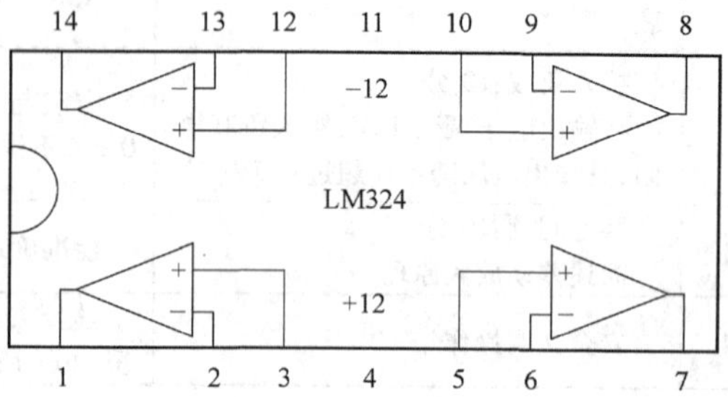

图 2-22　LM324 内部结构

原理图 2-21 中开关 S 的左边部分是取样电路，通过调节 1kΩ 的可调电阻，可以取出各种微小的电压信号；其右边是放大器，可以将小信号进行放大，通过发光二极管进行显示。

1）反相运算放大电路，输入信号经过 R_1 接到集成运放的反相输入端，而同相输入端经 R_2 接地。在实际电路中，为保证运放的两个输入端处于平衡的工作状态，避免输入偏流产生附加的差动输入电压，应使反相输入端与同相输入端对地的电阻相等。

2）同相运放电路，信号经 R_2 接至同相输入端，但为了保证电路稳定工作，反馈须接至反相输入端。在实际电路中，应使 $R_2 = R_1 /\!/ R_f$，以保持两个输入端对地的电阻相等。

3）根据“虚地”，“虚短”的概念，反相比例运算放大电路的放大倍数

$$A_{vf} = \frac{U_o}{U_i} = -\frac{R_f}{R_1}$$

4）根据“虚短”，“虚断”的概念，同相比例运算放大电路的放大倍数

$$A_{vf} = \frac{U_o}{U_i} = 1 + \frac{R_f}{R_1}$$

4. 实训步骤

（1）按运算放大器电路进行正确接线。

（2）连接取样电路，并接入 ±12V 直流电源，应能调节小电压信号。

（3）将取得的正、负小电压信号加入反相运放器的反相输入端，同相运放器的同相输

入端，测量对应的输出电压 U_o 并分别记录于表 2-9 及表 2-10 中。

表 2-9　反相比例运算放大器

输入值		0	0.5V	0.8V	-0.5V	-0.8V
输出值						
放大倍数	实测					
	理论					

表 2-10　同相比例运算放大器

输入值		0	0.5V	0.8V	-0.5V	-0.8V
输出值						
放大倍数	实测					
	理论					

5. 注意事项

（1）使用集成电路时，应注意 +、- 电源的引入。

（2）在改接线路之前，必须切除电源和信号源，否则会使组件损坏。

（3）切忌将放大器的输出端对地短接。

6. 项目评分（见表 2-11）

表 2-11　项目评分表

考核时间定额：120 min

序号	考核内容及要求	评分标准	扣分	得分	考评员签名
1	反相比例运算放大器的连接与调试(50 分)				
	按图接线:20 分	接线正确得 20 分			
	输出电压的测量及放大倍数的计算:30 分 在输入端加信号,按表 2-9 中要求测量并填入表 2-9 中	通过分压电路正确取出信号,每个得 1 分 输出电压测量正确,每个得 1 分 放大倍数实测每对 1 个得 2 分 放大倍数理论计算每对 1 个得 2 分(公式正确)			
2	同相比例运算放大器的连接与调试:50 分				
	按图接线:20 分	接线正确得 20 分			
	输出电压的测量及放大倍数的计算:30 分 在输入端加信号,按表 2-10 中要求测量并填入表 2-10 中	通过分压电路正确取出信号,每个得 1 分 输出电压测量正确,每个得 1 分;放大倍数实测每对 1 个得 2 分 放大倍数理论计算每对 1 个得 2 分(公式正确)			
3	安全文明操作	违反安全文明操作由考评员视情况扣分,所有在场的考评员签名有效			

分析思考

（1）为什么输入信号越大，则实测的放大倍数与理论值相差越远？

（2）怎样将运算放大器作为同相器和反相器？

实训6　宿舍灯控制电路

1. 实训目的

（1）了解组合逻辑电路的特点。

（2）熟悉 CMOS 门电路的逻辑功能及其特点，掌握测试方法。

（3）掌握一般电路的分析方法，能根据要求列真值表及根据真值表写出最简与非门表达式。

2. 实训器材

+5V 直流稳压电源一个、小面包板一块、万用表一个、1.5kΩ 电阻两个、470Ω 电阻两个、发光二极管两个、CC4011 集成块（管脚图如图 2-23 所示）一块、导线若干。

3. 实训内容

一个宿舍内住两人，设为 A、B，使用两盏灯 Y_1 和 Y_2。第一盏灯（Y_1）只要 A 同意开就亮，第二盏灯（Y_2）必须 A、B 两人同意开才亮。设同意用“1”表示，不同意用“0”表示；灯亮用“1”表示，灯不亮用“0”表示。根据上述要求，实现逻辑功能。

4. 实训步骤

（1）根据逻辑功能列出真值表，见表 2-12。

表 2-12　真值表

A	B	Y_1	Y_2
0	0	0	0
0	1	0	0
1	0	1	0
1	1	1	1

（2）根据真值表列出逻辑函数表达式

$$Y_1 = A\overline{B} + AB = A(\overline{B} + B) = A$$

$$Y_2 = AB = \overline{\overline{AB}}$$

注意：应将表达式化为最简与非门表达式。

（3）逻辑电路图。

由逻辑函数表达式可知，需两个与非门，而与非门用得最多的是 CC4011（有四个与非门），故选一块 CC4011 就可以了。为观察方便，可选两个发光二极管进行显示，并用 470Ω 电阻进行限流。当 CMOS 与非门输入端接低内阻的信号源或引线过长时，在开机或关机过程中易形成较大的瞬态电流，应在门电路的输入端并接分流电阻。若信号电压为 5V，R 取 1.5kΩ 左右。根据以上分析可画出逻辑电路图，如图 2-24 所示。

（4）元器件检查。

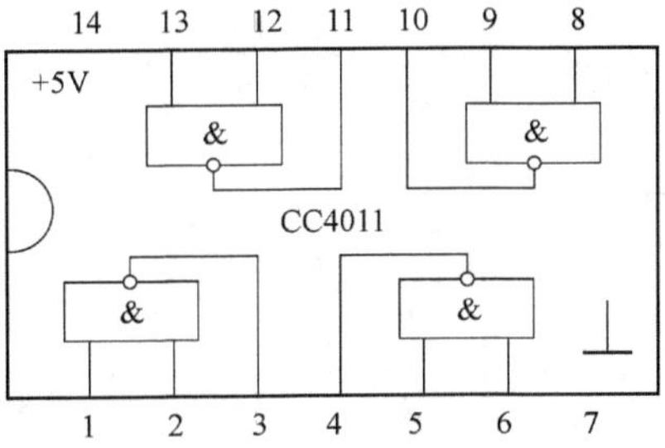

图 2-23 CC4011 集成块管脚图

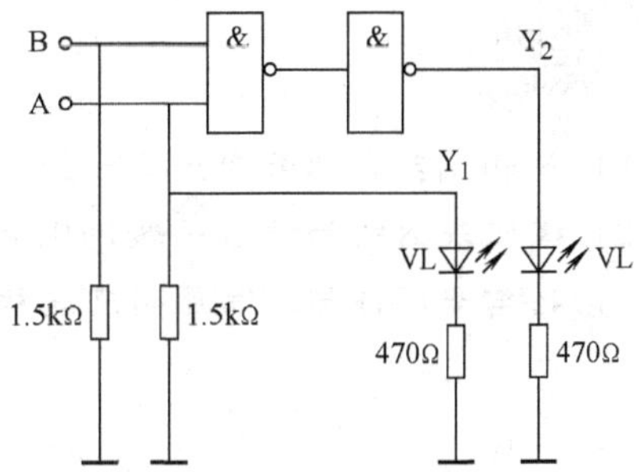

图 2-24 逻辑电路图

将 CMOS 与非门 CC4011 接上电源，两输入端分别接至两个逻辑开关，输出端接发光二极管，改变输入端的状态，检查输出端是否满足其逻辑关系。

（5）按照逻辑线路图连接线路。

（6）根据输入变量取值（A、B 分别取高、低电平），测试输出变量状态，两只发光二极管应按逻辑要求发光。

5. 注意事项

（1）当状态为逻辑“1”时，电压应大于 2.4V。

（2）集成块管脚的排列应以左边缺口为标志，管脚从左下角开始以逆时针方向排列。

（3）使用时注意：接线时不使用的输入端不能悬空，4011 中多余的与非门应根据逻辑功能的要求接 V_{DD}或与使用的输入端并接。

6. 故障分析

数字电路一般很少出现故障，该项目常见的故障是接线接触不良、与非门的多余端未处理及集成块的质量问题。

7. 项目评分（见表 2-13）

表 2-13 项目评分表

考核时间定额：90 min

序号	考核内容及要求	评 分 标 准	扣分	得分	考评员签名
1	按要求列出真值表:20 分	正确得 20 分			
2	由真值表写出逻辑表达式:15 分	正确得 15 分			
3	通电检查与非门好坏:10 分	会检查得 10 分 不会检查不得分			
4	线路连接:25 分	调试成功得 25 分			
5	输出状态的测试:30 分 根据输入变量取值,测试输出状态,应满足设计要求	A 高电平,Y_1 亮得 15 分 A、B 高电平,Y_1、Y_2 亮得 15 分 A 高电平,Y_1、Y_1 都亮扣 15 分 A、B 高电平,只有一个高扣 15 分			
6	安全文明操作	违反安全文明操作由考评员视情况扣分,所有在场的考评员签名有效			

分析思考

(1) 与非门多余端悬空行吗？为什么？

(2) 逻辑表达式为什么一般均化为与非门的形式？

(3) 将与非门作与门使用时应怎样接线？

模块3　电气测量技术

电气测量技术是电气工作中重要的组成部分。在电气产品的生产制造、安装、使用及维修中，都要通过电气测量的方式，来确定技术参数和质量，从而为实现生产程序化提供有利的条件。应用电磁的基本规律对电气量进行测量叫做电气测量。电气测量是电工实训中不可缺少的一个重要部分。它的主要任务是测量电流、电压、电功率和电阻等各种基本电气参数，从而达到下列几个要求：一是研究和确定电磁现象中各种量之间的关系，从而得出某种结论；二是了解生产中各种电气设备的工作情况，从而保证其正常运行；三是有助于开展检验、维护与检修等工作。

3.1　电气测量技术基础

本节的学习目的在于了解和掌握常用电工测量仪表的使用、电阻和电感串联的交流电路、负载星形联结的三相电路、三相变压器的联结组标号等问题，为下节电气测量技术实训做准备。

3.1.1　电气测量仪表

3.1.1.1　万用表

万用表（如图3-1所示）是一种多功能、多用途的仪表，它可用来测量电阻、交直流电压、直流电流，有的还能测量交流电流、电感、电容、音频电平和晶体管放大倍数等。其工作原理是利用磁电系测量机构（即表头），配合测量线路，并通过转换开关来实现各种测量功能。现将指针式万用表的使用简述如下：

（1）万用表在测量前，应通过面板上的调零螺钉进行机械调零，以保证测量的准确性。

（2）在测量电阻时，每转换一次量程，都要进行电气调零。其方法是将两根测试棒（或表笔）短接，如指针不在零位上，则调节面板上的“欧姆调零旋钮”，使指针指零。

（3）端钮（或插孔）要选择正确。万用表一般配有红、黑两种颜色的测试棒，面板上也有红、黑两色端钮或标有“+”、“-”极性的插孔。使用时应将红色测试棒的连接线插入标有“+”的插孔内，黑色测试棒的连接线插入标有“-”的插孔内。

（4）根据测量对象，选择正确的挡位和量程。

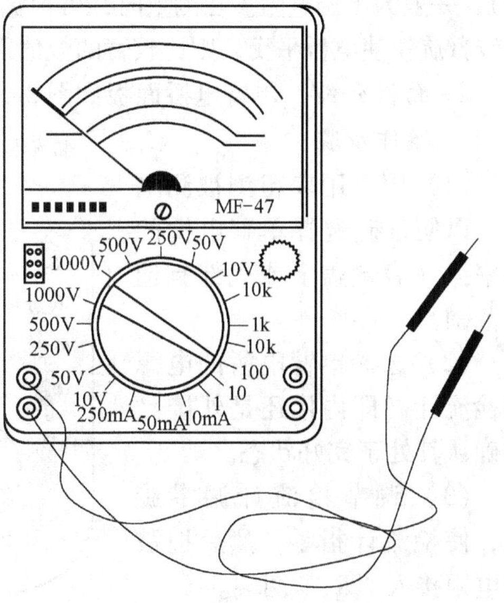

图3-1　万用表

（5）测量电压时，万用表并联在线路中。测量直流电压时，红色测试棒接正极，黑色测试棒接负极。

（6）测量电流时，万用表串联在线路中。测量直流电流时，红色测试棒接正极，黑色测试棒接负极。

3.1.1.2　单臂电桥

单臂电桥的特点是测量精度高、范围大，适用于测量1Ω～10MΩ的中阻值电阻。

1. 工作原理　直流单臂电桥简称电桥，它的特点是测量准确度高，其基本工作原理如图3-2所示。

图3-2中被测电阻R_x与已知标准电阻R_2、R_3和R_4连成四边形的桥式电路，四条支路ac、cb、bd、da分别称为桥臂。当电源接通后，调节电桥的一个或几个臂的电阻，使检流计的指针指示为零，即达到电桥平衡。

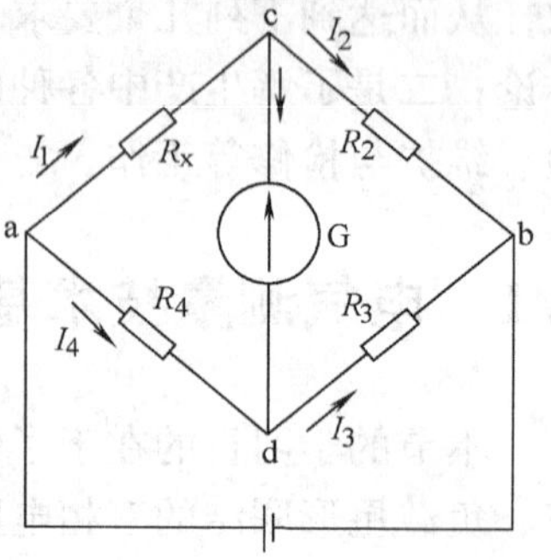

图3-2　电桥的原理图

电桥平衡时，$I_{cd}=0$，即c点和d点的电位相等，则：

$$U_{ac}=U_{ad}\quad 即\ I_xR_x=I_4R_4 \tag{3-1}$$

$$U_{cb}=U_{bd}\quad 即\ I_2R_2=I_3R_3 \tag{3-2}$$

式（3-1）除以式（3-2），得

$$\frac{I_xR_x}{I_2R_2}=\frac{I_4R_4}{I_3R_3}$$

由于$I_{cd}=0$，所以$I_x=I_2$，$I_4=I_3$，代入上式得：

$$R_x=\frac{R_2R_4}{R_3} \tag{3-3}$$

式（3-3）中，R_2/R_3称为电桥的比率，其比值R_2/R_3常配成各种固定的比例，构成仪表上的比率臂（又称为倍率盘，分为×0.001、×0.01、×0.1、×1、×10、×100、×1000共7挡）。R_4称为比较电阻，构成仪表上的比较臂（共有×1、×10、×100、×1000 4个可调旋钮），一般为可调电阻。在测量时，可根据被测电阻的粗测值，选择适当的倍率挡，然后调节比较臂旋钮使电桥平衡，则比较臂的数值乘以倍率挡的倍数，就是被测电阻的电阻值。

2. 面板介绍　单臂电桥面板如图3-3所示（以QJ23a型为例）。

3. 操作步骤

（1）用万用表粗测被测电阻，以便正确选择单臂电桥的倍率挡（表盒盖上或底部有选择范围）。

（2）选择单臂电桥的电源和检流计（即内接还是外接），并确认其处于完好状态。

（3）调节检流计调零旋钮，使检流计指零，然后把被测电阻接入“R_x”两端。

（4）根据粗测电阻值，先

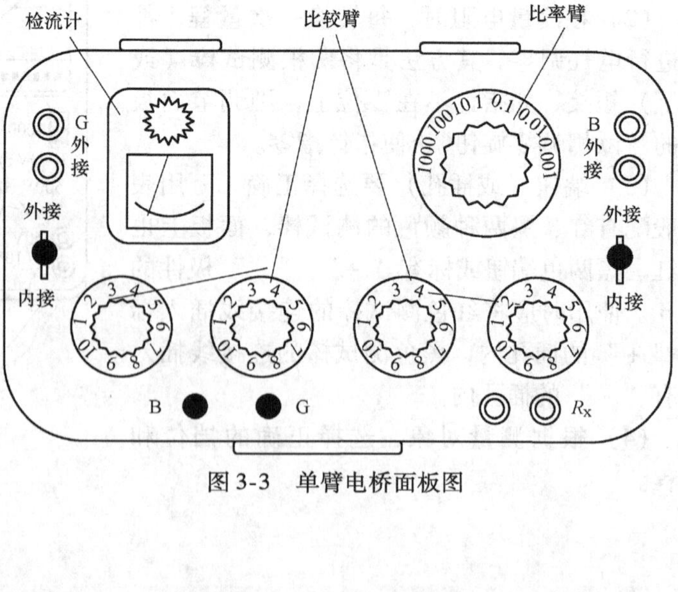

图3-3　单臂电桥面板图

把×1000的比较臂旋钮置于相应的数字上，然后选择适当的倍率挡。

（5）按照感性电阻的测量顺序，先按“B”，然后点动“G”，看表针是否打向“-”（或“+”）的一边，此时应减少（或增加）千位或百位比较臂上的数值，使表针偏“-”或“+”，且不打表针，然后分别锁住B、G按钮。逐步增加（或减少）百位、十位、个位或千位比较臂上的数值，使检流计逐渐指零，读出比较臂从千位到个位的数字，再乘以倍率值，即为精测电阻值。例如，比较臂数字为3125，倍率盘为×0.001，则电阻为3.125Ω。

（6）测量完毕后，应按照先放开“G”再放开“B”的顺序操作，以防止电感放电损坏检流计。

注意：测量时如果检流计指针指不到零位，可能是倍率挡选错。

3.1.1.3　功率表

1. 工作原理　功率表大多采用电动系测量机构，电动系功率表与电动系电流表、电压表的不同之处为：定圈（即电流线圈）和动圈（即电压线圈）不是串联起来构成一条支路，而是分别将定圈与负载串联，将动圈与负载并联。由于仪表指针的偏转角度与负载电流和电压的乘积成正比，故可测量负载的功率。

2. 表盘介绍　功率表的表盘如图3-4所示。电流线圈有两个，可以接成串联（量程为0.5A），也可接成并联（量程为1A），如图3-5所示。

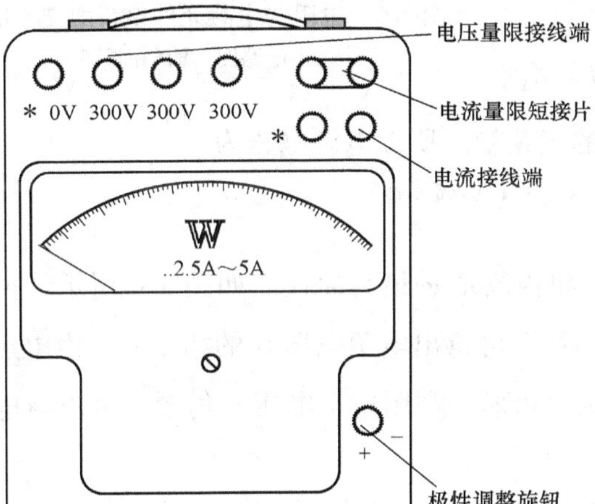

图3-4　功率表的表盘图

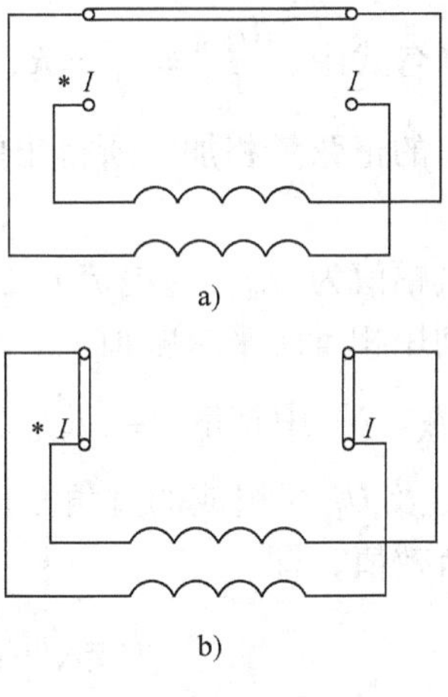

图3-5　电流线圈连接图
a）串联接法　b）并联接法

3. 正确选择量程　选择功率表的量程，实际上是要正确选择功率表的电流和电压量程，务必使电流量程能允许通过负载电流，电压量程能承受负载电压。

4. 正确接线　功率表的偏转方向是由通入电流线圈和电压线圈的电流方向来决定的，如果改变其中一个线圈的电流方向，指针就反转（此时可调节极性调整旋钮）。为了避免功率表在电路中接错，接线时必须使电流线圈和电压线圈的电源端钮（通常在电流线圈和电压线圈的一个端钮上标有“＊”，叫做电源端钮）都接到同一极性的位置，以保证两个线圈的电流都从标有＊号的电源端钮流入，并使电压线圈与负载并联，电流线圈与负载串联。

5. 正确读数　在功率表的面板上，一般只刻有一条标度尺。因此，在使用时必须先求出选用的电压和电流的乘积与满标值的比值，即 $C=U_c\times I_c/m$（式中 U_c 为电压量程，I_c 为电流量程，m 为表盘满刻度的分格数），再根据系数 C 和功率表指示格数，算出实际功率 $P=C\times$格数，即得到负载的有功功率（单位为 W）。

例如，选择电压量程 300V，电流量程 0.5A，则 $C=300\text{V}\times0.5\text{A}/150$ 格 $=1\text{W}/$格。

3.1.2 电阻与电感元件串联的交流电路

电阻与电感元件串联的交流电路如图 3-6a 所示，电路的各元件通过同一电流，电感的电压相位超前电流 90°，电阻的电压与电流的相位相同，电流与各个元件电压的参考方向如图 3-6b 中所示，电路分析如下：

根据基尔霍夫电压定律列出

$$U=U_R+U_L=R_i+L\frac{di}{dt} \tag{3-4}$$

设电流 $i=I_m\sin\omega t$ 为参考正弦量，则电阻元件上的电压 U_R 与电流同相，即

$$U_R=RI_m\sin\omega t=U_{Rm}\sin\omega t$$

电感元件上的电压 $U_L=I_m\omega L\sin(\omega t+90°)=U_{Lm}\sin(\omega t+90°)$

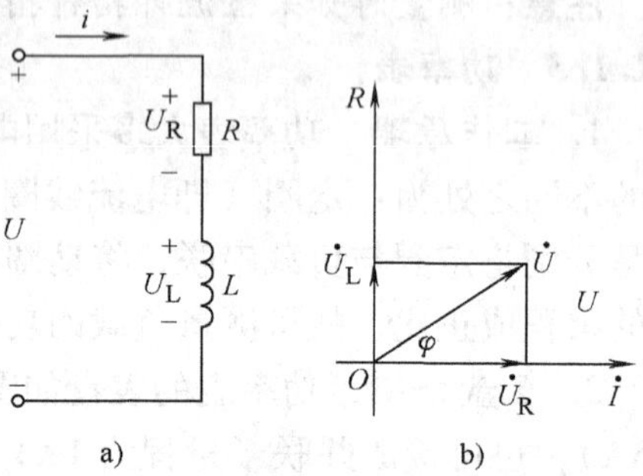

图 3-6 电阻与电感元件串联的交流电路

a）电路图 b）相量图

在上列各式中，$\dfrac{U_{Rm}}{I_m}=\dfrac{U_R}{I}=R$，$\dfrac{U_{Lm}}{I_m}=\dfrac{U_L}{I}=\omega L=X_L$

同频率的正弦量相加，所得出的仍为同频率的正弦量。所以电源电压为

$$U=U_R+U_L=U_m\sin(\omega t+\varphi)$$

其幅值为 U_m，与电流 i 之间的相位差为 φ。

利用相量图来求幅值 U_m（或有效值 U）和相位差 φ 最为简便。如图 3-6 所示，如果将电压 U_R、U_L 用相量 $\dot{U}_R$、$\dot{U}_L$ 表示，则相量相加即可得出电源电压 U 的相量 $\dot{U}$。由电压相量 $\dot{U}$、$\dot{U}_R$ 及 $\dot{U}_L$ 所组成的直角三角形，称为电压三角形。利用这个电压三角形，可求得电源电压的有效值，即

$$U=\sqrt{U_R^2+U_L^2}=\sqrt{(RI)^2+(X_LI)^2}=I\sqrt{R^2+X_L^2}$$

$$\frac{U}{I}=\sqrt{R^2+X_L^2} \tag{3-5}$$

由上式可见，这种电路中电压与电流的有效值之比为 $\sqrt{R^2+X_L^2}$。它的单位是欧姆（Ω），因具有对电流起阻碍作用的性质，所以称为电路的阻抗模，用 $|Z|$ 代表，即

$$|Z|=\sqrt{R^2+X_L^2}=\sqrt{R^2+(\omega L)^2}=\sqrt{R^2+(2\pi fL)^2} \tag{3-6}$$

$$\varphi=\arctan\frac{X_L}{R},\quad \cos\varphi=\frac{R}{|Z|}$$

可见 $|Z|$、R、X_L 三者之间的关系也可用一个直角三角形——阻抗三角形来表示。由于电阻元件上要消耗电能，从电压三角形可得出 $U\cos\varphi=U_R=RI$，于是可得正弦交流电路中有功功率 P 为

$$P=U_RI=RI^2=UI\cos\varphi \tag{3-7}$$

式（3-7）中的 $\cos\varphi$ 称为功率因数。

交流电路中电压与电流的关系有一定的规律性。通过上述分析可以看出电压和阻抗三角形是相似的，只有找出这些规律才能在实际生产中发挥作用。

3.1.3　负载星形联结的三相电路

三相电路中负载的连接方法有两种——星形联结和三角形联结。这里主要分析一下负载星形联结的三相电路。首先画出电路图，并标出电压和电流的参考方向，然后应用电路的基本定律找出电压和电流之间的关系，最后确定三相功率。

负载星形联结的三相四线制电路可用图3-7所示的电路来表示。每相负载的阻抗模分别为 $|Z_A|$、$|Z_B|$ 和 $|Z_C|$。电压和电流的参考方向都已在图中标出。

三相电路中的电流有相电流与线电流之分。每相负载中的电流 I_P 称为相电流，每根相线中的电流 I_l 称为线电流。在负载为星形联结时，显然，相电流即为线电流，即

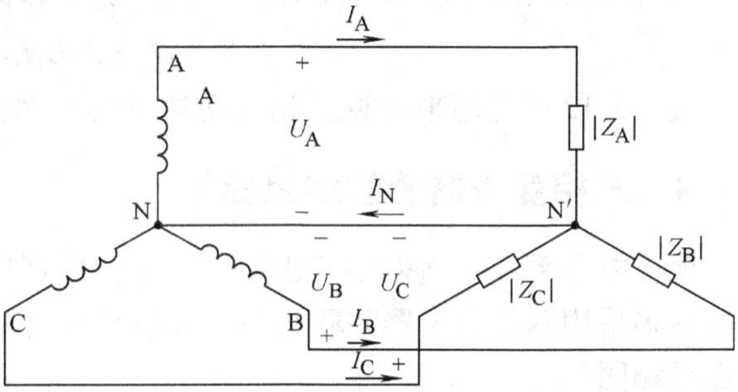

图3-7　负载星形联结的三相四线制电路

$$I_P = I_l \tag{3-8}$$

三相电路中的电压有相电压与线电压之分。每相始端与末端间的电压，即相线与中性线间的电压称为相电压，其有效值用 U_A、U_B、U_C，一般地用 U_p 表示。而任意两始端间的电压，即两相线间的电压，称为线电压，其有效值用 U_{AB}、U_{BC}、U_{CA}，一般地用 U_l 表示。在负载为星形联结时，线电压与相电压的关系为

$$U_l = \sqrt{3}U_p \tag{3-9}$$

在图3-7所示电路中，电源相电压即为每相负载电压。于是每相负载中电流的有效值可分别求出，即

$$I_A = \frac{U_A}{|Z_A|},\ I_B = \frac{U_B}{|Z_B|},\ I_C = \frac{U_C}{|Z_C|} \tag{3-10}$$

中性线中的电流可以按照图3-7中所选定的参考方向，应用基尔霍夫电流定律得出，即

$$\dot{I}_N = \dot{I}_A + \dot{I}_B + \dot{I}_C$$

（1）当图3-7所示电路中负载对称时，所谓负载对称，就是指各相阻抗相等，即

$$Z_A = Z_B = Z_C = Z$$

即

$$|Z_A| = |Z_B| = |Z_C| = |Z| \tag{3-11}$$

由式（3-10）和式（3-11）可知，因为电压对称，所以负载相电流也是对称的，即

$$I_A = I_B = I_C = I_P = \frac{U_P}{|Z|}$$

因此，这时中性线电流等于零，即

$$\dot{I}_N = \dot{I}_A + \dot{I}_B + \dot{I}_C = 0$$

（2）当图3-7所示电路中负载不对称，就是指各相阻抗不相等时，即

$$Z_A \neq Z_B \neq Z_C$$

则 $$\dot{I}_N = \dot{I}_A + \dot{I}_B + \dot{I}_C \neq 0$$

因此，这时中性线电流不等于零。

（3）当负载对称时，每相的有功功率是相等的，总的有功功率必定等于各相有功功率之和。因此三相总功率为

$$P = 3P_P = 3U_P I_P \cos\varphi \tag{3-12}$$

式中 φ——相电压 U_P 与相电流 I_P 之间的相位差。

当对称负载是星形联结时，$U_l = \sqrt{3}U_p$，$I_l = I_P$，代入式（3-12），则得

$$P = \sqrt{3}U_l I_l \cos\varphi \tag{3-13}$$

式（3-13）是用来计算三相有功功率的，因为线电压和线电流的数值容易测量得出。

3.1.4 三相变压器的联结组标号

现代电力系统普遍采用三相制，三相变压器广泛应用于三相电路的电压变换中。现在的变电站多采用两台变压器并联运行，而变压器并联运行的条件之一，就是要求变压器的联结组标号相同。

3.1.4.1 一次、二次绕组的极性

变压器除了能够改变电压外，还能改变一次和二次电压的相位关系。交流电虽然没有正极、负极之分，但根据变压器一、二次绕组中某一瞬时电流方向是否相同，也可用极性来表示。

单相变压器的一、二次绕组由一个共同的主磁通 Φ 相连，当 Φ 随时间变化时，在一、二次绕组中都会产生电动势。在某一瞬间，当一次绕组的端头为正（高电位）时，二次绕组中也一定有一个端头对应是正（高电位），这相应的两个端头，就称为同极性端或同名端（图中用“·”或“*”表示出来），如图 3-8 所示。

如图 3-8a 中所示，一、二次绕组绕向相同，首端 1U1 和 2U1 都在上端，则首端（或末端）为同名端；如图 3-8b 中一、二次绕组绕向相反，首端 1U1 和 2U1，一个在上端，一个在下端，则首端（或末端）为异名端。

3.1.4.2 三相变压器的联结组标号概述

三相变压器中有 6 个绕组，其中与三相电源相连接的三个绕组为一次绕组，其首端分别以 1U1（A）、1V1（B）、1W1（C），末端以 1U2（X）、1V2（Y）、1W2（Z）来表示，而与这三个一次绕组相对应的另外三个绕组为二次绕组，其首端和末端分别以 2U1（a）、2V1（b）、2W1（c）和 2U2（x）、2V2（y）、2W2（z）来表示，如图 3-9 所示。

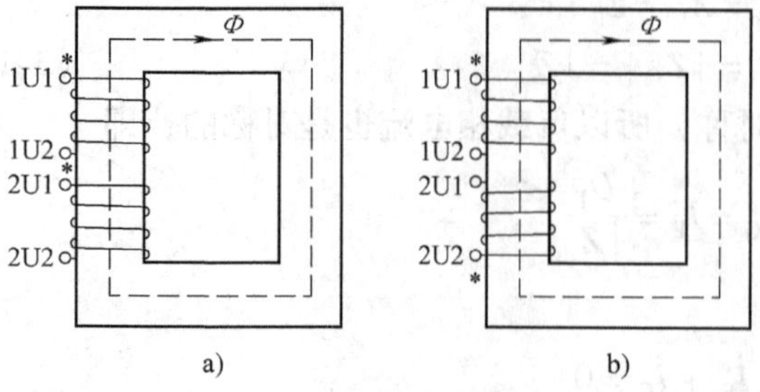

图 3-8 单相变压器线圈的极性及表示方法

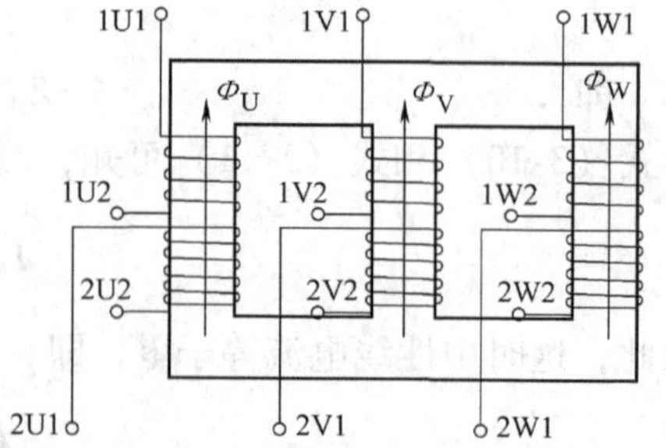

图 3-9 三相变压器

1. 三相变压器的联结　在三相变压器中，三个一次绕组与三相交流电源有两种接法，即 Y 联结和△联结，如图 3-10a 和 b 所示。当 Y 联结，首端 1U1、1V1、1W1 为引出端时，将三相末端 1U2、1V2、1W2 联结在一起成为中性点，若要把中性点引出，则以“N”为标志，接线方式用 Y_N 表示。同样，三个二次绕组的联结方式也有这两种接法。

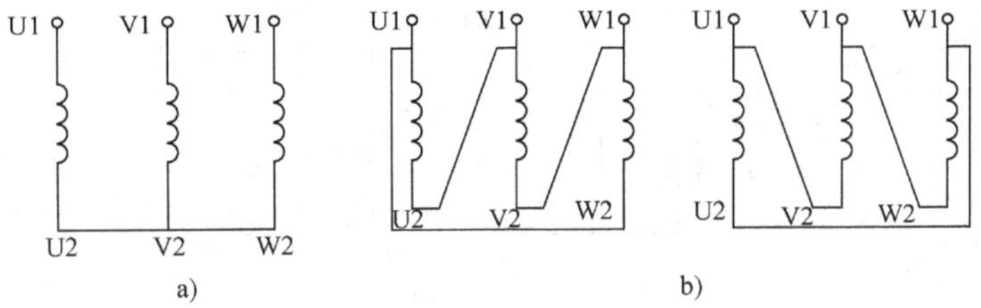

图 3-10　三个线圈的联结
a）Y 联结　b）△联结

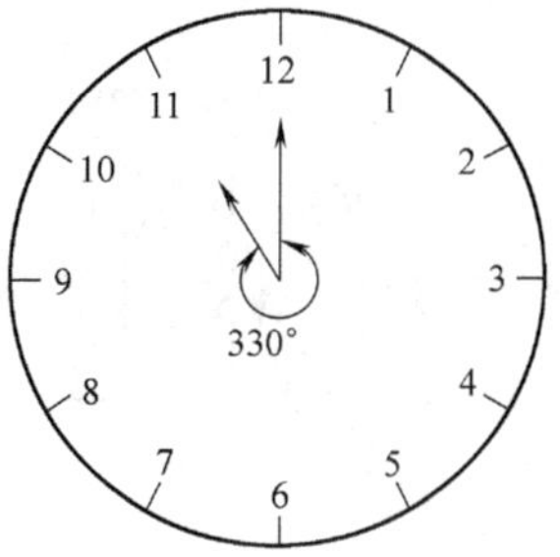

图 3-11　时钟法

三相变压器一、二次绕组都可用 Y 或△联结。用 Y 联结时，中性点可引出，也可不引出，这样一、二次绕组可有如下的组合：Y/Y 或 Y/Y_N，Y/△或 Y_N/△，△/Y 或△/Y_N，△/△等联结方式。

2. 时钟表示法　上述那些组合符号不足以完全说明一、二次绕组联结关系的全部情况，还必须用时钟法来说明一、二次绕组间电动势的相位关系。

时钟盘上有两个指针，12 个字码分成 12 格，每格代表一点钟，一个圆周的角度是 360°，故每格就是 30°。例如 12 点与 3 点之间顺时针相差 30°×3＝90°。所有的角度都以 12 点为准，以短针顺时针的方向来计算。例如 12 点和 11 点之间应是 30°×11＝330°，而不是 30°。反过来，时针向前转了 270°，那必定指示 270°÷30°＝9 点，如果向前转了 30°，那就指示为 1 点。变压器的联结组标号就是用时钟的表示方法来说明一、二次线电压的相位关系。

三相变压器的一次绕组和二次绕组由于接线方式的不同，所以线电压间有一定相位差。以一次线电压作长针（即分针），把它固定在 12 点上，二次相应线电压相量作为短针（即时针），如果它们相隔 330°，则二次线电压相量必定落在 330°÷30°＝11 点，如图 3-11 所示。如果相差 180°，那么二次线电压相量必定落在 6 点上，也就是说这一组三相变压器联结组标号属于 6 点。

3. Y/Y 联结　在图 3-12a 中，一、二次绕组不仅都是 Y 联结，而且一次和二次绕组都以同极性端作为首端，因此从相量图上可以看出一、二次绕组的电动势是同相位，所以应标记为“12”，即把这种联结标记为 Y/Y-12 联结组或用（Y，y0）表示。在图 3-12b 中一、二次绕组的极性不同，因此从相量图上可以看出一、二次绕组的电动势有 180°的相位差，所以应标记为“6”，即这种联结法称为 Y/Y-6 联结组或用（Y，y6）表示。

4. Y/△联结　在图 3-13a 中将一次绕组接成 Y 而二次绕组接成△，一、二次绕组都以同极性端作为首端，此联结法为 Y/△-11 联结组或用（Y，d11）表示。图 3-13b 中的联结法为 Y/△-1 联结组或用（Y，d1）表示。

三相变压器有很多联结组标号，我国标准变压器的接线组标号有三种：①Y/Y_N-12（yyN0），一般用于容量不大的配电变压器和变电所内的小变压器，供动力和照明负载。②Y/△-11（yd11），一般用于中等容量，电压为 10kV 或 35kV 电网及电厂中的厂用变压器。

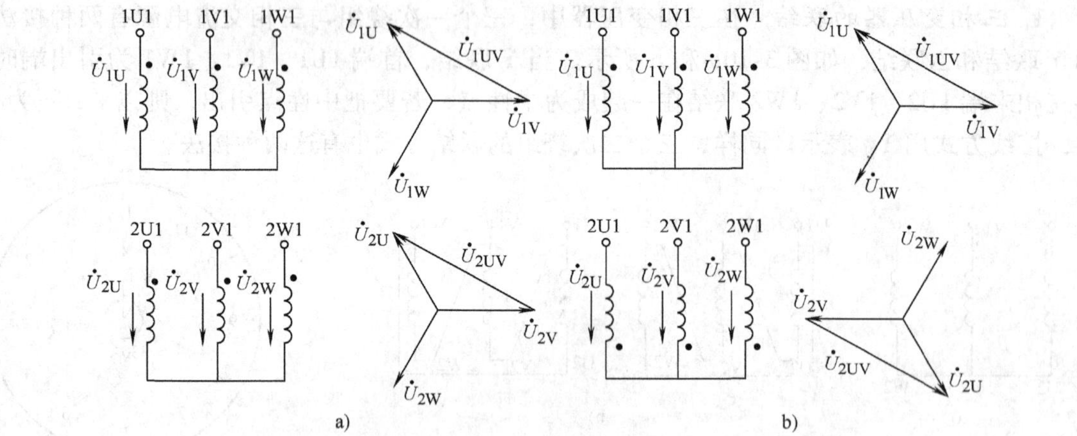

图 3-12　三相变压器的 Y/Y 联结
a）Y/Y-12　b）Y/Y-6

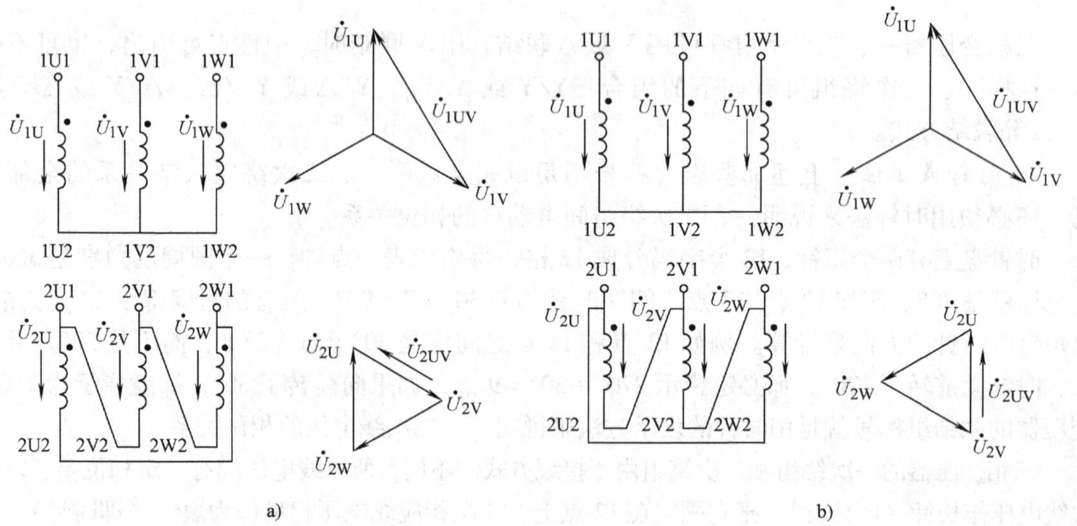

图 3-13　三相变压器的 Y/△联结
a）Y/△-11　b）△/Y-1

③Y_N/△-11（yNd11），一般用于 110kV 及以上电力系统中。

3.2　电气测量技术实训

电气测量技术是中级电工必须掌握的一项基本技能，所以，本模块选取了三个典型的实训，旨在达到以下目的：一是掌握电气测量的基本方法及常用测量仪表的使用；二是掌握低压供电系统中中性线的作用；三是掌握三相变压器联结组标号的测试。

实训 1　电感参数的测量

1. 实训目的

（1）掌握万用表、单臂电桥的使用方法。

（2）掌握功率表的接线及使用方法。

（3）掌握电感参数的测量原理。

2. 实训平台

实训器材见表3-1。

表3-1 实训器材清单

序号	器材		数量
1	实训台一张	功率表（电压量程为150V、300V、600V，电流量程为0.5A、1A）	1台
		电压表（量程为450V）	1块
		电流表（量程为300mA）	1块
		灯泡（15W/220V）	1个
		电感线圈（选择20W的镇流器）	1个
2	单臂电桥		1块
3	万用表		1个
4	实训板		1块
5	导线		若干

3. 实训准备

清点本题目所用的仪表及器材，并校对所用的仪表及器材的各种功能是否正常。

4. 工作原理

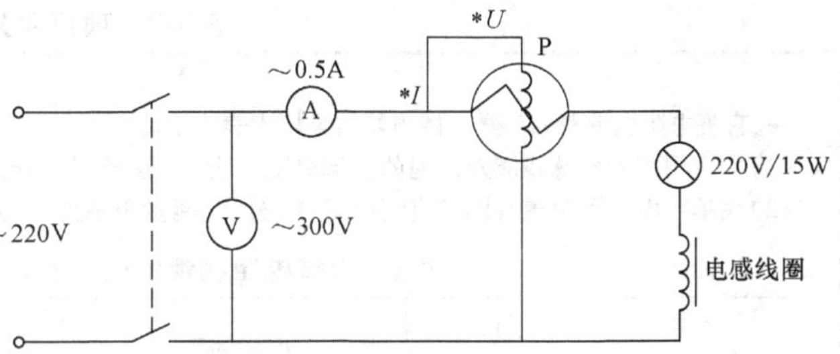

图3-14 接线原理图

按图3-14所示接线，本电路接完后通电，在电感线圈及灯泡上分别有不同的电压。本实训通过功率表、电压表、电流表分别测量负载（灯泡和电感线圈）的功率、电压、电流，然后通过计算得出电路的功率因数和电感线圈的电感参数。

5. 实训步骤

（1）用万用表欧姆挡粗测灯泡、电感线圈的直流电阻，填入表3-2中。

（2）用单臂电桥精测电感线圈的直流电阻，填入表3-2中。

（3）根据图3-14所示连接电路。

表3-2 直流电阻值

项目 类别	电感线圈	灯泡	项目 类别	电感线圈	灯泡
粗测			精测		

1）将功率表电压线圈与电流线圈标有“×”的端连接在一起，接入电流表。

2）电流表另一端与电压表的一端连接后再接电源端。

3）将功率表电流线圈的出线端与负载相连。

4）功率表电压线圈出线端（300V端）与电压表另一端连接，再与负载另一端连接后接到电源另一端（即公共回路）。

（4）通电测量，读取电流表、电压表及功率表的读数。

（5）电感量及功率因数的计算。根据三表所测得的数据（I、U、R），由下列公式计算

$$Z = U/I$$

$$R = P/I^2$$

$$X_{\mathrm{L}} = \sqrt{Z^2 - R^2}$$

$$L = X_{\mathrm{L}}/2\pi f = X_{\mathrm{L}}/314$$

$$\cos\varphi = P/UI$$

6. 故障分析

（1）线路接完后通电测试，若功率表无指示，原因是功率表的电流线圈或电压线圈有接线的错误。

（2）若功率表的指示值太小，应检查功率表的电压或电流的“量限”接线端是否接到合适的位置。

7. 项目评分（见表3-3）

表3-3　项目评分表

考核时间定额：90min

一、直流电阻的测量：15分。将测量结果填入表1中。

（1）用万用表测电感线圈及灯泡的直流电阻：5分。（正确得5分；误差超过30%不得分）

（2）用单臂电桥测电感线圈的直流电阻：10分。（测量正确得10分；不会操作或操作错误不得分）

表1　直流电阻测量值（由考评员抽查并签名有效）

项目 / 类别	电感线圈	灯泡	考评员签名
用万用表测量（每空2.5分）			
用单臂电桥测量（10分）			

二、线路连接：25分。（按图连接正确得25分）

三、U、I、P的测量：10分。将测量值记入表2中。

表2　U、I、P测量值（由考评员抽查并签名有效）

测量数据			考评员签名	计算数据	
U（3分）	I（3分）	P（4分）		L	$\cos\varphi$

四、列写计算电感的公式：20分。（公式规范每个得5分；公式不规范不得分）

五、计算电感值：20分。计算结果填入表2中。（结果对有计算过程得20分；结果对无计算过程得5分；结果不对有计算过程得8分）

六、计算功率因数：10分。计算结果填入表2中。（结果对有计算过程得10分；结果对无计算过程得2分；结果不对有计算过程得3分）

七、安全文明操作：违反安全文明操作由考评员视情况扣分，所有在场的考评员签名有效。（①有作弊等违反考场纪律行为按考场规定执行；②未将考核设备复位及清理现场扣除20分；③未归还考试工具、仪表、图样扣除50分；④造成主要设备损坏该项目记0分）

注意事项

（1）电路经过检查无误后，方可通电试验。

（2）单臂电桥必须按照感性电阻测量的操作方法进行，即先按下“B”再按“G”，测量后的操作与前面的相反。

（3）电桥使用完后，应将检流计选择旋钮置于“外接”处。

思考题

（1）用单臂电桥测量电感电阻时，为什么要先按电源按钮，再按检流计按钮？而断开时，为什么要先断检流计，后断开电源？

（2）功率表选择电压、电流量程有什么作用？

（3）被测线路的电压值、电流值能否超过功率表的电压、电流量程？为什么？若超过怎样处理？

实训2　三相负载的测量

1. 实训目的

（1）掌握低压供电系统中中性线的作用。

（2）掌握无中性线时，负载不平衡所造成的严重后果。

（3）掌握单相功率和三相功率的测量。

（4）掌握低压供电系统中相电流、线电流、相电压、线电压的测量。

2. 实训平台

实训器材见表3-4。

表3-4　实训器材清单

序号	器材		数量
1	实训台一张	功率表（电压量程为150V、300V、600V，电流量程为0.5A、1A）	1台
		电流表（量程为300mA）	1块
		灯泡（60W或100W，220V）	7个
		熔断器	3个
		万用表	1个
2	实训板		1块
3	导线		若干

3. 实训准备

清点本题目所用的仪表及器材，并校对所用的仪表及器材的各种功能是否正常。

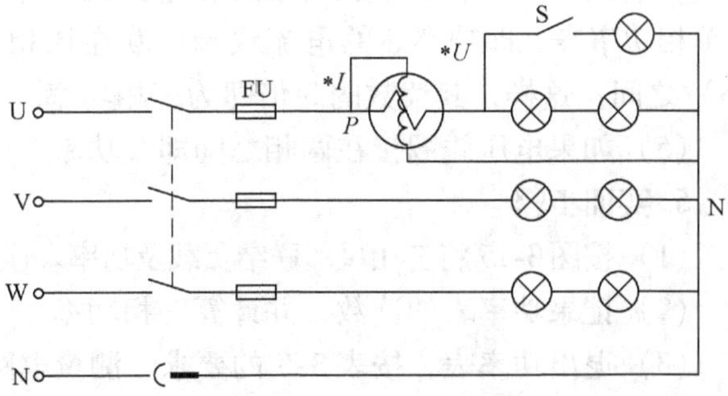

图3-15　三相负载接线图

4. 工作原理

（1）三相负载有两种连接方式，即三角形联结和星形联结。本次实训只讨论星形联结的负载情况（见图3-15和图

3-16)。在负载对称和不对称情况下，通过测量各相负载的电压、电流，来说明中性线的作用。

（2）当各相负载的阻抗大小相同时，即三相负载是对称平衡的。此时，无论有无中线（即中线不起作用），各相负载所承受的电压相等，各相电流对称，中线电流为零，各相负载都能正常工作，是理想的三相电路。

（3）当各相负载的阻抗大小不相同时，即三相负载是不对称的，如图 3-17 所示。在有中线的情况下，即三相四线制电路中，三相电源的相电压是对称的，每相负载所承受的电压仍为电源的相电压，也是对称的。但是，经过负载的电流（即相电流）等于线电流，由于负载不对称，各相负载电流的大小不同，应按单相电路的计算方法，分别对每相进行计算。因此各相负载所承受的电压相等，都能正常工作，只是各相电流不对称，中线电流不为零。在三相四线制中负载不对称，中线电流不为零，忽略中线阻抗，而认为中线上无电压降，负载端电压是对称的。若中线断了，此时中线电流无法通过，强迫负载改变原来的工作状态，这样使负载某一相（或两相）的电压升高，而另两相（或一相）的电压降低。严重时会使电压高的那些负载损坏，而使电压低的那些负载不能正常工作。

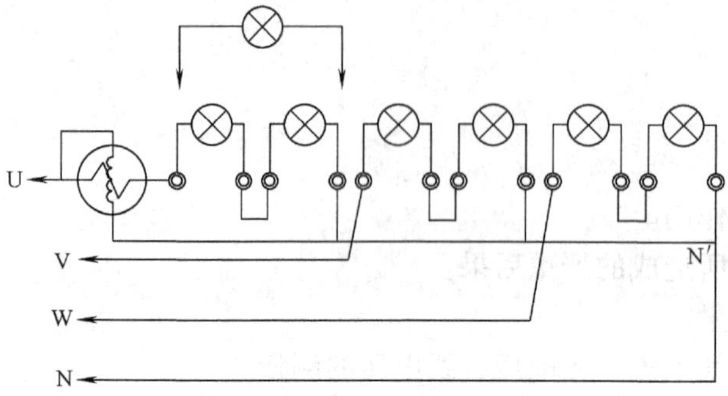

图 3-16　星形联结负载示意图

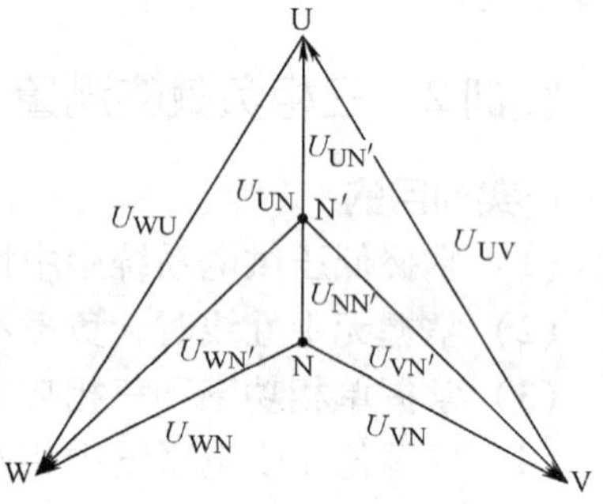

图 3-17　三相电路相量图

对于低压配电系统来讲，负载对称是特殊情况，而负载不对称则是一般情况，所以中线是很重要的。中线的作用是在三相不对称负载星形联结中，使三相负载成为互不影响的独立回路，无论负载有无变动，每相负载所承受的都是电源相电压，从而保证负载正常工作。为避免中线断开，需采用机械强度较高的导线作中线，并且中线上不允许安装熔断器及开关。因为一旦熔断器熔断，中线就失去了作用。此外，在安装和设计时，应尽量考虑三相负载平衡。因为三相负载严重不平衡时，会出现较大的中性线电流，使中线上产生较大的阻抗压降而不能忽略，从而导致三相负载的电压不对称进而不能正常工作。

（4）用一只单相功率表测量三相电路的功率，当三相负载对称时，可在任一相上装一只单相功率表，即功率表的电流线圈串联在该相上，电压线圈接在电流线圈所在线与中线（N）之间，这样，其读数的 3 倍即为三相功率。

（5）如果电压线圈接在两相之间即线功率，则其读数的 2 倍即为三相功率。

5. 实训步骤

（1）按图 3-15 将三相星形联结负载及功率表连接好，检查无误后，接入三相四线电源。

（2）记录功率表的读数，并计算三相功率。

（3）退出功率表，按表 3-5 的要求，测量电路的各项数据，并填入表 3-5 中。

（4）数据分析：通过对所测数据进行分析，可得出如下结论：

表 3-5　三相负载情况表

连接方式＼项目		测量数据							
		U_{UV}	$U_{UN'}$	$U_{VN'}$	$U_{WN'}$	$U_{NN'}$	I_U	I_V	I_N
有中线	负载对称								
	负载不对称								
无中线	负载对称								
	负载不对称								

1）U_{UV}四组线电压数据相同。

2）在有中线（包括对称与不对称）和无中线对称时，$U_{UN'}$、$U_{VN'}$、$U_{WN'}$三个相电压皆相同。

3）无中线负载不对称时，$U_{UN'}$与$U_{VN'}$、$U_{WN'}$的相电压不相等。

4）$U_{NN'}$无中线负载不对称时有电压，有中线（包括对称与不对称）与无中线负载对称时电压皆为0V。

5）负载对称时（不管有无中线）I_U、I_V 电流相等。

6）负载不对称时（不管有无中线）I_U、I_V 电流不相等。

7）I_N 有中线不对称时有电流，有中线对称时电流为0，无中线时就无 I_N 可言。

注意：

1）测 P_U 时，功率表应选择250V（或300V）电压量程，0.5A 电流量程，指示值每格 1W。

2）测 P_{UV}时，功率表应选择 500V（或 600V）电压量程，0.5A 电流量程，指示值每格 2W。

6. 项目评分（见表 3-6）

表 3-6　项目评分表

考核时间定额:90min

一、三相四线电路的连接与测量:40 分。(注:不接功率表)

(1)对称负载的测量:20 分。

S 断开时,按表 1 要求测量并将结果填入表 1 中。

(2)不对称负载的测量:20 分。

S 合上时,按表 1 要求测量并将结果填入表 1 中。

二、三相三线电路的连接与测量:40 分。(不接功率表)

(1)对称负载的测量:20 分。

S 断开时,按表 1 要求测量并将结果填入表 1 中。

(2)不对称负载的测量:20 分。

S 合上时,按表 1 要求测量并将结果填入表 1 中。

表 1　三相负载测量表　　(每空 2.5 分)

连接方式＼项目		测量数据							
		U_{UV}	$U_{UN'}$	$U_{VN'}$	$U_{WN'}$	$U_{NN'}$	I_U	I_V	I_N
有中线	负载对称								
	负载不对称								
无中线	负载对称								
	负载不对称								

三、对称电路功率的测量:20 分。

星形对称电路,有中线时和无中线时,用一表法测三相电路的功率,所测数据填入表 2 中。

（续）

表 2　功率测量表　（每空 5 分）

项目＼数据	单表功率（测量结果）	三相功率（计算结果）
负载对称，有中线（P_U）		
负载对称，无中线（P_{UV}）		

四、安全文明操作：违反安全文明操作由考评员视情况扣分，所有在场的考评员签名有效。（①有作弊等违反考场纪律行为按考场规定执行；②未将考核设备复位及清理现场扣除 20 分；③未归还考试工具、仪表、图纸扣除 50 分；④造成主要设备损坏该项目记 0 分。）

考核说明：考试时间一到，所有考生必须停止操作，上交试卷，已接完线的考生等候考评员通知进场给予一次通电机会（已通电两次的除外）。

（1）电路接通时，应注意安全。

（2）功率表接线时，应注意相电压和线电压的量程不同及重新计算瓦/格。

（3）测量时正确选择万用表量程和电流表量程。

（4）负载对称时，要使三相负载的电阻相等。

（5）要尽量避免功率表、电流表对电路的影响。

（1）使用三相四线制供电系统，零线断开会给用户的家用电器造成什么样的后果？

（2）为什么测量功率 P_{UV} 时要改变功率表的电压量程？

（3）实训中，为什么每相负载要用两个灯泡串联？

实训 3　三相变压器的联结组标号测试

1. 实训目的

（1）学会使用万用表判别变压器的高低压绕组。

（2）掌握变压器高低压同相绕组及中间相绕组的判别方法。

（3）掌握变压器同相绕组、高压侧绕组同名端的判别方法。

（4）能正确画出变压器的接线图、相量图并能通电验证。

2. 实训平台

实训器材见表 3-7。

表 3-7　实训器材清单

器　材	数　量		器　材	数　量	
实训台一张	三相实训变压器	1 台	实训台一张	万用表	1 个
	三相调压器	1 台		导线	若干

3. 实训准备

清点本题目所用的仪表及器材，并校对所用的仪表及器材的各种功能是否正常。

4. 工作原理

变压器是利用电磁感应原理制成的，它能将输入的交流电压升高或降低为同频率的输出电压。对于一个已知的降压变压器，它具有如下的性质：

（1）一、二次的功率基本相同$\sqrt{3}U_1 \cdot I_1\cos\varphi \approx \sqrt{3}U_2 \cdot I_2\cos\varphi$，高压绕组电压高电流小，绕组圈多线细，电阻大；低压绕组电压低电流大，绕组圈少线粗，电阻小。

（2）在一个高压绕组两端加交流电压时，其对应的低压绕组两端的电压最高。

（3）在高压绕组的中间相（即 1V1 相）加电压时，有 $U_a = U_c = U_b/2$。

（4）同相绕组同名端相连时（如图 3-18a），其合成的总电动势减少，即 $U_{Xx} = U_{AX} - U_{ax}$；同相绕组异名端相连时（如图 3-18b），其合成的总电动势增加，即 $U_{Ax} = U_{AX} + U_{ax}$。

（5）不同相绕组同名端相连时（如图 3-18c），其合成的总电动势减少，即 $U_{BC} = U_{BY} - U_{CZ}$；同相绕组异名端相连时（如图 3-18d），其合成的总电动势增加，即 $U_{BZ} = U_{BY} + U_{CZ}$。

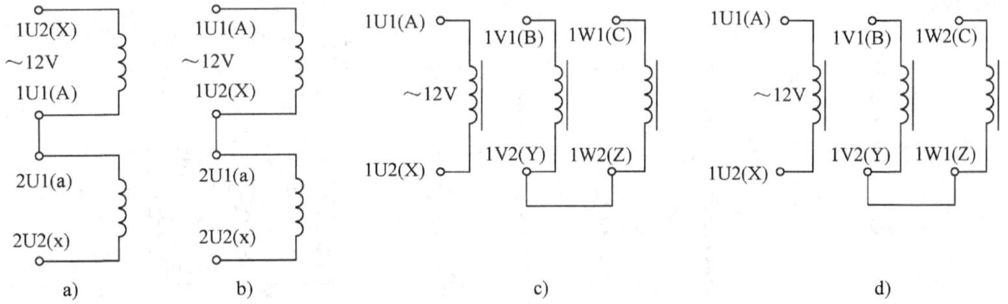

图 3-18 绕组连接不同的电动势关系图

5. 实训步骤

（1）高低压绕组判别：用万用表测出各绕组的电阻，电阻大的为高压绕组，电阻小的为低压绕组，并做好标记。

（2）同相绕组判别：在任意一个高压绕组两端加一交流安全电压，分别测量 3 个低压绕组两端的电压，电压最高的一组与所加电压的高压绕组为同相绕组（如图 3-20 所示，经判别，假设 1、2 与 7、8，3、4 与 9、10，5、6 与 11、12 为同相绕组）。

（3）中间相绕组判别：当在高压绕组某一相加电压时，测得另两个高压绕组的电压相等（或测量低压绕组时，有两个低压绕组电压相等，且为另外一个低压绕组电压的一半），则该相即为中间相绕组（经判别，假设 9、10，3、4 为中间相）。

（4）同相绕组同名端判别：将同相的高、低压绕组的一端连接起来（1、8），在高压侧加 12V 交流电压，测量高、低压绕组的另两端（2、7）及高压绕组两端电压（U_1），如图 3-19a 所示。

若 $U_2 > U_1 = 12\text{V}$，则 1 与 8 为异名端。

若 $U_2 < U_1 = 12\text{V}$，则 1 与 8 为同名端。

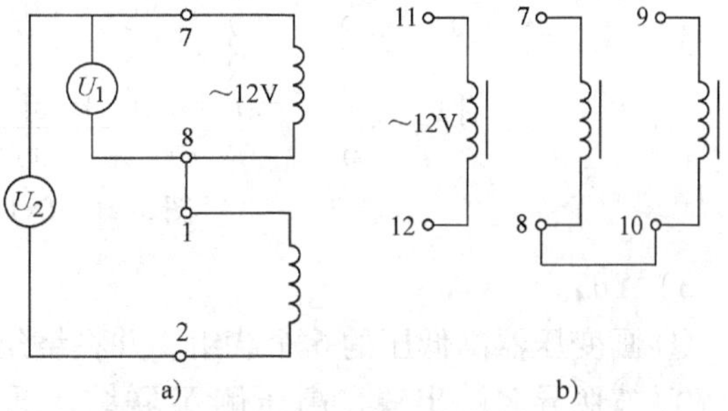

图 3-19 绕组同名端判别

a）同相绕组同名端判别图 b）高压侧绕组同名端判别图

（5）高压侧绕组同名端判别：将两个高压绕组的一端连接起来（8、10），在另一高压绕组（11、12）加 12V 交流电压，测量连接的两高压绕组两端（7、8，9、10）的电压及未连两端（7、9）的电压，如图 3-19b 所示。

若 $U_{7、9}=|U_{7、8}-U_{9、10}|$，则 8 与 10 为同名端。

若 $U_{7、9}=U_{7、8}+U_{9、10}$，则 8 与 10 为异名端。

（6）各相绕组同名端确定：由上述确定的高压绕组的同名端（设为 8、10、12）和同相绕组的同名端（设为 2、8，3、9，6、11），可确定各相绕组同名端（则 8、2、10、4、12、5 为同名端，同时 7、1、9、3、11、6 也为同名端）。

（7）画联结组标号图。

1）Yy0。

① 画变压器高低压的 6 个绕组，如图 3-20a 所示。

② 在 6 个绕组上标上端子号和同名端，如图 3-20b 所示。

③ 按照同名端出线、Y 联结，将变压器连接好，并标明出线端和电压参考方向，如图 3-20c所示。

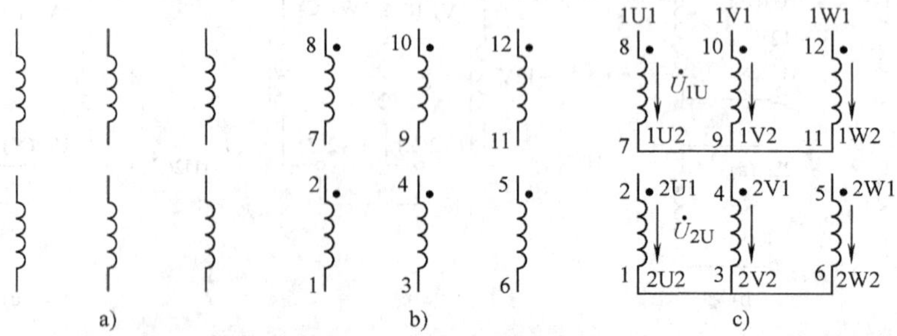

图 3-20　Yy0 联结组标号

2）Dy11。

① 画变压器高低压的 6 个绕组，并在绕组上标上端子号和同名端，如图 3-21a 所示。

② 按照同名端出线、高压侧正相序 D 联结、低压侧 y 联结，将变压器连接好，如图 3-21b所示。

③ 标明出线端和电压参考方向，如图 3-21c 所示。

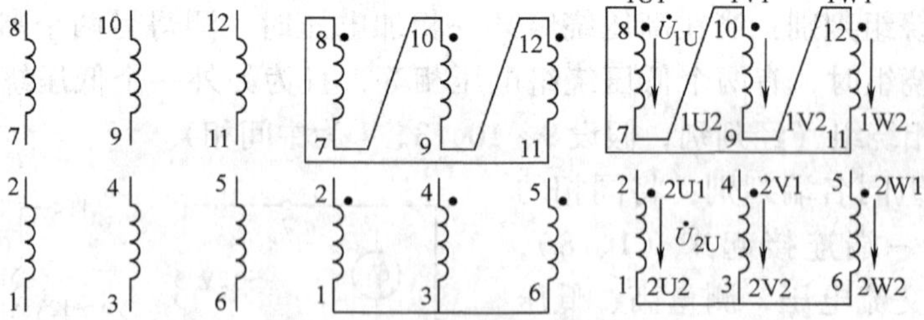

图 3-21　Dy11 联结组标号

3）Yd5。

① 画变压器高低压的 6 个绕组，并在绕组上标上端子号和同名端，如图 3-22a 所示。

② 按照异名端出线、高压侧 Y 联结、低压侧逆相序 d 联结，将变压器连接好，如图 3-22b所示。

③ 标明出线端和电压参考方向，如图 3-22c 所示。

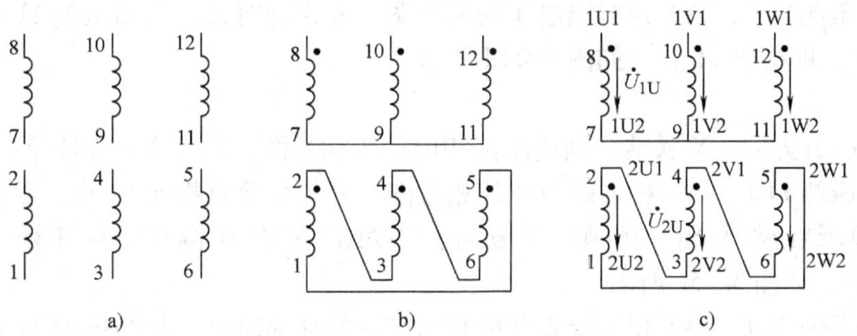

图 3-22　Yd5 联结组标号

（8）画相量图。

1）Yy0。

① 按顺时针方向、Y 联结，画高压侧相电压的相量图，如图 3-23a 所示。

② 画高压侧 1U（A）、1V（B）相的线电压的相量图，并作为分针指向 12 点，如图 3-23b所示。

③ 根据联结组标号图，按顺时针方向、y 联结，画低压侧相电压相量图，并将 1U（A）、2U（a）两点重合，如图 3-23c 所示。

④ 画低压侧 2U（a）、2V（b）相的线电压的相量图，并作为时针，与高压侧 1U（A）、1V（B）相的线电压重合，即指向 12 点，如图 3-23d 所示。

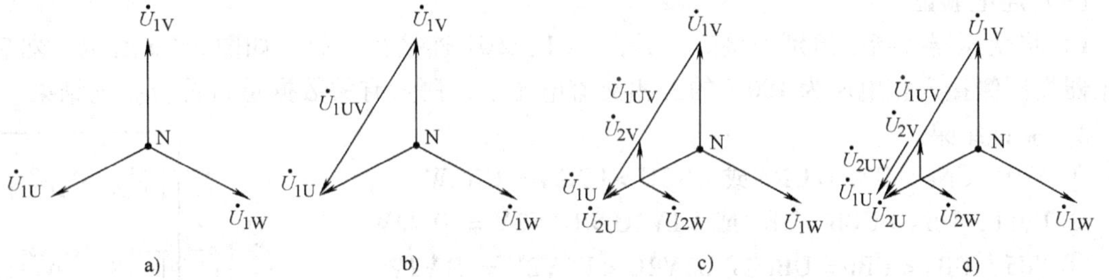

图 3-23　Yy0 相量图

2）Dy11。

① 按顺时针方向、D 联结，画高压侧相电压的相量图，如图 3-24a 所示。

② 画高压侧 1U1、1V1 相的线电压的相量图，并作为分针指向 12 点，如图 3-24b 所示。

③ 根据联结组标号图，按顺时针方向、y 联结，画低压侧相电压相量图，并将 1U1、2U1 两点重合如图 3-24c 所示。

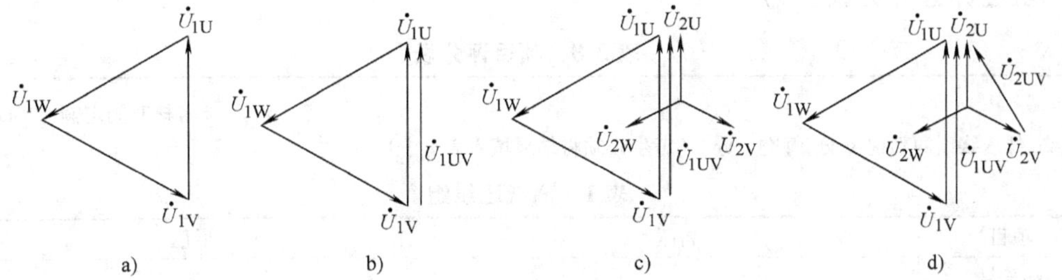

图 3-24　Dy11 相量图

④ 画低压侧 2U1、2V1 相的线电压的相量图，并作为时针，与高压侧 1U1、1V1 相的线电压相差 30°，即指向 11 点，如图 3-24d 所示。

3）Yd5。

① 按顺时针方向、Y 联结，画高压侧相电压的相量图，如图 3-25a 所示。

② 画高压侧 1U1、1V1 相的线电压的相量图，并作为分针指向 12 点，如图 3-25b 所示。

③ 根据联结组标号图，按顺时针方向、d 联结，画低压侧相电压相量图，并将 1U1、2U1 两点重合，如图 3-25c 所示。

④ 画低压侧 2U1、2V1 相的线电压的相量图，并作为时针，与高压侧 1U1、1V1 相的线电压相差 330°，即指向 5 点，如图 3-25d 所示。

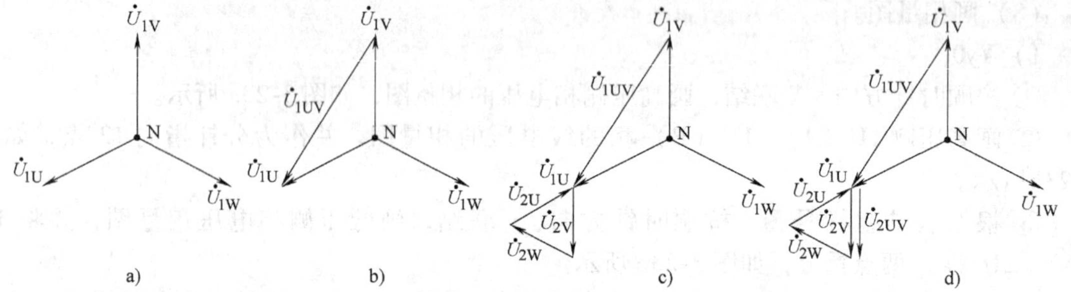

图 3-25　Yd5 相量图

（9）通电验证。

1）将变压器按指定组别连接好，并把 1U1、2U1 连接在一起，如图 3-26 所示，然后将变压器高压侧接入相电压为 100V 的三相交流电源上，测量有关数据是否符合验证结果。

2）验证结果。

① Yy0，UNa > UNb = UNc 或 UN2U > UN2V = UN2W

② Dy11，UBa > UBb = UBc 或 U1V2U > U1V2V = U1V2W

③ Yd5，UBa < UBb = UBc 或 U1V2U < U1V2V = U1V2W

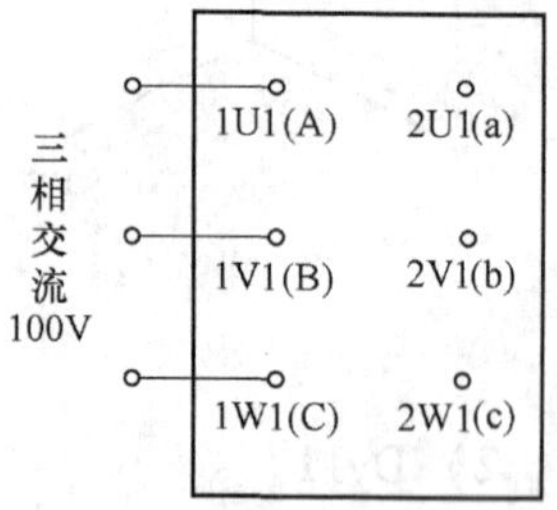

图 3-26　通电验证示意图

6. 故障分析

变压器通电测量各点电压时，若与验证公式不符，则说明变压器连接有错误。

（1）应从变压器的同名端判断开始检查是否有误。

（2）同名端测量判断无误的话，应对按要求的联结组标号连接时是否有误。

（3）若检查没问题，应检查测量的点是否测错。

7. 项目评分（见表 3-8）

表 3-8　项目评分表

考核时间定额：120min

一、高、低压绕组的判别：6 分，每空 1 分。（考生必须将结果填入表 1 中）

表 1　高低压绕组

项目	高压			低压		
端子号						

（续）

二、同相绕组及中间相绕组判别：12 分，中间相正确 6 分，同相正确 6 分。（考生必须将结果填入表 2 中）

表 2　同相绕组及中间相绕组

项目	高压			低压		
	1U	1V	1W	2U	2V	2W
端子号						

三、同相绕组同名端的判别：6 分，每空 2 分。（考生必须将结果填入表 3 中）

表 3　同相绕组同名端

项目	1U1　2U1	1V1　2V1	1W1　2W1
端子号			

四、高压绕组同名端的判别：9 分，每空 3 分。（考生必须将结果填入表 4 中）

表 4　高压绕组同名端

项目	1U1　1U2	1V1　1V2	1W1　1W2
端子号			

五、各相绕组同名端的判别：12 分，每空 1 分。（考生必须将结果填入表 5 中）

表 5　各相绕组同名端

项目	U 相				V 相				W 相			
	1U1	1U2	2U1	2U2	1V1	1V2	2V1	2V2	1W1	1W2	2W1	2W2
端子号												

六、画出组别连接的相量图：25 分。（组别连接图正确得 12 分；相量图正确得 13 分）在 Y/Y－12、△/Y－11、Y/△－5 中由考评员现场指定一种。

七、联结组标号验证：30 分。（考评员抽查验证：变压器连接正确：10 分；正确写出关系式：10 分；验证正确得 10 分）按指定联结组标号接线，在高压侧通入 100V 的相电压，连接 Uu（Aa）两点，测出 Nu、Nv、Nw 或 Vu（Ba）、Vv（Bb）、Vw（Bc）电压，并写出判别结果。

八、安全文明操作：违反安全文明操作由考评员视情况扣分，所有在场的考评员签名有效。（①有作弊等违反考场纪律行为按考场规定执行；②未将考核设备复位及清理现场扣除 20 分；③未归还考试工具、仪表、图样扣除 50 分；④造成主要设备损坏该项目记 0 分。）

考核说明：考试时间一到，所有考生必须停止操作，上交试卷，已接完线的考生等候考评员通知进场给予一次通电机会（已通电两次的除外）。

（1）变压器通电前应先检查有无接错。

（2）变压器通电测量时应注意安全。

（3）三相交流电源必须对称平衡。

（4）画接线图时必须标明端子号、同名端和出线端。

（5）变压器的三相绕组的电阻要一样大。

思考题

（1）变压器标注同名端有什么意义？

（2）画相量图有什么用途？

（3）同名端与出线端有何异同？

模块4 可编程控制技术

4.1 可编程控制技术基础

可编程控制技术是自动化技术、计算机技术和通信技术相结合的产物，其载体为可编程序控制器（简称 PLC）。它是一种为适应工业控制要求而设计的专用计算机系统，只要改变用户程序，便可应用于各种工业控制系统，故 PLC 又称为工业专用计算机。它具有结构紧凑、可靠性高、编程简单、使用灵活、适应性强、维修方便等许多优点，已成为现代控制技术的一个发展方向。自 1969 年可编程序控制器产生以来，发展到目前，市面上的可编程序控制器种类繁多，比较主流的有德国西门子公司的 S 系列，日本 OMRON 公司的 C 系列，美国 GE 公司的 GE 系列，日本三菱公司的 Q 系列、FX 系列等多种品牌。本书以日本三菱 FX 系列（FX_{2N}）PLC 为例进行介绍，如图 4-1 所示。通过本模块使读者能够掌握该型 PLC 的基本结构、工作原理和各种编程指令，及可进行程序设计和实际操作应用。同时也希望通过本模块的学习，使读者能触类旁通，对其他品牌的 PLC 也有所了解。

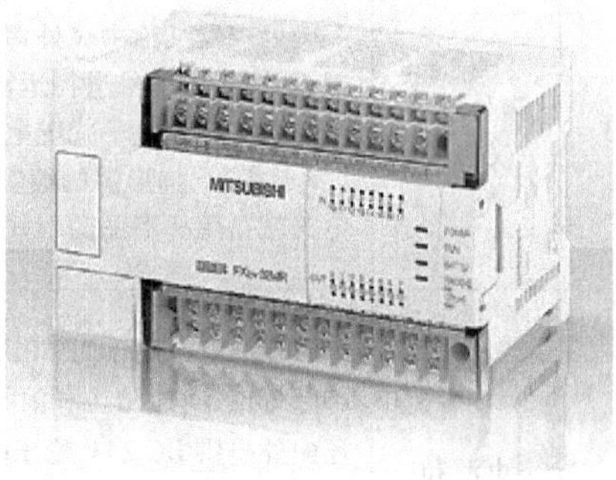

图 4-1 三菱 FX 系列（FX_{2N}）PLC

4.1.1 可编程序控制器的构成

传统的继电控制系统是由输入设备（按钮、开关等）、控制线路（由各类继电器、接触器、导线连接而成，执行某种逻辑功能的线路）和输出设备（接触器线圈、指示灯等）三部分构成，是一种由物理器件连接而成的控制系统。与继电控制系统相似，PLC 控制系统也是由输入部分、输出部分和控制逻辑部分构成的，如图 4-2 所示。但是，PLC 的控制逻辑部分是用微处理器、存储器等取代由继电器、接触器组成的硬件控制线路，其控制是通过程序来实现的。各部分说明见表 4-1。

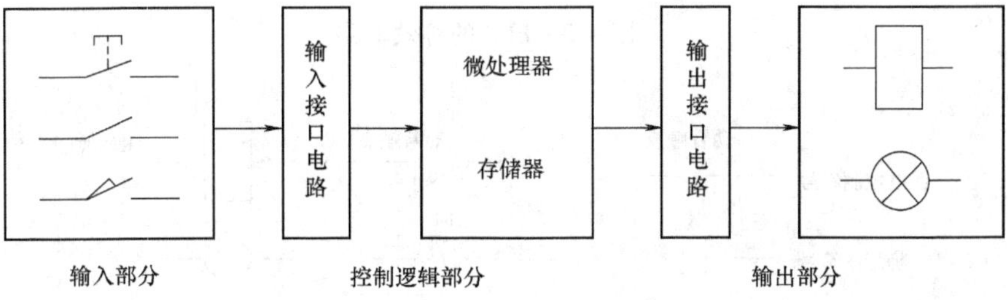

图 4-2 PLC 控制系统的构成

表 4-1　PLC 控制系统构成

序号	构　成	说　明
1	输入部分	输入部分的作用是把从输入设备的输入信号送到可编程序控制器。输入设备包括各类控制开关（如按钮、行程开关、热继电器触点等）和传感器（如各类数字式或模拟式传感器）等。与之对应的输入信号可分为开关量和模拟量，这些量通过输入接口电路的输入端子与 PLC 的微处理器 CPU 相连。输入部分的接线端子与该路的输入回路连接，每一输入回路可等效于一个输入继电器（这种等效的继电器称为软元件，其触点称为软触点），它可提供任意个动断和动合软触点供 PLC 内部逻辑电路使用，如图 4-3 所示
2	输出部分	输出接线端子与控制对象（如接触器线圈、电磁阀线圈、指示灯等）连接。为了把 CPU 输出的电平转变为控制对象所需的电压或电流信号，需要有输出接口电路。输出接口电路有继电器输出、晶体管输出和晶闸管输出等形式。继电器输出可接交流和直流负载，晶体管输出只能接直流负载，晶闸管输出只能接交流负载，输出端的带载情况见表 4-2
3	微处理器（CPU）	微处理器又称中央处理器，简称 CPU，它是 PLC 的核心。CPU 的作用是按照用户输入程序规定的逻辑关系，对信号进行运算、处理，得出相应的输出。CPU 的这种逻辑运算和控制功能，可以看成是由其内部多个电子式继电器、定时器和计数器的触点组合的逻辑关系，这种逻辑的组合称为 PLC 的"梯形图"。梯形图的编制采用与继电控制系统相似的符号，如图 4-4 所示。图 4-3 中的内部控制电路就是用梯形图的形式表示的
4	电源和外围设备	PLC 的电源用于对 CPU、存储器、输入输出接口电路等供电，该电源部件对供电电源采用了滤波、屏蔽等措施，能防止和消除工业环境中的空间电磁干扰。有些机型如 F_1、F_2、FX_2、FX_{0N}、FX_{1N}、FX_{2N} 还向外提供 DC 24V 稳压电源，用于对外部传感器供电，在构成控制系统时，这将给用户带来很大的方便，电源部分技术规格见表 4-3 PLC 的外围设备有手持编程器、便携式图形编程器、扩展单元、扩展模块及特殊功能模块，这些外围设备都通过专用的接口与 PLC 主机相连。通过外围设备可以进行主机与生产机械之间、主机与人之间的信息交换，实现对工业生产过程的自动控制

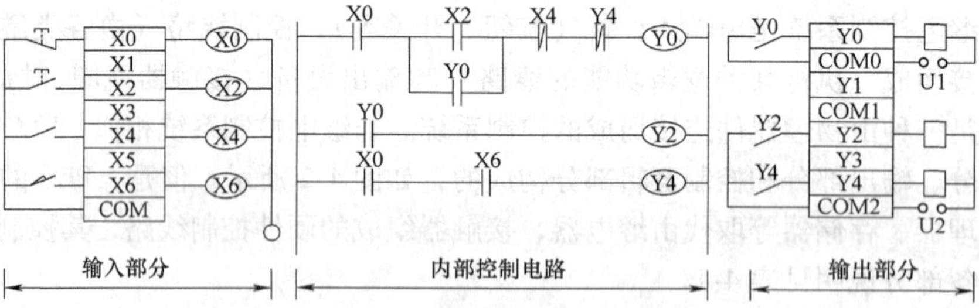

图 4-3　PLC 的等效电路

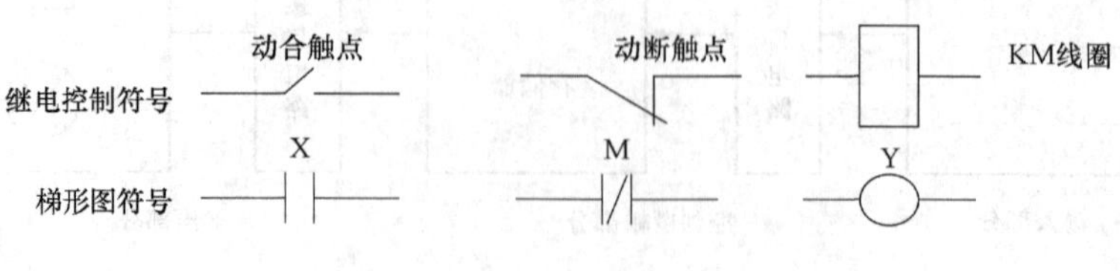

图 4-4　几种梯形图符号

表 4-2　各种输出规格情况表

项　目		继电器输出	晶闸管输出	晶体管输出
输出回路构成		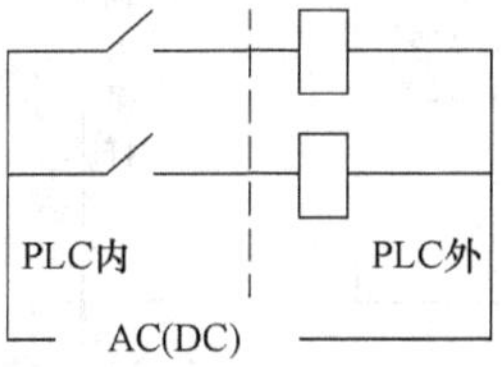	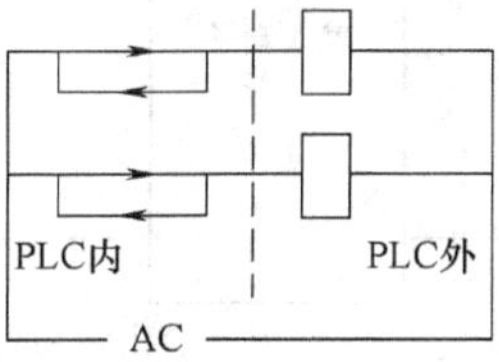	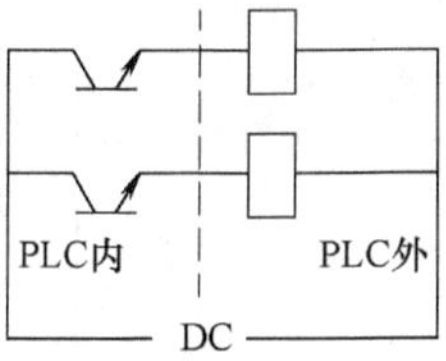
外部电源		AC 250V，DC 30V 以下	AC 85 ~ 242V	DC 5 ~ 30V
最大负载	电阻负载	2A/1 点	0.3A/1 点、0.8A/4 点	0.5A/1 点、0.8A/4 点
	感性负载	80V · A	15V · A/AC100V 30V · A/AC240V	12W/DC 24V
	灯负载	100W 以下	30W	1.5W/DC 24V
开路漏电流		0	1mA/AC 100V 2.4mA/AC 240V	0.1mA/30V DC
最小负载		①	0.4VA/AC 100V 2.3VA/AC 240V	无要求
响应时间	OFF → ON	约 10ms	1ms 以下	0.2ms 以下
	ON → OFF	约 10ms	最大 10ms	0.2ms 以下②
回路隔离		继电器隔离	光电晶闸管隔离	光耦合器隔离
动作显示		继电器通电时，LED 灯亮	光电晶闸管驱动时，LED 灯亮	光耦合器驱动时，LED 灯亮

① 当外接电源电压小于等于 24V 时，尽量保持 5mA 以上的电流。
② 响应时间 0.2ms 是在条件为 24V、200mA 时，实际所需时间为电路切断负载电流到电流为 0 的时间，可用并接续流二极管的方法改善响应时间，如果希望响应时间小于 0.5ms，应保证电源为 24V、60mA。

表 4-3　电源部分技术规格

项　目		FX_{2N}-16M	FX_{2N}-32M FX_{2N}-32E	FX_{2N}-48M FX_{2N}-48E	FX_{2N}-64M	FX_{2N}-80M	FX_{2N}-128M
额定电压		AC 100 ~ 240V					
额定频率		50/60Hz					
允许瞬间断电时间		10ms 以内的瞬间断电，控制动作不受影响，机器继续运行当电源电压为 AC200V 系统时，通过用户程序可将其改为 10 ~ 100ms					
电源熔丝		250V，3.15(3)A		250V 5A，$\phi5 \times 20$mm			
电力消耗/V · A		30	40	50	60	70	100
传感器电源	无扩展部件	DC 24V 250mA 以下		DC 24V 460mA 以下			

4.1.2　可编程序控制器的工作方式

PLC 是依靠执行用户程序来实现控制要求的，把读入输入继电器的状态（接通为 1、断开为 0）存入输入映像寄存器中，把执行程序的中间结果及输出状态存入元件映像寄存器中。PLC 执行程序时是以循环扫描方式进行的，PLC 的每一扫描过程分为三个阶段，即输入采样阶段、程序执行阶段和输出刷新阶段，如图 4-5 所示。各阶段说明见表 4-4。

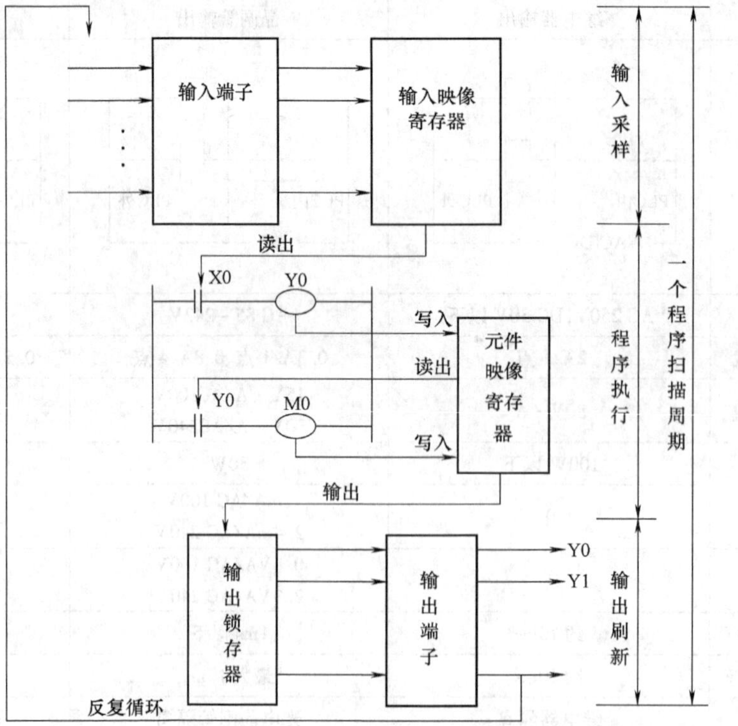

图 4-5　PLC 的扫描工作方式

表 4-4　PLC 扫描过程各阶段

序号	过　程	说　明
1	输入采样阶段	程序执行前，PLC 顺序读取全部输入端子的通断状态，并存入输入映象寄存器中
2	程序执行阶段	PLC 按梯形图从左向右、从上向下，逐条对指令进行扫描，并从输入映像寄存器和内部元件映像寄存器中读出对应软元件的状态，进行逻辑运算，并将运算的结果送入元件映像寄存器中。每个元件映像寄存器的内容将随着程序扫描过程而变化，但在此阶段中，如果输入端子状态发生改变，输入映像寄存器的状态也不会改变（只能在下一次扫描时，才被读入）
3	输出刷新阶段	当第二阶段完成之后，元件映像寄存器中各输出继电器的通断状态被送到输出锁存器去驱动输出继电器线圈，执行相应的输出动作。完成一次扫描之后，PLC 又返回到下一周期。PLC 扫描周期的长短，取决于 PLC 执行一个指令所需的时间和有多少条指令。如果执行每条指令所需的时间是 0.08μs，程序有 800 条指令，则这一扫描周期的时间就为 64μs

4.1.3　可编程序控制器的内部软元件

可编程序控制器内部的等效输入输出继电器以及存储单元都称为可编程序控制器的内部软元件。软元件越多，就说明该可编程序控制器的规模越大，数据处理能力越强，控制功能越多。各元件说明见表 4-5。

表4-5 可编程控制器的内部软元件

序号	元件	说 明
1	输入继电器（X）	输入继电器（X0～X177，共128点）：PLC的输入端子是外部开关接收信号的窗口。与输入端子连接的输入继电器（X）是光电隔离的电子继电器，其电子常开触点和常闭触点的使用次数不限，这些软触点在PLC内可以自由使用。但其状态不能由内部软元件来驱动，而只能由外部条件决定
2	输出继电器（Y）	输出继电器（Y0～Y177，共128点）：PLC的输出端子是向外部负载输出信号的窗口。输出继电器的外部输出触点（称为硬触点）接到PLC的输出端子上，输出继电器的电子常开和常闭软触点使用次数不限，在PLC中可自由使用
3	辅助继电器（M）	在PLC的逻辑运算中，经常需要一些中间继电器进行辅助运算，这些元件不直接对外输入、输出，经常用作状态暂存，这类起辅助作用的继电器就称为辅助继电器。在PLC内有很多辅助继电器，辅助继电器的线圈与输出继电器一样，由PLC内各软元件的触点驱动，辅助继电器的电子常开和常闭软触点使用次数不限，在PLC内可以自由使用。但是，这些触点不能直接驱动外部负载，外部负载的驱动必须由输出继电器Y来驱动 （1）通用型辅助继电器（M0～M499，500点）：通用辅助继电器有500点，其元件号按十进制编排（M0～M499）（注：除输入、输出继电器X、Y外，其他所有的软元件号均按十进制编号） （2）保持型辅助继电器（M500～M3071，2572点）：PLC在运行中若发生停电，输出继电器和通用辅助继电器全部为断开状态，再运行时，除去PLC运行时就接通（ON）的以外，其他仍断开。但是，有的控制对象需要保存停电前的状态，并在再次运行时再现原状态，保持型辅助继电器的使用就是基于这种目的的 （3）特殊辅助继电器（M8000～8255，256点）：PLC内有很多特殊辅助继电器，它们各自具有特定的功能，可以分成以下两大类 1）只能利用其触点的特殊辅助继电器，线圈由PLC自动驱动，用户只可使用其触点。如M8000，运行（RUN）监控（PLC运行时接通）；M8002，初始脉冲（仅在运行开始的第一个扫描周期瞬间接通）；M8013，1s时钟脉冲 2）可驱动线圈的特殊辅助继电器，用户驱动线圈后，PLC作特定动作。如M8030，使BATTLED（锂电池欠电压指示灯）熄灭 注：未定义的特殊辅助继电器不可在用户程序中使用
4	状态元件（S）	状态元件（S）在步进顺控程序的编程中是重要的软元件，有初始状态型S0～S9（10点）、回零、通用、保持型S10～S899（890点）两种类型，它相当于一个状态继电器。各状态元件的常开和常闭软触点在PLC内可以自由使用，使用次数不限。不用步进顺控指令时，状态元件（S）还可作为辅助继电器（M）在程序中使用
5	指针（P/I）	一种是分支指令用程序P0～P127（共128点），另一种是中断指针I（共6点）
6	定时器（T）	定时器在PLC中的作用相当于一个时间继电器，它有一个设定值寄存器（字）、一个当前值寄存器（字）以及无数个软触点（bit）。这三个量使用同一名称，但使用场合不一样，其所指也不一样。通常在一个PLC中有几十至数百个定时器，可用于定时操作。它是根据时钟脉冲累积计时的，时钟脉冲有1ms、10ms、100ms，当所计时间到达设定值时，其输出触点动作 1）100ms定时器T0～T199（共200点） 2）10ms定时器T200～T245（共46点） 3）1ms积算型定时器T246～T249（共4点） 4）100ms积算型定时器T250～T255（共6点）
7	计数器（C）	计数器是在执行扫描操作时对内部元件（如X、Y、M、S、T和C）的信号进行计数的。因此，其接通（ON）时间和断开（OFF）时间应比PLC的扫描周期稍长，通常其输入信号频率大约为几个扫描周期/秒 1）16位增计数器C0～C99，100点（设定值：0～32767） 2）16位保持型增计数器C100～C199，100点（设定值：0～32767） 3）32位双向计数器C200～C219，20点（设定值：-2147483648～+2147483647） 4）32位双向保持型计数器C220～C234，15点（设定值：-2147483648～+2147483647） 5）高速计数器C235～C255，21点 注：设定值K0与K1含义相同，即在第一次计数时，其输出触点动作；使用保持型计数器时即使停电，当前值和输出触点的置位/复位状态也能保持

（续）

序号	元件	说　　明
8	寄存器 （DV/H）	可编程序控制器用于模拟量控制、位置量控制、数据 I/O 时，需要许多数据寄存器存储参数及工作数据，这类寄存器数量随机型的不同而不同。每一个数据寄存器都是 16 bit（最高位为符号位），可以用二个数据寄存器合并起来存放 32bit 数据（最高位为符号位） 1）通用数据寄存器（D0～D127，128 点）。只要不写入其他数据，已写入的数据不会变化，但是，PLC 状态由运行（RUN）→停止（STOP）时，全部数据均清零。 注：若将特殊辅助继电器 M8033 置 1，在 PLC 由 RUN 转为 STOP 时，数据可以保持 2）保持型数据寄存（D128～D7999，7872 点）。只要不写入其他数据，不论电源接通与否，PLC 运行与否，已写入的数据不会变化，除非改写 3）文件寄存器（D1000～D7999，7000 点）。文件寄存器实际上是一类专用数据寄存器，用于存储大量的数据，其数量由 CPU 的监控软件决定，但可通过扩充存储卡的方法加以扩充 4）特殊数据寄存器（D8000～D8255，256 点）。这些数据寄存器供监控 PLC 中各种元件的运行方式之用，其内容在电源接通（ON）时，写入初始化值（全部先清零，然后由系统 ROM 安排写入初始值） 5）变址寄存器（V0～V7，Z0～Z7，16 点）

4.1.4 可编程序控制器的基本特性

1. FX 系列 PLC 的总体性能指标　可编程序控制器的性能除了 I/O 总点数、基本单元、扩展单元和扩展模块性能以外，还包括 PLC 内部的继电器、定时器、计数器、寄存器等，这些构成了 PLC 的总体性能。其输入、输出点数及输出形式，见表 4-6。

表 4-6　FX_{2N}系列 PLC 的基本单元的输入输出点数及输出形式

输入输出总点数	输入/输出点数	输出形式	
		继电器输出	晶体管输出
16	8/8	FX_{2N}-16MR	FX_{2N}-16MT
32	16/16	FX_{2N}-32MR	FX_{2N}-32MT
48	24/24	FX_{2N}-48MR	FX_{2N}-48MT
64	32/32	FX_{2N}-64MR	FX_{2N}-64MT
80	40/40	FX_{2N}-80MR	FX_{2N}-80MT
128	64/64	FX_{2N}-128MR	FX_{2N}-128MT

2. 型号体系　FX 系列 PLC 的种类很多，其命名格式如图 4-6 所示。

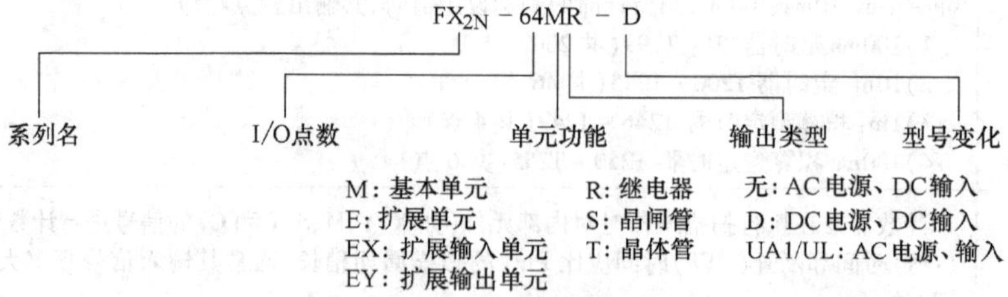

图 4-6　命名格式图

4.1.5 基本逻辑指令

PLC 最为用户推崇的优点之一就是编程简单。PLC 生产厂家很多，但所有 PLC 的编程都使用以继电器逻辑控制为基础的梯形图，其梯形图的形式大同小异，指令系统也大致一样，只是形式稍有不同。本章以三菱 FX_{2N}系列 PLC 常用的 20（共 27）条基本逻辑指令为例，说明指令的含义及梯形图编制的基本方法。

梯形图是由继电控制系统变换而来的，梯形图通常有左右两条母线（手工画图时一般只画左母线，而按照规则省略右母线），两母线之间是内部继电器常开、常闭的触点以及继电器线圈形成的一条条平行的逻辑行（或称梯级）。每个逻辑行必须以触点与左母线连接开始，以线圈与右母线连接结束。梯形图可以通过图形编程器编程；也可以在个人计算机上编程；小型 PLC 使用手持编程器，用助记符指令编程。

1. 驱动线圈指令 OUT

（1）使用 OUT 指令时，要注意以下几个方面：

1）OUT 指令是对 Y、M、S、T、C 线圈的驱动指令。

2）驱动指令可并行多次输出。例如：OUT TO、OUT M100 等。

3）输入继电器 X 不能使用 OUT 指令。

4）对定时器的定时线圈或计数器的计数线圈，必须在 OUT 指令后设定常数。

（2）OUT 指令的用法例举，如图 4-7 所示。

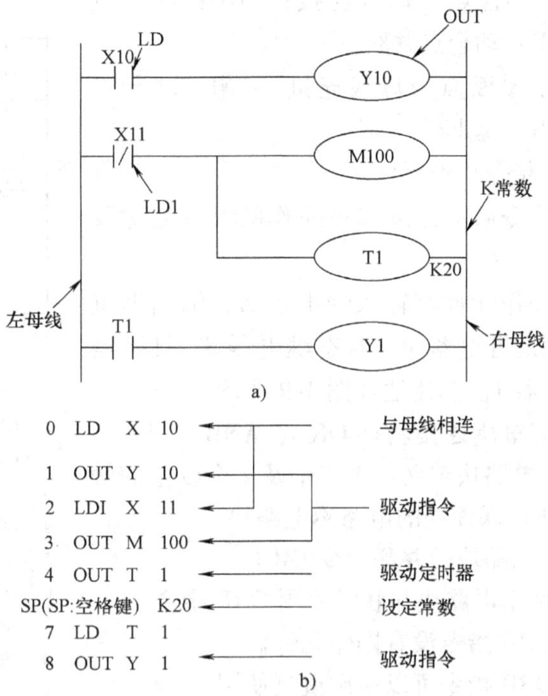

图 4-7 OUT 指令用法梯形图
a）梯形图 b）指令

（3）线圈不能重复使用（重复使用又称双线圈），图 4-8 为同一线圈 Y13 多次使用的情况，设 X11 = ON，X12 = OFF。最

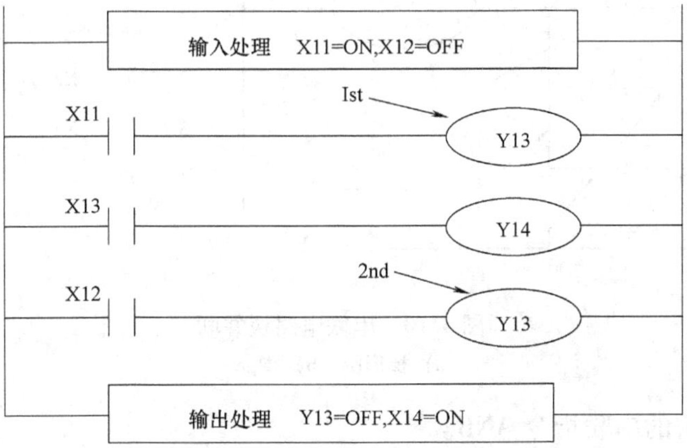

图 4-8 双线圈输出图

初因 X11 = ON，Y3 的映像寄存器为 ON，输出 Y14 也为 ON，然而紧接着又因 X12 = OFF，Y13 的映像寄存器改写为 OFF，因此，实际最终的外部输出 Y13 为 OFF，Y14 为 ON。所以，若输出线圈重复使用，则后面的线圈的动作状态有效。

2. 单触点连接指令 LD、LDI、AND、ANI、OR、ORI

（1）指令功能。

LD：动合点与母线连接；AND：动合点串联；OR：动合点并联。

LDI：动断点与母线连接；ANI：动断点串联；ORI：动断点并联。

（2）指令操作元件。

1）指令后面必须有被操作的元件名称及元件号。

2）操作元件有输入继电器 X、输出继电器 Y、辅助继电器 M、状态继电器 S、计数器 C 及计时器 T。其用法如图 4-9 所示。

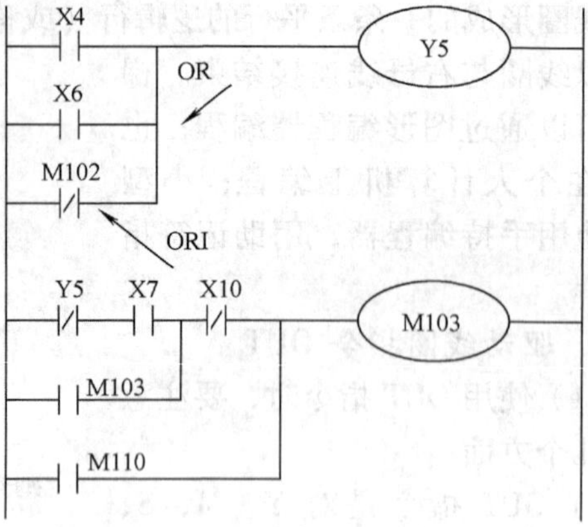

a)

0	LD	X4
1	OR	X6
2	ORI	M102
3	OUT	Y5
4	LDI	Y5
5	AND	X7
6	OR	M103
7	ANI	X10
8	OR	M110
9	OUT	M103

并联触点

并联触点

b)

图 4-9　单触点连接指令用法图

a）梯形图　b）指令

3. 电路块连接指令 ORB、ANB

（1）电路块定义：由 2 个及 2 个以上的触点串（并）联连接的电路称电路块。

（2）电路块的并联指令 ORB。

1）两个电路块并联时使用 ORB 指令。

2）ORB 指令没有操作元件。

3）ORB 指令可以多次重复使用。

4）电路块并联时，分支路的开始相当于母线（俗称子母线），故用 LD 或 LDI 指令（如图 4-10 所示）。

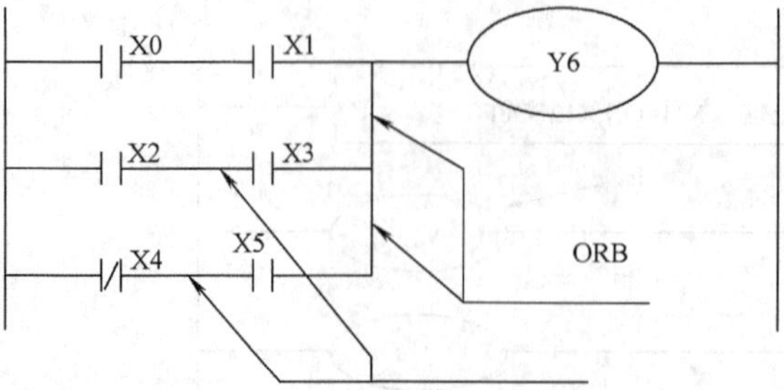

a)

0	LD	X0	5	LDI	X4
1	AND	X1	6	AND	X5
2	LD	X2	7	ORB	
3	AND	X3	8	OUT	Y6
4	ORB				

b)

图 4-10　串联电路块并联

a）梯形图　b）指令

（3）并联电路块的串联指令 ANB。

1）并联电路块与左边触点连接时，使用 ANB 指令。

2）ANB 指令不带操作元件。

3）若多个并联电路块与左边电路串联连接时，顺次使用 ANB 指令，其使用次数没有限制。其用法如图 4-11 所示。

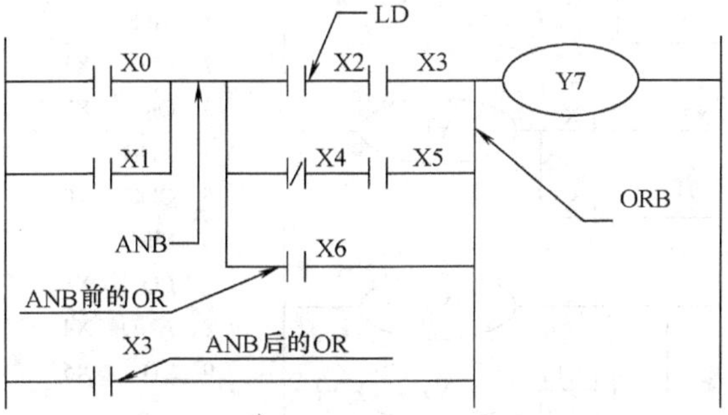

a)

0	LD	X0		6	ORB		← 并联块结束
1	OR	X1		7	OR	X6	
2	LD	X2	← 分支起点	8	ANB		← 与前面电路串联
3	AND	X3		9	OR	X3	
4	LDI	X4	← 分支起点	10	OUT	Y7	
5	AND	X5					

b)

图 4-11 并联电路块的串联

a）梯形图 b）指令

4. 多重输出指令 MPS、MRD、MPP

（1）指令 MPS、MRD、MPP。

MPS：进栈，多重电路的第一个电路；MRD：读栈，多重电路的中间电路；MPP：出栈，多重电路的最后一个电路。

1）该组指令可将连接点先存储起来，因此可用于多重输出电路。

2）该组指令没有操作元件。

3）无论何时，MPS 和 MPP 的使用必须少于 11 次，并且要同时使用。

（2）简单 1 层栈例，如图 4-12 所示。

（3）复杂 1 层栈和 ANB、ORB 指令，如图 4-13 所示。

5. 主控触点指令 MC/MCR

主控触点指令 MC/MCR 的用法如图 4-14 所示。

1）MC：主控起点，操作数 N（嵌套层数为 0 ~ 7 层），操作元件为

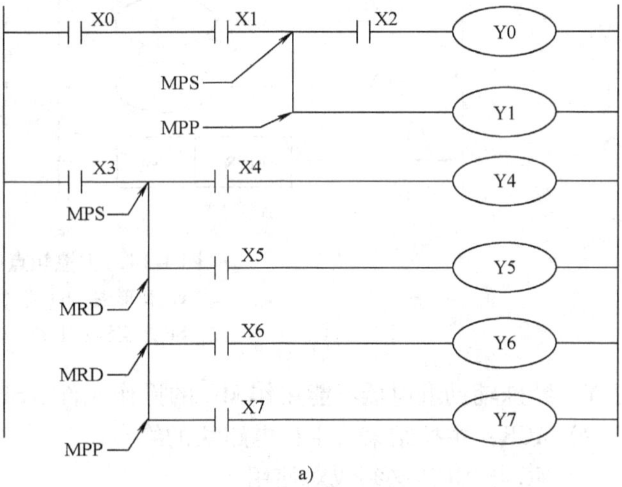

a)

0	LD	X0	7	LD	X3	14	MRD	
1	AND	X1	8	MPS		15	AND	X6
2	MPS		9	AND	X4	16	OUT	Y6
3	AND	X2	10	OUT	Y4	17	MPP	
4	OUT	Y0	11	MRD		18	AND	X7
5	MPP		12	AND	X5	19	OUT	Y7
6	OUT	Y1	13	OUT	Y5			

b)

图 4-12 简单 1 层栈例

a）梯形图 b）指令

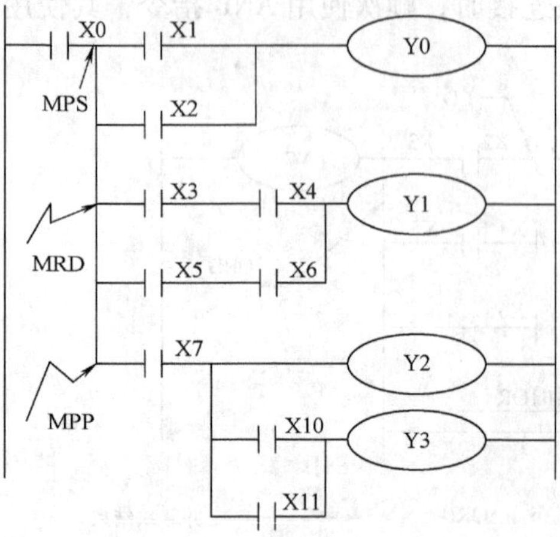

a)

0	LD	X0	10	AND	X6
1	MPS		11	ORB	
2	LD	X1	12	ANB	
3	OR	X2	13	OUT	Y1
4	ANB		14	MPP	
5	OUT	Y0	15	AND	X7
6	MRD		16	OUT	Y2
7	LD	X3	17	LD	X10
8	AND	X4	18	OR	X11
9	LD	X5	19	ANB	
			20	OUT	Y3

b)

图 4-13　复杂 1 层栈

a）梯形图　b）指令

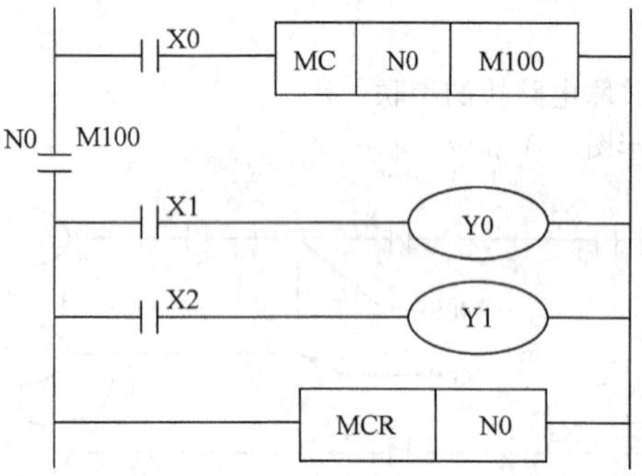

a)

0	LD	X0	
1	MC	N0	MC 为 3 步指令
	SP	M100	
4	LD	X1	
5	OUT	Y0	
6	LD	X2	
7	OUT	Y1	
8	MCR	N0	MCR 为 2 步指令

b)

图 4-14　主控触点图

a）梯形图　b）指令

注：SP 是编程器上的空格键。

M、Y，特殊辅助继电器不能用作 MC 的操作元件。SP 是编程器上的空格键。

2）MCR：主控结束，主控电路块的终点。

3）MC 与 MCR 必须成对使用。

6. 自保持与复位指令 SET/RST

（1）指令用法如图 4-15 所示。

1）SET：置位，令元件自保持 ON。

2）RST：复位，令元件自保持 OFF，清除数据寄存器的内容。

3）SET、RST 带有操作元件，如输出继电器 Y、辅助继电器 M 及状态继电器 S。

（2）说明：

1）X0 一接通，即使再变成断开，Y0 也保持接通。X1 接通后，即使再变成断开，Y0 也保持断开，对于 M、S 也是同样。

2）对同一元件可以多次使用 SET、RST 指令，顺序可任意，但在最后执行的一条才

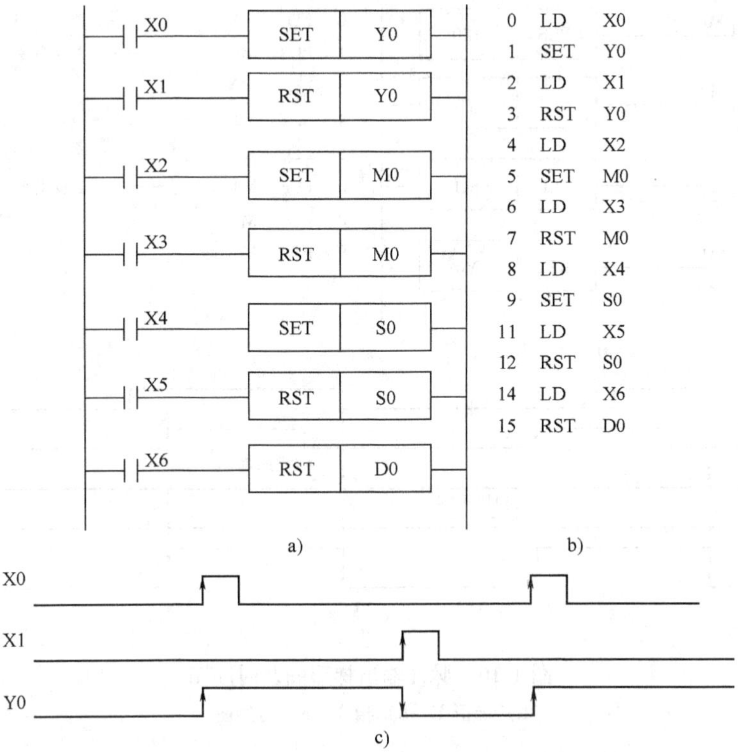

图4-15　SET、RST的使用

a）梯形图　b）指令　c）时序图

有效。

3）要使数据寄存器D、变址寄存器V、Z的内容清零，也可用RST指令。

7. 脉冲输出指令PLS/PLF

（1）指令用法如图4-16所示。

1）PLS：脉冲上升沿微分输出；PLF：脉冲下降沿微分输出。

2）操作元件有输出继电器Y和辅助继电器M。

（2）说明：

1）使用PLS指令时，元件Y、M仅在驱动输入接通后的一个扫描周期内动作（置1）。

2）使用PLF指令时，元件Y、M仅在驱动输入断开后的一个扫描周期内动作。

3）特殊辅助继电器不能用作PLS或PLF的操作元件。

4）在驱动输入X0接通的情况下，PLC由运行→停机→运行时，PLS M0要动作。

8. 空操作指令NOP和程序结束指令END

（1）空操作指令NOP。

1）若在程序中加入NOP指令，则在改动或追加程序时，可以减少步序号的改变。

2）若将LD、LDI、ANB、ORB等指令换成NOP指令，电路构成将有较大幅度的变化，必须注意（如图4-17所示）。

3）执行程序全部清除操作后，全部指令都变成NOP。

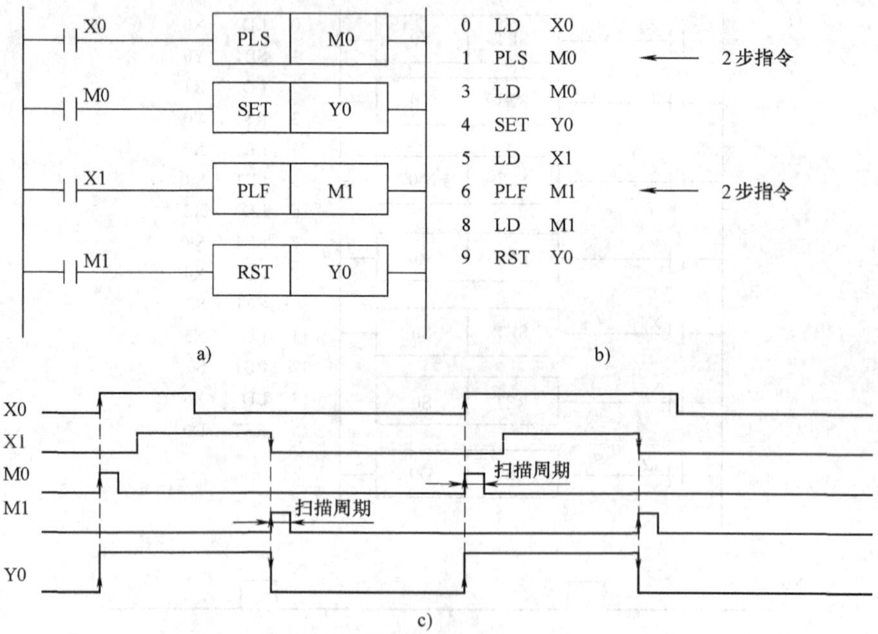

图 4-16 脉冲输出梯形图及时序图

a）梯形图 b）指令 c）时序图

（2）程序结束指令 END。PLC 反复进行输入处理、程序运算及输出处理，若在程序最后写入 END 指令，则 END 以后的程序就不再执行，直接进行输出处理。而且，在执行 END 指令时，也刷新了警戒时钟。

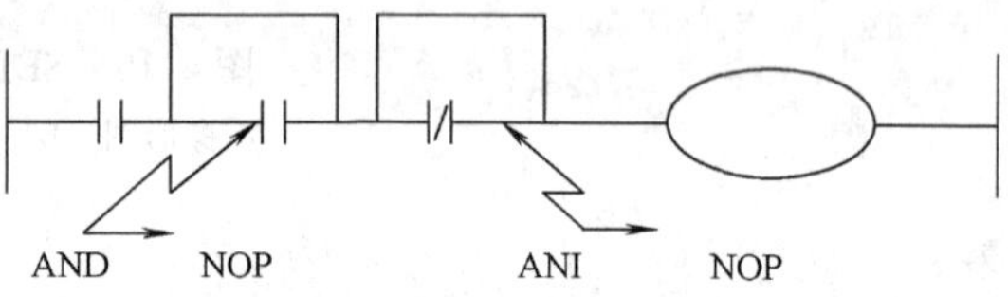

图 4-17 用 NOP 指令短路触点

9. 指令练习

前面学习了基本逻辑指令，下面根据图 4-18 所示的梯形图，写出指令清单（要求不要看答案，先自己编，然后再改正错误的指令。）

4.1.6 逻辑编程的基本方法

1. 编程的基本要求

（1）梯形图中每一逻辑行从左到右排列，以触点与左母线连接开始，以线圈与右母线连接结束（有些梯形图也可省去右母线）。

（2）触点使用次数不限，可以用于串行线路，也可用于并行线路。所有输出元件的线圈也都可以作为辅助继电器使用。

（3）线圈不能重复使用。

（4）输出线圈右边不能再画触点。

（5）触点应画在水平线上，不能画在垂直线上。

（6）改变触点位置，将并联触点多的电路移近左母线，将串联触点多的电路放在上部（如图 4-19 所示）。

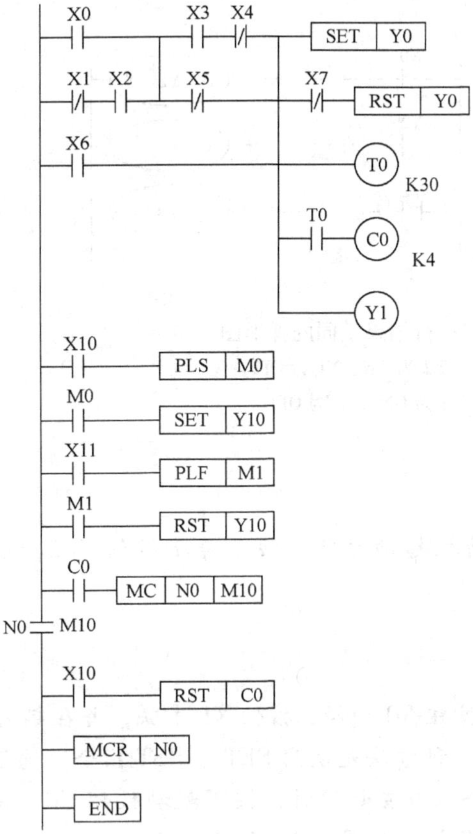

a)

LD X0	OUT C0 K4
LDI X1	MPP
AND X2	OUT Y1
ORB	LD X10
LD X3	PLS M0
ANI X4	LD M0
ORI X5	SET Y10
ANB	LD X11
OR X6	PLF M1
SET Y0	LD M1
MPS	RST Y10
ANI X7	LD C0
RST Y0	MC N0 M10
MRD	LD X10
OUT T0 K30	RST C0
MRD	MCR N0
AND T0	END

b)

图4-18 指令练习

a）梯形图 b）指令

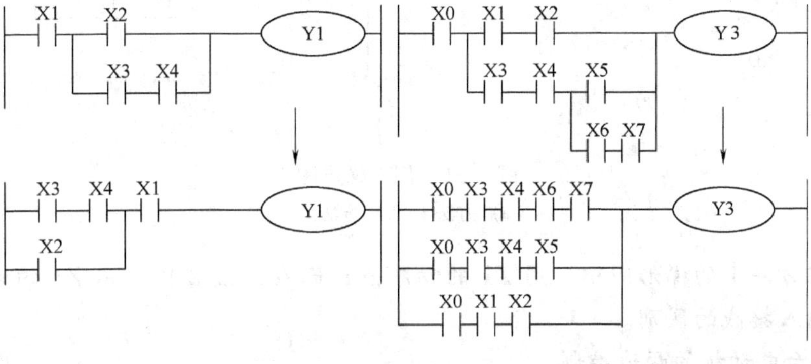

图4-19 改变触点位置

（7）PLC的运行是按照从左而右，从上而下的顺序执行的；而继电控制线路是并行的，电源一接通，并联支路都有相同电压。因此，在PLC的编程中应注意，程序的顺序不同，其执行结果也不同（如图4-20所示）。

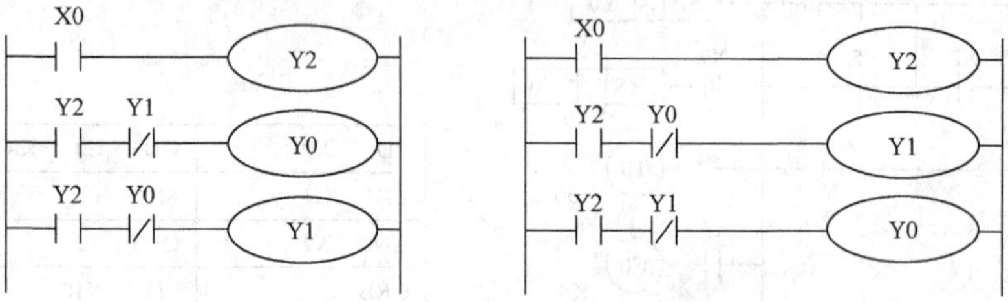

图 4-20 程序顺序不同执行结果不同的梯形图

注：当 X0 为 ON 时，Y0、Y2 为 ON，Y1 为 OFF；
当 X0 为 ON 时，Y1、Y2 为 ON，Y0 为 OFF。

2. 简单逻辑指令的应用举例

例 1：单台电动机起动停止控制。

1）控制要求：按下起动按钮 SB1，电动机起动运行，按下停止按钮 SB2，电动机停止运行。

2）输入、输出 I/O 分配。

SB1：X0　　SB2：X1　接触器：Y0

3）梯形图方案设计：一种方法是将起动按钮 X0 和停止按钮 X1 串联，并在起动按钮 X0 两端并上自保触点，然后接输出线圈 Y0。另一种方法是使用 SET 、RST 指令，通过起动按钮 X0、停止按钮 X1 分别驱动 SET、RST 指令，当要起动时，按下起动按钮 X0，使输出置位；当要停止时，按下停止按钮 X1，使输出复位，如图 4-21 所示。

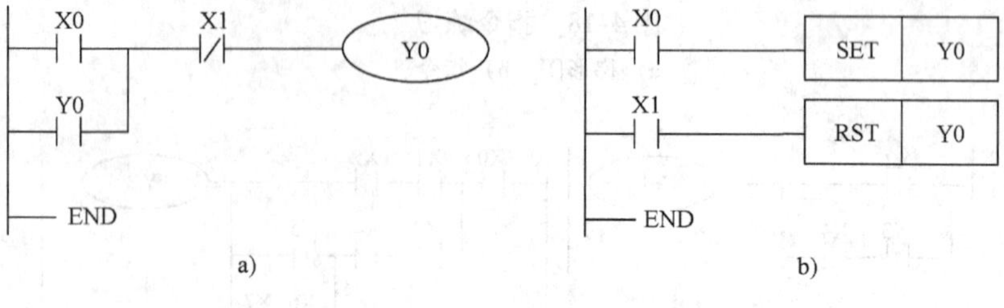

图 4-21 例 1 梯形图

a）方法 1　b）方法 2

注意：在方法 1 的梯形图中，用 X1 的动断点；而在方法 2 中，用 X1 的动合点，注意两者在外部输入接线的区别。

例 2：单台电动机的两地控制。

1）控制要求：按下地点 1 的起动按钮 SB1 或地点 2 的起动按钮 SB2 均可起动电动机；按下地点 1 的停止按钮 SB3 或地点 2 的停止按钮 SB4 均可停止电动机运行。

2）输入、输出 I/O 分配。

SB1：X0　SB2：X1　SB3：X2　SB4：X3　接触器：Y0

3）梯形图方案设计：该题可有三种设计方案，其中有两种方案同例 1 的思路相似。第三种方案是用主控指令编程，用两个停止按钮 X2、X3 的动断点来控制主控指令 MC，用两个起动按钮 X0、X1 的动合点控制输出线圈 Y0，其梯形图如图 4-22 所示。

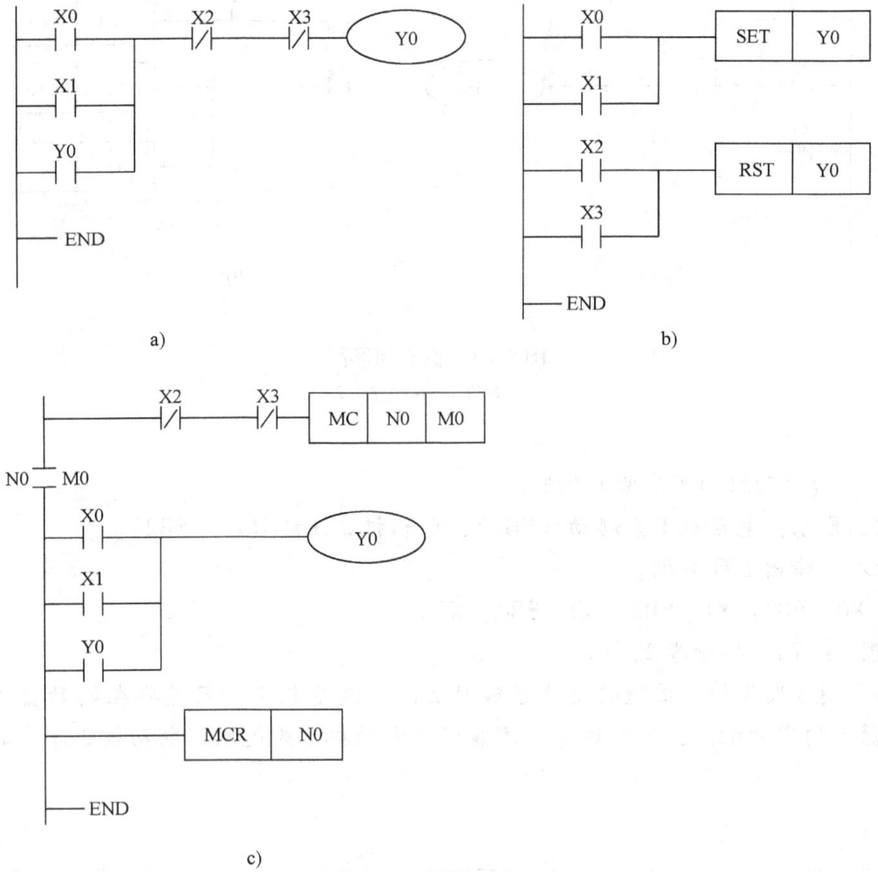

图 4-22　例 2 梯形图

a）方法 1　b）方法 2　c）方法 3

例 3：单台电动机正反转控制。

1）控制要求：按下正转起动按钮 SB1，电动机正转起动运行；按下反转起动按钮 SB2，电动机反转起动运行；按下停止按钮 SB，电动机停止运行。电动机正转起动运行时，按反转起动按钮 SB2 不起作用，电动机反转起动运行时，按正转起动按钮 SB1 不起作用。

2）输入、输出 I/O 分配。

SB1：X0　SB2：X1　SB：X2

正转接触器：Y0　反转接触器：Y1

3）梯形图方案设计：可以套用例 2 的设计思路，用类似的三种方法编程，如图 4-23 所示。

方法 3：用主控制指令编程，由读者自行完成。

实际接线中，为保证安全和工作可靠，正转接触器、反转接触器彼此一定要加机械

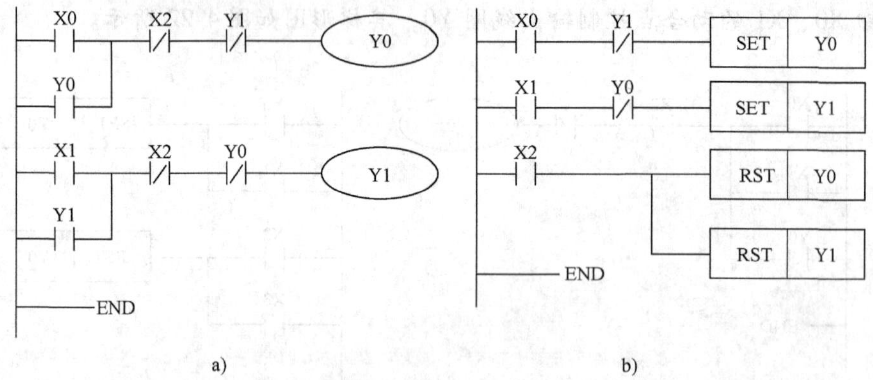

图 4-23　例 3 梯形图

a）方法 1　b）方法 2

联锁。

例 4：两台电动机的顺序联动控制。

1）控制要求：电动机 1 先起动（SB1），电动机 2 才能起动（SB2）。

2）输入、输出 I/O 分配。

SB1：X0　SB2：X1　SB3：X2　SB4：X3

接触器 1：Y0　接触器 2：Y1

3）梯形图方案设计：该题的设计思路同上面的例题相似，只是要在接触器 2 线圈左边加上接触器 1 的常开触点，只有这样，才能保证电动机 1 先起动，电动机 2 才能起动，如图 4-24 所示。

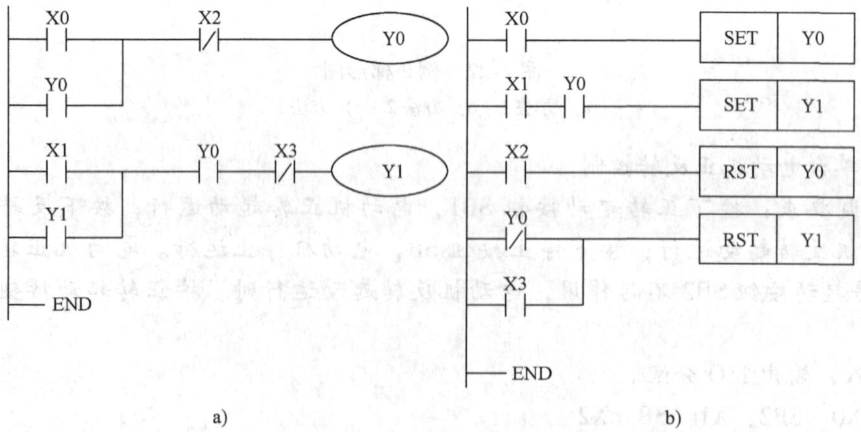

图 4-24　例 4 梯形图

a）方法 1　b）方法 2

例 5：定时器的应用。

1）得电延时，如图 4-25 所示。

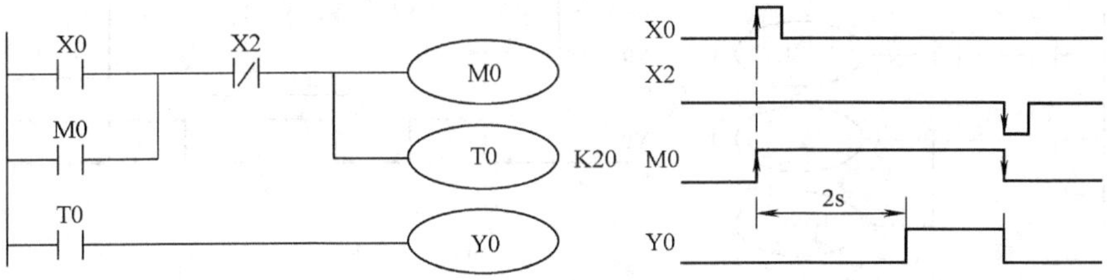

图4-25 得电延时梯形图及时序图

注：X0 得电 2s 后，Y0 动作。

2）失电延时，如图4-26 所示。

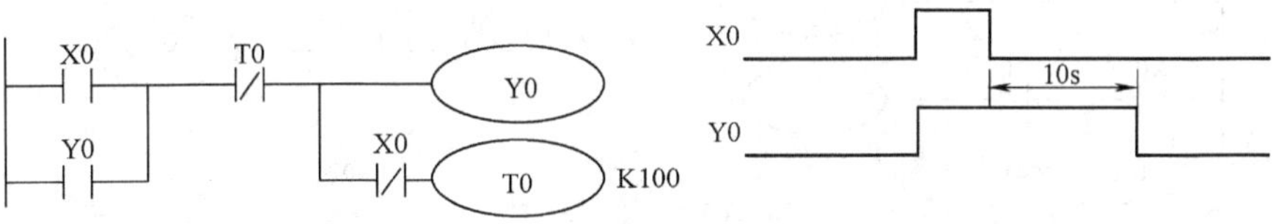

图4-26 失电延时梯形图及时序图

说明：当 X0 为 ON 时，其常开触点闭合，Y0 接通并自保；当 X0 断开时，定时器开始得电延时。当 X0 断开的时间达到设定时间时，Y0 才由 ON 变为 OFF，实现失电延时。

例6：计数器 C 的应用，如图4-27 所示。

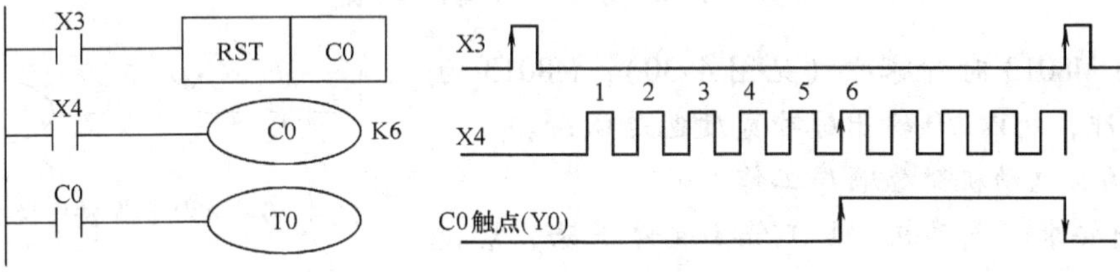

图4-27 例6梯形图及时序图

X3 使计数器 C0 复位，C0 对 X4 输入的脉冲计数，输入的脉冲数达到 6 个时，计数器 C0 触点得电闭合，Y0 得电动作。X3 再动作时，C0 复位，Y0 失电。

例7：振荡电路。

振荡电路可以产生特定的通断时序脉冲，它应用在脉冲信号源或闪光报警电路中。

1）应用定时器组成的振荡电路一，如图4-28 所示。

说明：改变 T0、T1 的参数值，可以调整 Y0 的输出脉冲宽度。

2）应用定时器组成的振荡电路二，如图4-29 所示。

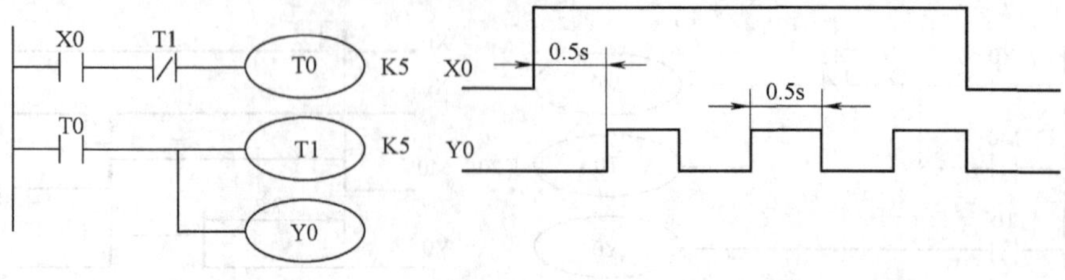

图 4-28　振荡电路一梯形图及输出波形图

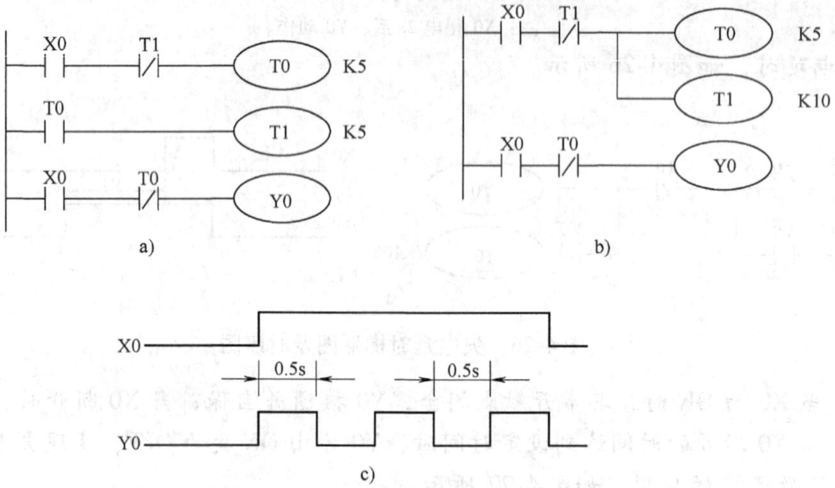

图 4-29　振荡电路二梯形图及输出波形图

a）方法 1　b）方法 2　c）输出波形图

3）应用 M8013 时钟脉冲（见图 4-30），M8013 为 1s 的时钟脉冲，所以 Y0 输出脉冲宽度也是 0.5s。

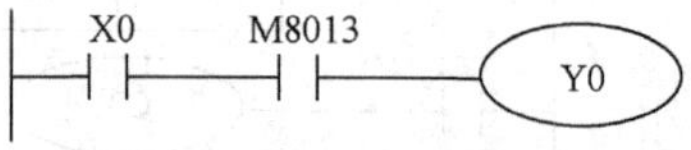

图 4-30　M8013 振荡电路梯形图

例 8：两台电动机交替顺序工作。

1）控制要求：电动机 M1 工作 10s 停下来，紧接着电动机 M2 工作 5s 停下来，然后再交替工作。

2）输入、输出 I/O 分配。

起动按钮：X0　　停止按钮：X1　　电动机 M1：Y1　　电动机 M2：Y1

3）梯形图方案设计，如图 4-31 所示。

当 X0 为 ON 时，M0 为 ON。

因为 M0 为 ON，T2 与 Y2 线圈都为 OFF，所以 T1、Y1 线圈为 ON。10s 后 T1 延时断开触点断开，Y1 线圈为 OFF。因为 M0 与 T1 延时闭合触点都为 ON，Y1 线圈为 OFF，所以 Y2、T2 线圈为 ON，5s 后，T2 延时到，T2 延时断开触点断开，第二次循环开始。

例 9：三台电动机顺序起动。

1）控制要求：M1 起动 5s 后 M2 起动，M2 起动 5s 后 M3 起动。

2）输入、输出 I/O 分配。

起动按钮：X1　M1 电动机：Y1　M2 电动机：Y2　M3 电动机：Y3

3）梯形图方案设计，如图4-32 所示。

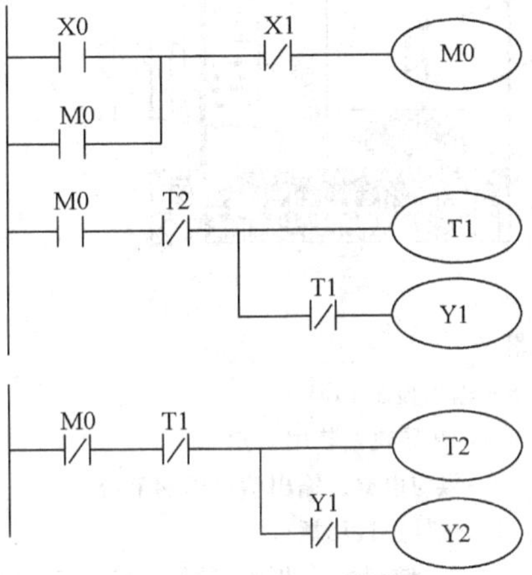

图4-31　例8 梯形图

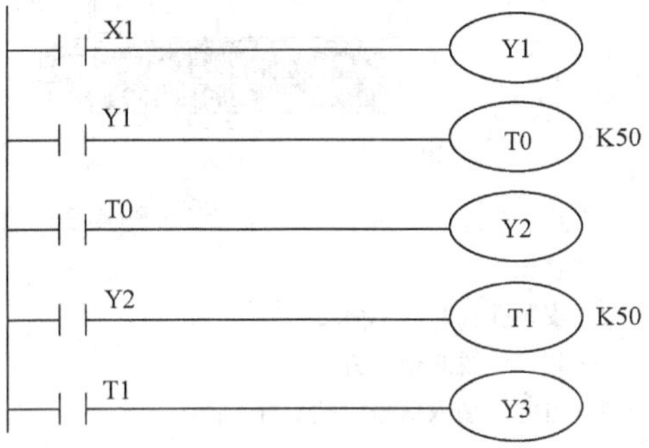

图4-32　例9 梯形图

4.2　可编程控制技术实训

实训1　可编程控制技术基本操作介绍及训练

本书选用三菱公司的 FX 系列 PLC 作介绍，通过对其基本单元面板及手持式编程器的学习，掌握 PLC 各部分的功能及基本操作；通过对几个简单应用实例的学习，掌握 PLC 的基本编程方法及调试技巧，达到能处理简单的实际问题的目的。

1. 实训目的

（1）了解 PLC 面板上各部分的功能。

（2）掌握手持编程器各键的功能。

（3）掌握指令输入的基本操作。

（4）掌握程序的修改、监视操作。

2. 实训原理

（1）PLC 基本单元面板介绍：FX 系列 PLC 基本单元面板基本相似，一般都有输入、输出接线端子，输入、输出 LED 显示，有电源、运行、电池及程序出错、CPU 出错显示，还有连接编程器、扩展单元、扩展模块、特殊模块及存储卡盒等的插座，其面板布置如图4-33所示。

（2）编程器介绍：目前，人们使用的编程工具有两种。一种是便携式编程器（简称手持式编程器），另一种是使用计算机通过软件编程。FX 系列使用的编程器有 FX-10P 和 FX-20P两类，这两类编程器的使用方法基本相同，面板的不同之处在于是 FX-10P 的液晶显示屏有 2 行，而 FX-20P 有 4 行。编程器能对程序进行写入、读出、插入、删除、修改，还能检查程序和对 PLC 的操作状况进行监视。

1）LED 显示屏：FX-10P-E 便携式编程器的 LED 显示屏能显示 2 行，它能把编程与编辑过程中的操作状态、助记符、软元件、常数、参数等同时在显示器里显示出来。在用指令监控功能时，能够显示指令对应的线圈或触点的通断状态。

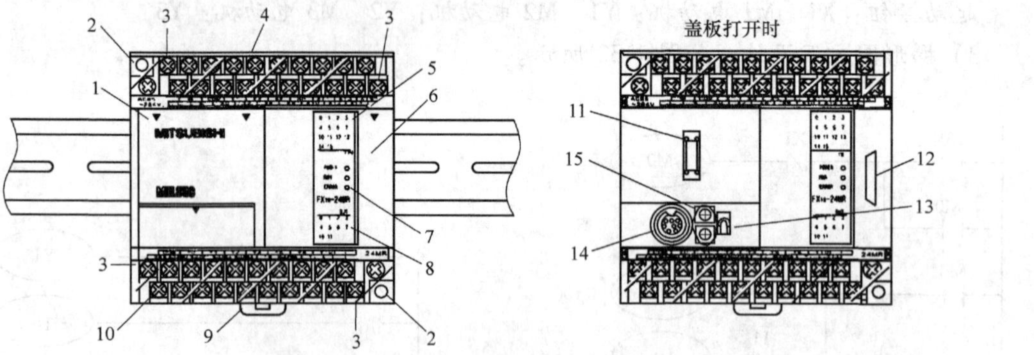

图 4-33　FX 系列 PLC 面板图

1—盖板
2—安装孔：2 个（ϕ4.5）
3—端子台脱卸用螺钉
4—电源，输入信号用端子台
5—输入显示 LED
6—扩展用连接盖板
7—POWER LED：表示通电状态
RUN LED　：运行时灯亮
ERROR LED：程序错误时，灯闪烁，
CPU 错误时，灯亮
8—输出显示 LED
9—DIN 导轨安装用卡扣
10—供应电源，输出信号用端子台
11—选件连接用插口
（存储卡盒，功能扩展板，FX_{1N}-5DM）
12—扩展用连接插口
13—RUN/STOP 用开关
14—GOT 编程设备连接用插口
15—模拟电位器：内置 2 个（VR1（上）：D8030，
VR2（下）：D8031）

2）操作键。

① 功能键，共有三个功能键 6 种操作状态。如果第一次选择的是左上方的功能，那么再按一次选择键，则是右下方的功能。

RD 读功能键，按此键，使之显示 R，表示编程器进入程序读出状态。

WR 写功能键，按此键，使之显示 W，表示编程器进入程序写入状态。

INS 插入功能键，按此键，使之显示 I，表示编程器进入程序插入状态。

DEL 删除功能键，按此键，使之显示 D，表示编程器进入程序删除状态。

MNT 监视功能键，按此键，使之显示 M，表示编程器进入程序监视状态。

TEST 测试功能键，按此键，使之显示 T，表示编程器进入程序测试状态。

② OTHER 其他键，在任何状态下按该键，将显示方式项目选择画面。

③ CLEAR 清除键，取消按 GO 键以前（即确认前）的输入，清除错误信息，恢复到原来画面。

④ HELP 帮助键，显示应用指令一览表、监测功能，进行十进制和十六进制的切换时，起帮助的作用。

⑤ SP 空格键，在输入指定元件号与指定常数之间，要用空格键。如 OUT TO　K100。

⑥ STEP 步序键，按此键可设定步序号。

⑦ ↑ ↓ 光标键，移动光标及提示符。

⑧ GO 执行键，进行指令的确认、执行。

⑨ 其余的均为指令、软元件符号、数字键，一共有 24 个。每个键的上部为指令助记符，下部为软元件符号及数字，上、下两部的功能对应于键的操作，通常为自动切换。下部

符号中，Z/V、K/H、P/I是交替作用的（反复按键时，互相切换）。

（3）编程器的操作方法。

1）编程器与PLC主机的连接：编程器一般不带电源，要通过FX-20P-CAB或CABO型电缆与PLC主机连接，由PLC供电，连接步骤如下。

① 连接前先断开PLC电源，打开PLC上的编程器连接插座盖板，把编程器所带电缆插入到PLC的连接插座上，注意插入的方向。

② 接通PLC电源，编程器显示屏显示“SELECT FUNCTION FX［8K FXRAM］”等字样，然后按选择功能键，编程器进入操作状态。

2）FX-20P编程器的操作：在操作编程器之前，必须将编程器与主机连好，给主机送上电源。然后将PLC的RUN/STOP开关打到STOP这一边（RUN为运行状态），即进入编程状态，可以开始操作。

① 清除原程序：清除原程序简称清零，清零后，用户存储器的继电器全部处于断开状态，计数器和定时器等全部被复位，显示屏上显示成批NOP。其操作方法有如下两种。

a. 在写入状态下清零（按RD/WR键，使之显示“W”），又称为NOP成批写入。其操作步骤为：

按 NOP → A → GO → GO

b. 在删除状态下清零（按INS/DEL，使之显示“D”）。其操作步骤为：

按 STEP → 0 → SP → STEP → 7999 → GO

② 写入程序：写入程序时，必须在STOP状态下，按RD/WR键，使之显示“W”。

a. 只有助记符指令的写入：按 WR →［指令助记符］→ GO

b. 带软元件指令的写入：按 WR →［指令助记符］→［软元件］→ GO

例1：将LD M8013、OUT Y0、END输入到PLC中，观察指示灯的变化情况。

① 将RUN/STOP开关置于STOP。

② 按RD/WR，使之显示“W”。

③ 键入指令。

LD M 8 0 1 3 GO → OUT Y 0 GO → END GO

④ 使RUN开关为ON。

⑤ 观察Y0指示灯闪烁。

c. 带参数指令的写入：按 WR →［指令助记符］→［软元件］→ SP →［参数］→ GO

例2：时间继电器T的指令输入梯形图，如图4-34所示。

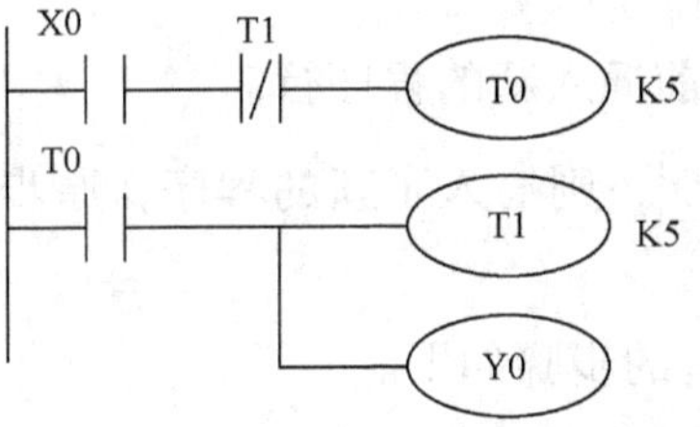

0 LD X0
1 ANI T1
2 OUT T0 K5
5 LD T0
6 OUT T1 K5
9 OUT Y0
10 END

图4-34 例2梯形图及指令

① 将 RUN/STOP 开关置于 STOP。

② 按 RD/WR 键，使屏幕显示“W”。

③ 键入指令。

④ 将 RUN/STOP 开关置于 RUN 位，然后将 X0 与输入 COM 连接。

⑤ 观察 Y1 指示灯闪烁，亮 0.5s，灭 0.5s。

[LD] [X] [0] [GO]→[ANI] [T] [1] [GO]→[OUT] [T] [0] [SP] [K] [5] [GO]→[LD] [T] [0] [GO]→[OUT] [T] [1] [SP] [K] [5] [GO]→[OUT] [Y] [0] [GO]→[END] [GO]

d. 指针的写入：按[WR]→[P/I]→[指针标号]→[GO]

e. 应用指令写入：按[WR]→[FNC]→[应用指令编号]→[SP]→[操作数]→[GO]

操作数→SP→第一个软元件→SP→第二个软元件。

3）修改程序：修改程序必须在 STOP 状态下，按 RD/WR，使之显示“W”，然后按下列步骤进行修改。

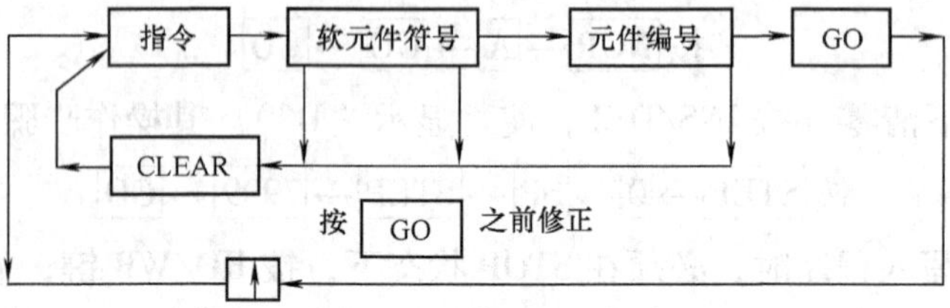

按[GO]之后修正，光标上移至错误处，重新输入正确程序

例 3：把“OUT　T0　K10”修改为“OUT　T0　K100”。

① 按[GO]键确认前的修改步骤为：

在 STOP 及写入（W）状态下→[OUT]→[T]→[0]→[SP]→[K]→[1]→[0]→[CLEAR]→[K]→[1]→[0]→[0]→[GO]

② 按[GO]键确认后的修改步骤为：

在 STOP 及写入状态下→[OUT]→[T]→[0]→[SP]→[K]→[1]→[0]→[GO]→[↑]→[K]→[1]→[0]→[0]→[GO]

4）插入程序：插入程序（在 STOP 状态下）的步骤如下。

a. 读出程序，按[↑]或[↓]键，把行光标移到待插入行处。

b. 按[INS]键出现“I”符号，则表示在该行前插入新的程序行。

c. 键入[指令]→[软元件符号]→[元件号]→[GO]，则插入了新的程序，原步序号自动向后移。注意无步序号的程序行不能插入。

5）删除程序：删除程序（在 STOP 状态下）的步骤如下。

a. 读出程序，按[↑]或[↓]键，把行光标移到待删除程序行处（无步序号的行不能进行删除）。

b. 按DEL键出现“D”符号，按GO键，则删除光标所指定的程序行。

c. 当要删除从某一行到某一行的程序段时，操作步骤如下（例如删除从第10行到第41行区间程序段）。

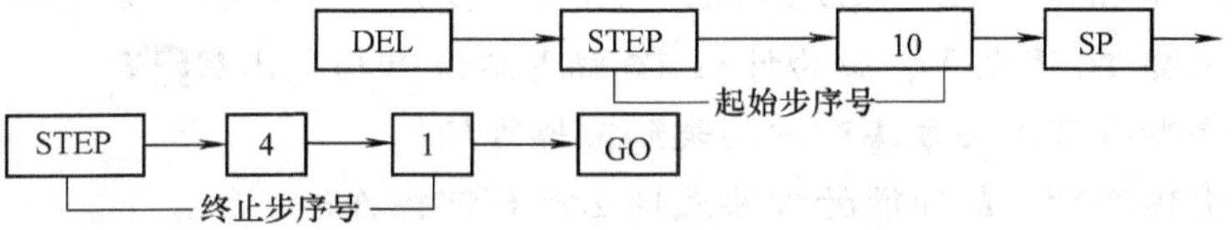

删除之后，原第41行的内容则变成第10行。

6）读出检查。

a. 从头检查：STEP→0→GO

b. 随机检查：按↑↓键。

c. 检查指定步序：显示“R”→STEP→步序号→GO

d. 检查指定指令：显示“R”→指令助记符→元件→GO

7）程序的监视。按PLC的输入、输出连接好导线，将PLC的RUN/STOP开关置RUN，则可进行监视。监视的目的是看程序是否按梯形图的逻辑关系工作。其操作步骤为：按MNT/TEST，使之显“M”，然后移动光标，如果满足给定条件（即元件接通），则元件符号前应有一黑方块■，否则表示断开，然后与梯形图的逻辑关系比较，从而判断是否有误。

3. 实训内容

按图4-35所示的梯形图，用编程器直接写入指令，然后练习如何检查、插入、删除、监视指令的操作。

4. 实训步骤

（1）按梯形图写出并输入指令，指令清单见表4-7。

表4-7 实训指令清单

0 LD X0	3 OUT Y0	8 OUT Y1	11 END
1 OR Y0	4 OUT T0 K30	9 LD Y1	
2 ANI X1	7 LD T0	10 OUT Y2	

（2）检查指令，并找出错误（可故意输入错误指令）。

（3）利用INS/DEL键进行插入、删除的练习。

（4）利用MNT/TEST键进行程序的监视。使RUN开关ON，利用MNT/TEST键，对Y0、Y1和T0进行监视。首先使X0与COM连接，监视Y0、Y1和T0，此时Y0及线圈T0前均应有■出现。3s后，

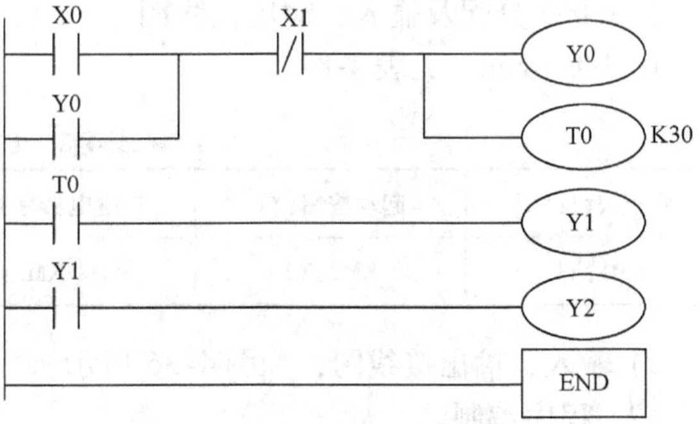

图4-35 实训梯形图

Y1、Y2 及 T0 触点前应有■出现，然后再使 X1 与 COM 接触一下，再观察则 Y0、Y1、Y2 和 T0 前符号■均消失。

分析思考

（1）实训中指令 OUT　T0　K30 到 LD　T0 时，步序号为什么从 4 跳到 7？

（2）实训时线圈 T0 得电了，但为什么 T0 触点前没有马上出现■？

（3）读出指令时有哪几种方法？分别是如何操作的？

（4）删除所有程序时，最简便的方法是什么？如何操作？

实训 2　三速电动机的控制

1. 实训目的

（1）掌握 PLC 与接触器、电动机的连接方法。

（2）掌握步进顺控指令的编程方法。

（3）进一步理解 PLC 的工作原理。

2. 实训平台

FX_{2N}-64MR 可编程序控制器、手持编程器和 SX-805 型可编程序控制器训练装置。

3. 实训准备

读者应在理解相关基本知识的基础上来进行实际操作，以免出现人身或设备事故。另外，还应自带万用表、小胶钳、螺钉旋具等工具。

4. 工作原理

（1）控制要求：用 PLC 基本逻辑指令编程，实现以下功能。

1）先起动电动机低速运行，使 KM1、KM2 闭合。

2）低速运行（T_1）3s 后，使电动机中速运行，此时断开 KM1、KM2，使 KM3 闭合。

3）中速运行（T_2）3s 后，使电动机高速运行，断开 KM3、使 KM4、KM5 闭合。

4）如有故障，可随时停机。

（2）工作原理：利用按钮和热继电器动合点向 PLC 输入起动和停止开关信号，PLC 运行程序后，将开关信号输出到接触器控制回路，由接触器控制电动机主回路，实现 PLC 控制电动机运行。操作结果参见上述控制要求。

5. 实训步骤

（1）I/O 分配及输入、输出接线图。

1）I/O 分配，见表 4-8。

表 4-8　I/O 分配

停止按钮:X0	起动按钮:X1	热继电器常开触点:X2		
KM1:Y1	KM2:Y2	KM3:Y3	KM4:Y4	KM5:Y5

2）输入、输出接线图，如图 4-36 所示。

（2）程序编制。

1）梯形图如图 4-37 所示。利用 SET/RST 指令编程。

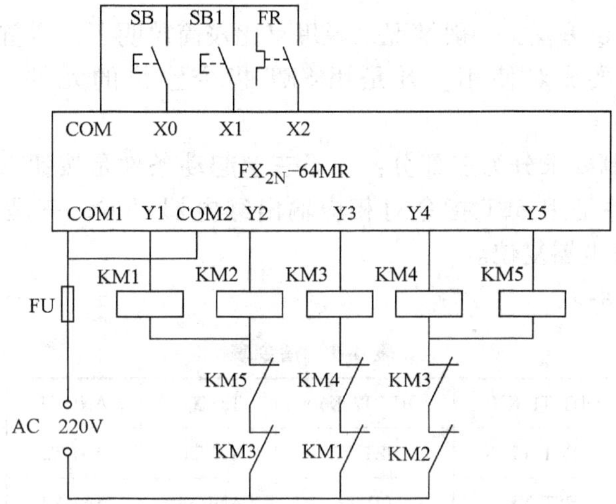

图 4-36 输入、输出接线图

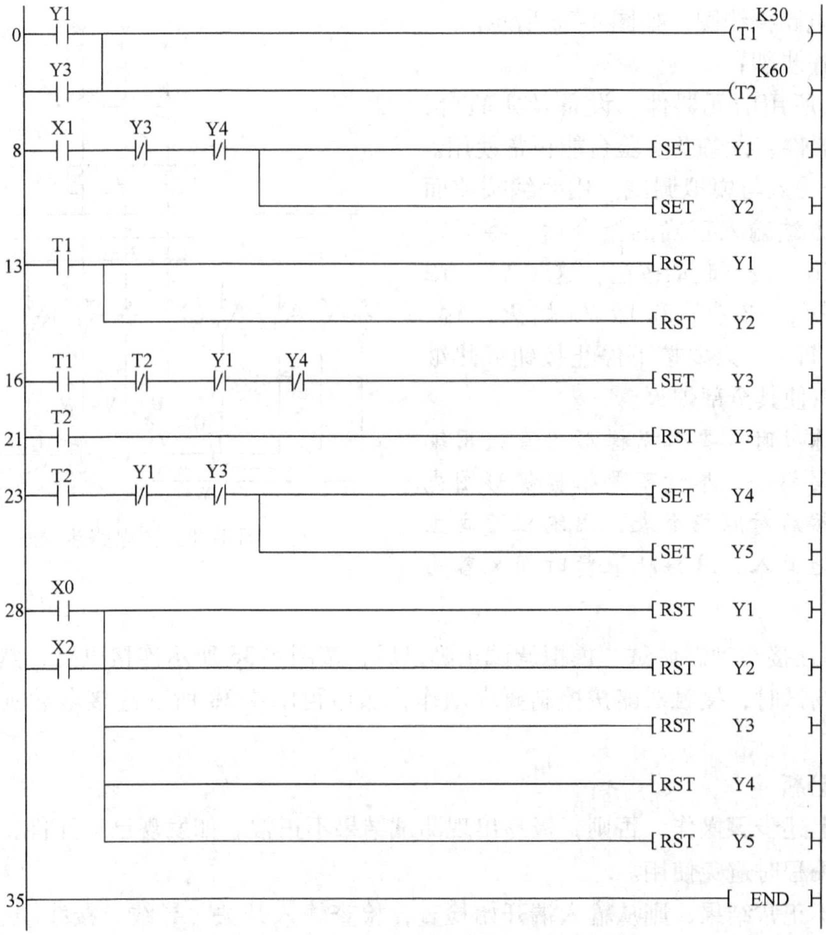

图 4-37 梯形图

说明：

① 用 SET/RST 指令编程，一般情况来说思路比较简单明了，应首选此种方法。

② SET/RST 指令要成对使用，凡是用 SET 指令置位的元件，一定要用 RST 指令复位。

③ 该程序根据控制要求分为三部分：一是三速起动条件是按钮 X1、时间继电器 T1 与 T2；二是三速运行条件是用 SET 指令对相应输出继电器置位；三是三速转换与停止时用 RST 指令对相应输出继电器复位。

2）指令表，见表 4-9。

表 4-9　指令表

LD Y1	OR Y3	OUT T1 K30	OUT T2 K60	LD X1	ANI Y3	ANI Y4	SET Y1
SET Y2	LD T1	RST Y1	RST Y2	LD T1	ANI T2	ANI Y1	ANI Y4
SET Y3	LD T2	RST Y3	LD T2	ANI Y1	ANI Y3	SET Y4	SET Y5
LD X0	AND X2	RST Y1	RST Y2	RST Y3	RST Y4	RST Y5	END

（3）主电路接线图，如图 4-38 所示。

（4）操作步骤：

1）测试所用的元器件、设备及实验台，保障所用元器件、设备及实验台能正常使用。

2）指令输入与模拟调试。用手编按前面的指令输入方法输入正确的指令后，将运行开关置于 RUN，按下起动按钮，这时 Y1、Y2 亮，3s 后熄灭，Y3 亮，3s 后 Y3 熄灭，Y4、Y5 亮，在此期间，只要按下停止按钮或热继电器动作，将使其全部熄灭。

注意：练习时，要根据梯形图直接用编程器向主机写指令，尽量不要根据梯形图先写出指令，然后对照指令表，用编程器向主机一条一条地写入，这样既浪费时间又容易出错。

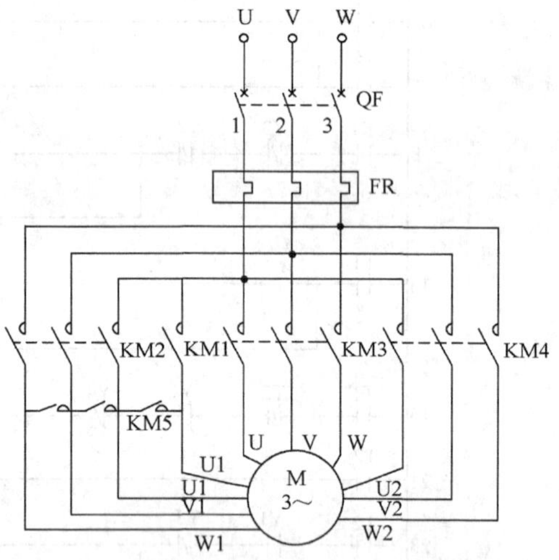

图 4-38　主电路接线图

3）电路连接与动态调试。模拟调试正确以后，按图 4-36 所示连接电路，然后进行空载调试。空载调试时，接触器能按控制要求动作，然后再图 4-38 所示连接电动机主电路，进行动态调试。

6. 故障分析

严格按上述步骤操作，否则，极易出现测试结果不正常。如发现已坏元件、设备，应提前更换或在编程时避免使用。

如出现不正常结果，则从输入端开始检查，检查输入开关、导线、接线端子、输入点、输出点、输出端子、输出保险、输出导线、输出元器件、设备、输出端电源等是否正常。另外，还需注意测试的操作程序和方法要符合生产规范和工艺过程。

7. 项目评分（见表4-10）

表4-10 项目评分表

考核时间定额：90 min

序号	考核内容及要求	评分标准	扣分	得分	考评员签名
1	输入端、输出端的分配接线图：15分	能正确画出分配图得15分 未注明输入端、输出端符号得5分			
2	编制梯形图：20分	编制正确得20分 字母符号表示错误每处扣2分			
3	写出指令程序：10分	指令正确得10分 每错一处扣2分			
4	程序的输入操作：5分	能正确输入得5分			
5	程序的修改与调试操作：5分	能进行修改、调试得5分			
6	程序运行：35分（每人只有两次运行机会）	第一次运行正确得35分 第二次运行正确得20分 第二次运行不正确或放弃不得分			
7	PLC清零操作：10分	不清零不得分			
8	安全文明操作	违反安全文明操作由考评员视情况扣分，所有在场的考评员签名有效			

注：1. 由鉴定所提供三菱PLC，用输出指示灯显示结果。

2. 考试时间一到，所有考生必须停止操作，上交试卷，已输入完程序的考生等候考评员通知进场给予一次运行机会（已运行两次的除外）。

3. 在考评中因扣分易引起争议的项目，考评员应在扣分栏中写明原因。

（1）控制电路使用220V交流电。

（2）操作步骤、方法要正确。

（3）程序编制要正确，灵活使用手编的程序检查和监视功能。

（4）观察运行效果要仔细、全面。

（1）通过实训，说明继电控制与PLC控制的异同，并总结PLC控制的优点。

（2）比较三种编程方法各自的优缺点。

（3）比较硬件互锁和软件互锁的异同。

对于同一个控制要求，可以有多种编程方法来实现控制。下面提供另外两种编程的思

路，此程序同样能实现控制功能。

方法一：利用主控指令 MC/MCR 编程，如图 4-39 所示。

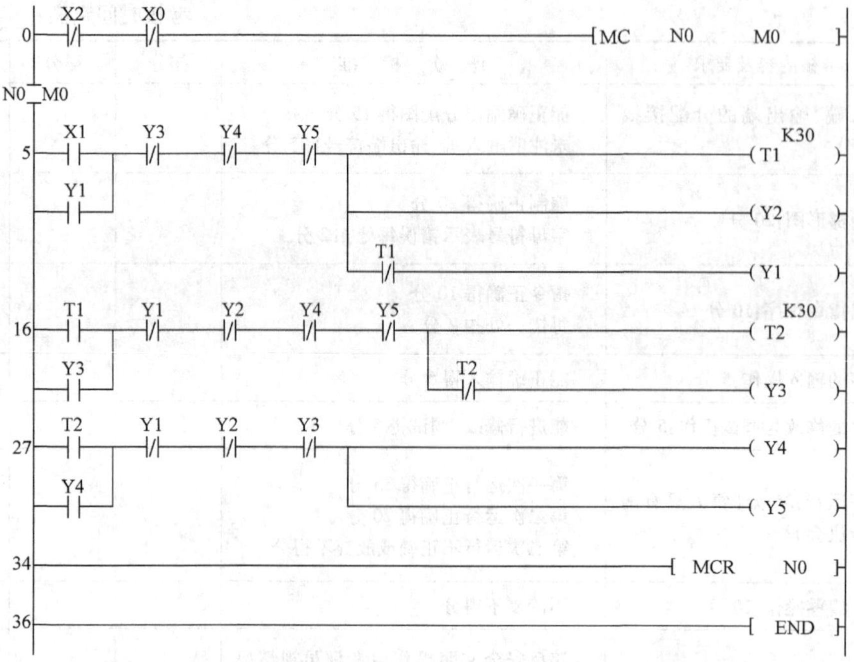

图 4-39 方法一梯形图

说明：

1）时间继电器 T1 与 T2 可以分别延时（如方法 2），也可以累积延时（如方法 1）。

2）MC 与 MCR 指令一定要成对使用，N 是嵌套层数，一般单层都是从 0 开始，即 N0，一共 8 层 0 ~ 7，M 是辅助继电器，它可以是任意值，例如 M10 或 M99。

3）输入继电器 X0（停止按钮）、X1（起动按钮）、X2（热继电器）的外部接线都必须接成常开触点，而在有的地方又接成常闭触点，注意其使用的场合，并能和梯形图配合起来理解，掌握其异同。

指令表，见表 4-11。

表 4-11 指令表

LDI X2	ANI X0	MC N0 M0	LD X1	OR Y1	ANI Y3	ANI Y4	ANI Y5
OUT T1 K30	OUT Y2	ANI T1	OUT Y1	LD T1	OR Y3	ANI Y1	ANI Y2
ANI Y4	ANI Y5	OUT T2 K30	ANI T2	OUT Y3	LD T2	OR Y4	ANI Y1
ANI Y2	ANI Y3	OUT Y4	OUT Y5	MCR N0	END		

方法二：利用辅助继电器指令编程（如图 4-40 所示）。

说明：

1）该程序是根据继电控制系统而设计的，可读性强，比较简单。

2）该程序根据控制要求分为两部分：一是三速起动条件是按钮 X1、时间继电器 T1 与 T2；二是三速运行、转换与停止是用相应动合点和动断点来转换与停止相应输出继电器。

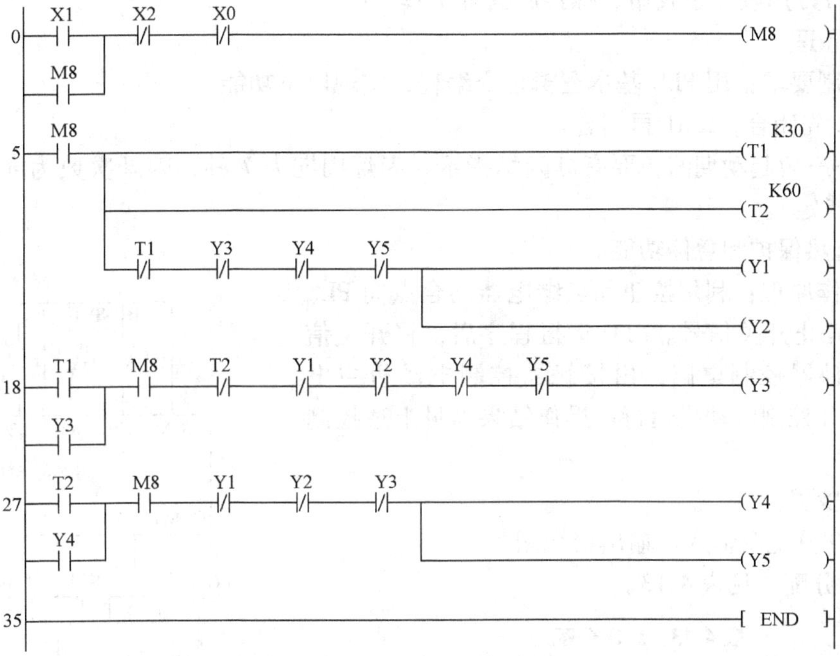

图4-40 方法二梯形图

3）时间继电器T1延时切换时，先断开Y1、Y2，然后使Y3得电，这样可避免造成主电路的瞬时短路。

4）第二种方法是用主控指令，第三种方法是用辅助继电器，其实质是一样的，第一种方法才是一种新的方法，应该熟悉掌握。

指令表，见表4-12。

表4-12 指令表

LD X1	OR M8	ANI X2	ANI X0	OUT M8	LD M8	OUT T1 K30	OUT T2 K60
ANI T1	ANI Y3	ANI Y4	ANI Y5	OUT Y1	OUT Y2	LD T1	OR Y3
AND M8	ANI T2	ANI Y1	ANI Y2	ANI Y4	ANI Y5	OUT Y3	LD T2
OR Y4	LD M8	ANI Y1	ANI Y2	ANI Y3	OUT Y4	OUT Y5	END

实训3 电动机Y/△起动控制

1. 实训目的

（1）掌握PLC与接触器、电动机的连接方法。

（2）掌握基本指令的编程方法。

（3）进一步理解PLC的工作原理。

2. 实训平台

FX_{2N}-64MR可编程序控制器、手持式编程器和SX-805型可编程序控制器训练装置。

3. 实训准备

读者应在理解相关基本知识的基础上来进行实际操作，以免出现人身或设备事故。另外，还应自带万用表、小胶钳、螺钉旋具等工具。

4. 工作原理

（1）控制要求：用PLC基本逻辑指令编程，实现以下功能。

1）KM2先闭合，KM1再闭合。

2）星—三角起动期间，要有灯闪烁指示，闪烁周期为T秒，闪烁次数为n（T和n由考评员现场指定）。

3）要有热保护和急停功能。

（2）工作原理：利用按钮和热继电器动合点向PLC输入起动和停止开关信号。PLC运行程序后，将开关信号输出到接触器控制电路，由接触器控制电动机主电路，实现PLC控制电动机运行。操作结果参见上述控制要求。

5. 实训步骤

（1）I/O分配及输入、输出接线图。

1）I/O分配，见表4-13。

表4-13　I/O分配

停止按钮：X0	起动按钮：X1	热继电器常开触点：X2	
KM1：Y0	KM2：Y1	KM3：Y2	信号指示灯：Y3

2）输入、输出接线图，如图4-41所示。

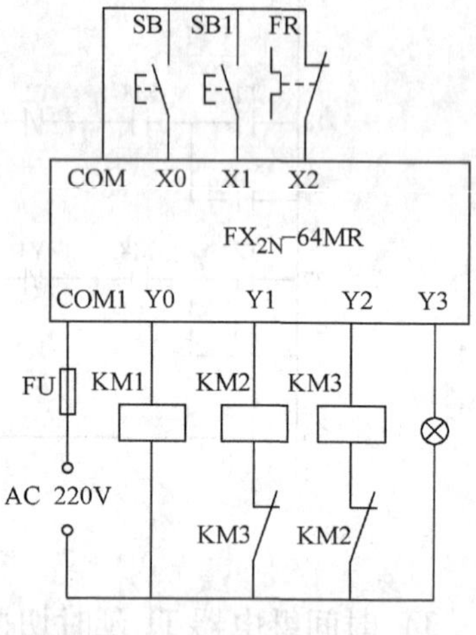

图4-41　输入、输出接线图

（2）程序编制。

1）利用SET/RST指令编程，梯形图如图4-42所示。

2）指令表，见表4-14。

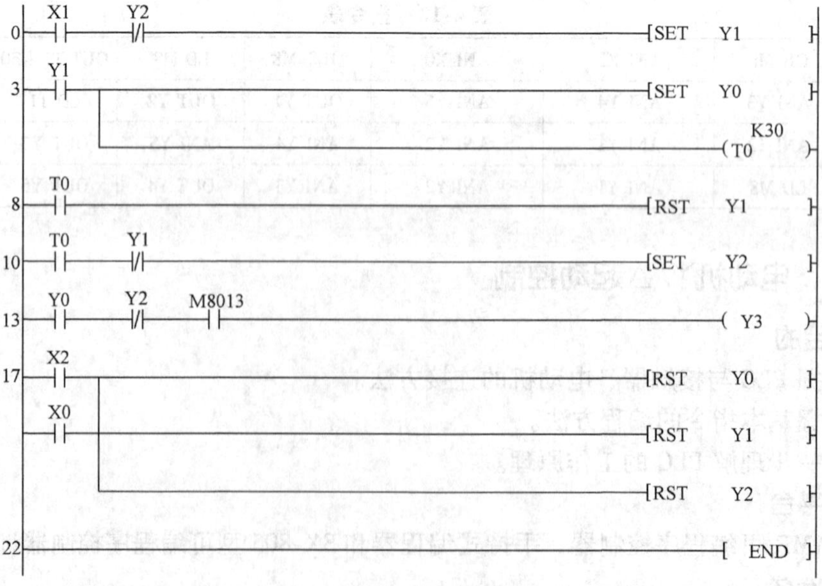

图4-42　梯形图

表 4-14　指令表

LD X1	ANI Y2	SET Y1	LD Y1	SET Y0	OUT T0 K30	LD T0	RST Y1
LD T0	ANI Y1	SET Y2	LD Y0	ANI Y2	AND M8013	OUT Y3	LD X2
OR X0	RST Y0	RST Y1	RST Y2	END			

（3）主电路接线图，如图 4-43 所示。

（4）操作步骤。

1）测试所用的元器件、设备及实验台，保障所用元器件、设备及实验台能正常使用。

2）指令输入与模拟调试。按前面的指令输入方法输入正确的指令后，将运行开关打到 RUN，按下起动按钮，这时 Y1、Y0 亮，3s 后 Y1 熄灭，同时 Y2 亮，在此期间 Y3 闪三次，当按下停止按钮或热继电器动作，将使其全部熄灭。

注意：练习时，要根据梯形图直接用编程器向主机写指令，尽量不要根据梯形图先写出指令，然后对照指令表，用编程器向主机一条一条地写入，这样既浪费时间又容易出错。

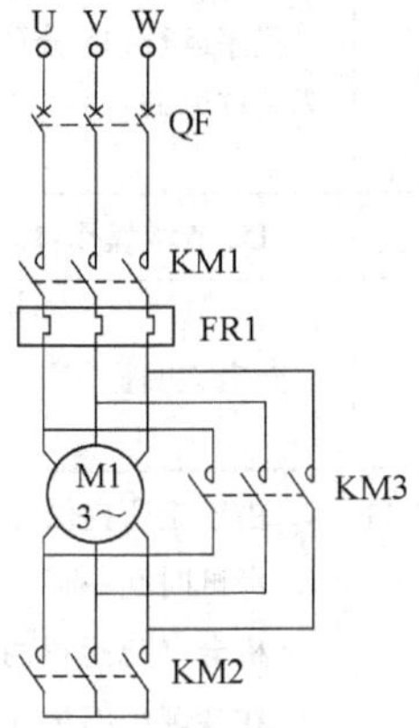

图 4-43　主电路接线图

3）电路连接与动态调试。模拟调试正确以后，按图 4-41 所示连接电路，然后进行空载调试。空载调试时，接触器能按控制要求动作，即按下起动按钮 SB1（X0）时，KM2（Y1）、KM1（Y0）闭合，3s 后 KM2 断开 KM3（Y2）闭合，起动期间指示灯（Y3）闪三次，当按下停止按钮 SB（X0）或热继电器 FR（X2）动作，则 KM1、KM3 断开。然后再按图 4-43 所示的主电路连接电动机，进行动态调试。

6. 故障分析

严格按上述操作步骤操作，否则，极易出现测试结果不正常。如果发现已坏元器件、设备，应提前更换或在编程时避免使用。

如出现不正常结果，则从输入端开始检查，检查输入开关、导线、接线端子、输入点、输出点、输出端子、输出保险、输出导线、输出元器件、设备、输出端电源等是否正常。另外，还需注意测试的操作程序和方法要符合生产规范和工艺过程。

7. 项目评分（见表 4-15）

表 4-15　项目评分表

考核时间定额：90 min

序号	考核内容及要求	评 分 标 准	扣分	得分	考评员签名
1	输入端、输出端的分配接线图:15 分	能正确画出分配图得 15 分 未注明输入端、输出端符号得 5 分			
2	编制梯形图:20 分	编制正确得 20 分 字母符号表示错误每处扣 2 分			
3	写出指令程序:10 分	指令正确得 10 分 每错一处扣 2 分			

（续）

序号	考核内容及要求	评分标准	扣分	得分	考评员签名
4	程序的输入操作:5分	能正确输入得5分			
5	程序的修改与调试操作:5分	能进行修改、调试得5分			
6	程序运行:35分(每人只有两次运行机会)	第一次运行正确得35分 第二次运行正确得20分 第二次运行不正确或放弃不得分			
7	PLC清零操作:10分	不清零不得分			
8	安全文明操作	违反安全文明操作由考评员视情况扣分,所有在场的考评员签名有效			

注：1. 由鉴定所提供三菱PLC，用输出指示灯显示结果。

2. 考试时间一到，所有考生必须停止操作，上交试卷，已输入完程序的考生等候考评员通知进场给予一次运行机会（已运行两次的除外）。

3. 在考评中因扣分易引起争议的项目，考评员应在扣分栏中写明原因。

注意事项

（1）控制电路使用220V交流电。

（2）操作步骤、方法要正确。

（3）程序编制要正确，灵活使用手编的程序检查和监视功能。

（4）观察运行效果要仔细、全面。

思考题

（1）通过实训，说明PLC控制的调试过程应注意什么？

（2）比较三种编程方法各自的优缺点。

（3）比较采用M8013的时序脉冲和定时器组成的多谐振荡电路的异同。

知识拓展

对于同一个控制要求，可以有多种编程方法来实现控制。下面提供另外两种编程的思路，此程序同样能实现控制功能。

方法一：利用主控指令MC/MCR编程，如图4-44所示。

说明：

1）该程序采用主控指令编程，可读性强，比较简单。

2）采用M8013的时序脉冲，使程序简化便于理解。

3）由于T0线圈是长期接通的，所以Y1线圈失电后Y2线圈得电。

指令表，见表4-16。

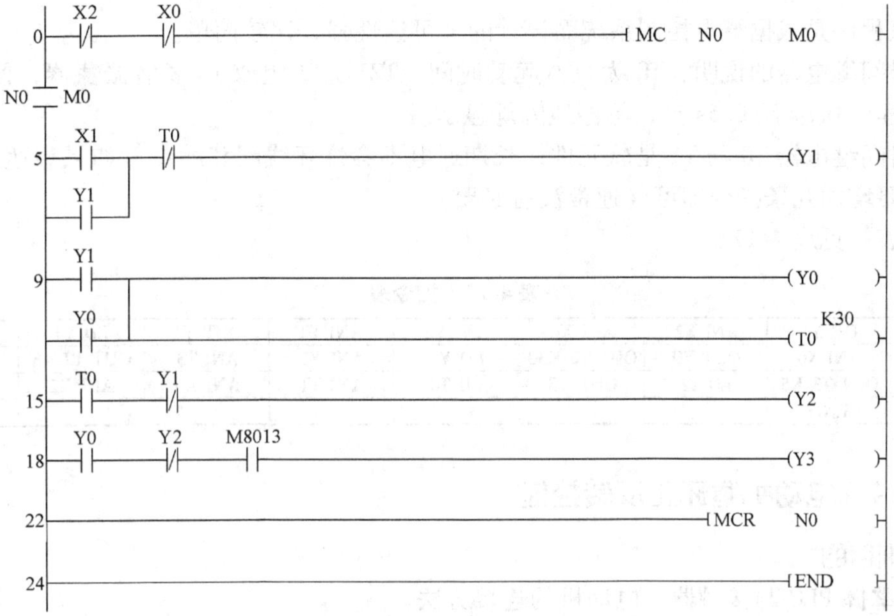

图 4-44　方法一梯形图

表 4-16　指令表

LD X2	ANI X0	MC N0 M0	LD X1	OR Y1	ANI T0	OUT Y1	LD Y1
OR Y0	OUT Y0	OUT T0 K30	LD T0	ANI Y1	OUT Y2	LD Y0	ANI Y2
AND M8013	OUT Y3	MCR N0	END				

方法二：一般编程法，如图 4-45 所示。

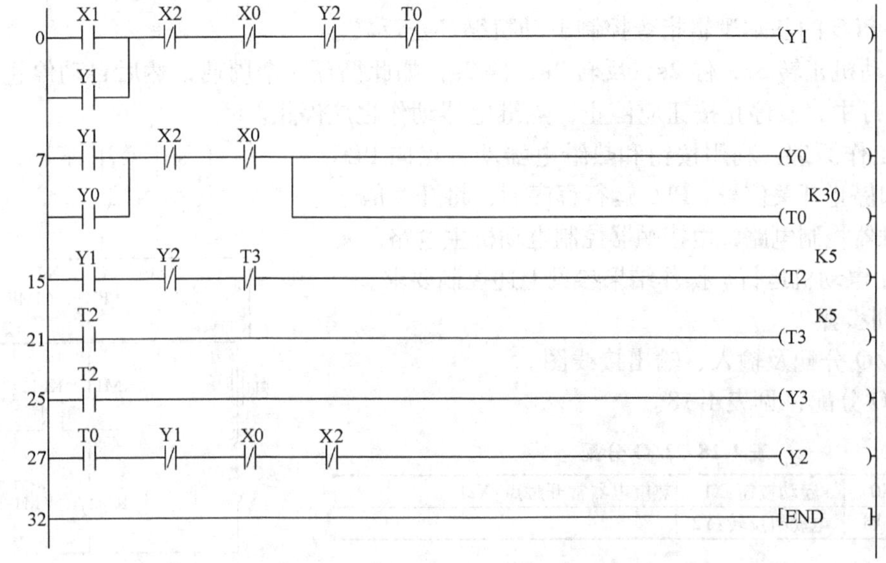

图 4-45　方法二梯形图

说明：

1）该程序是根据继电控制系统而设计的，可读性强，比较简单。

2）时间继电器的说明：T0 为Y/△起动时间，T2 与 T3 组成 1s 多谐振荡器，使信号 Y3 在起动过程中 0.5s 暗 0.5s 亮，不停地闪烁显示。

3）时间继电器 T0 与 T1 是软元件，长期通电不会烧坏线圈和触点，如果想达到长期不带电，只要增加几条指令即可（通常没有必要）。

指令表，见表 4-17。

表 4-17　指令表

LD X1	OR Y1	ANI X2	ANI X0	ANI Y2	ANI T0	OUT Y1	LD Y1	OR Y0
ANI X2	ANI X0	OUT Y0	OUT T0 K30	LD Y1	ANI Y2	ANI T3	OUT T2 K5	
LD T2	OUT T3 K5	LD T2	OUT Y3	LD T0	ANI Y1	ANI X0	ANI X2	
OUT Y2	END							

实训 4　电动机循环正反转控制

1. 实训目的

（1）掌握 PLC 与接触器、电动机的连接方法。

（2）掌握基本指令的编程方法。

（3）进一步理解 PLC 的工作原理。

2. 实训平台

FX_{2N}-64MR 可编程序控制器、手持式编程器和 SX-805 型可编程序控制器训练装置。

3. 实训准备

读者应在理解相关基本知识的基础上来进行实际操作，以免出现人身或设备事故。另外，还应自带万用表、小胶钳、螺钉旋具等工具。

4. 工作原理

（1）控制要求。

1）用 PLC 的基本逻辑指令控制电动机循环正反转。

2）电动机正转 3s，停 2s，反转 3s，停 2s，如此循环 5 个周期，然后自动停止。

3）运行中，按停止按钮应停止，热继电器动作也应停止。

（2）工作原理：利用按钮和热继电器动合点向 PLC 输入起动和停止开关信号。PLC 运行程序后，将开关信号输出到接触器控制电路，由接触器控制电动机主电路，实现 PLC 控制电动机运行。操作结果参见上述控制要求。

5. 实训步骤

（1）I/O 分配及输入、输出接线图。

1）I/O 分配，见表 4-18。

表 4-18　I/O 分配

停止按钮：X0	起动按钮：X1	热继电器常开触点：X2	
电动机正转：Y1	电动机反转：Y2		

2）输入、输出接线图，如图 4-46 所示。

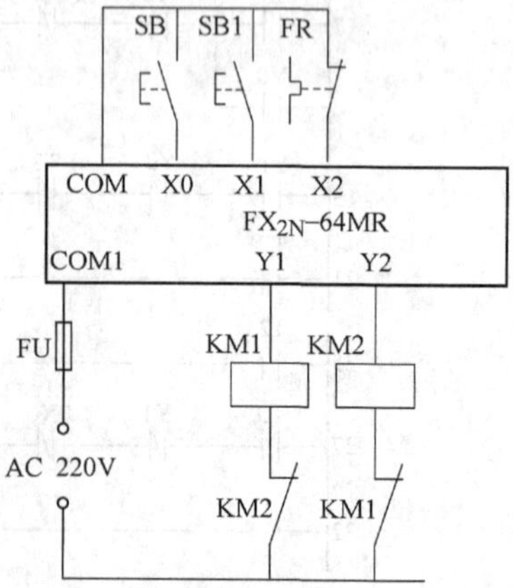

图 4-46　输入、输出接线图

（2）程序编制。

1）梯形图，如图4-47所示。

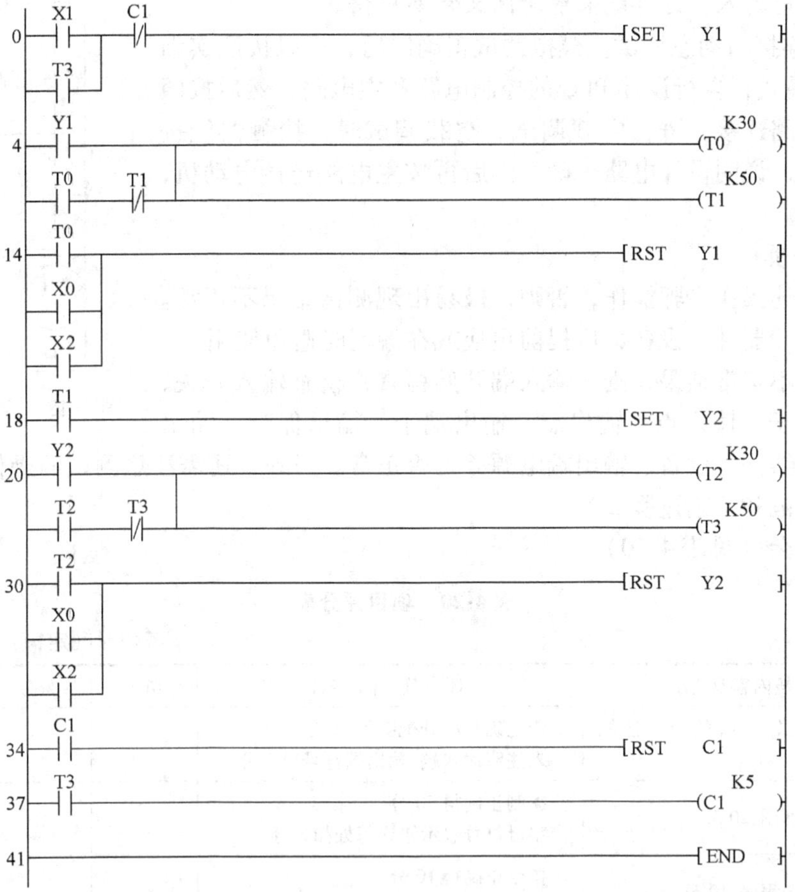

图4-47 梯形图

2）指令表，见表4-19。

表4-19 指令表

LD X1	OR T3	ANI C1	SET Y1	LD Y1	LD T0	ANI T1	ORB
OUT T0 K30	OUT T1 K50	LD T0	OR X0	OR X2	RST Y1	LD T1	SET Y2
LD Y2	LD T2	ANI T3	ORB	OUT T2 K30	OUT T3 K50	LD T2	OR X0
OR X2	RST Y2	LD C1	RST C1	LD T3	OUT C1 K5	END	

（3）主电路接线图，如图4-48所示。

（4）操作步骤。

1）测试所用的元器件、设备及实验台，保障所用元器件、设备及实验台能正常使用。

2）指令输入与模拟调试。按前面的指令输入方法，输入正确的指令后，将运行开关打到RUN，按下起动按钮，这时Y1亮3s后熄灭2s，然后Y2亮3s后熄灭2s，如此循环5次，在此期间，只要按下停止按钮或热继电器动作，将使其全部熄灭。

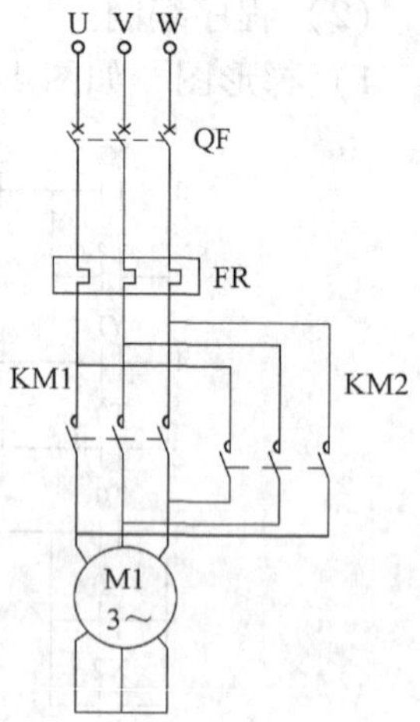

图 4-48　主电路接线图

注意：练习时，要根据梯形图直接用编程器向主机写指令，尽量不要根据梯形图先写出指令，然后对照指令表，用编程器向主机一条一条地写入，这样既浪费时间又容易出错。

3）电路连接与动态调试。模拟调试正确以后，可以按照实训2、实训3的模式，自行设计PLC的控制电路和主电路，然后按照自行设计的电路连接，进行空载调试。空载调试时，接触器能按控制要求动作，说明设计电路正确，然后再按主电路连接电动机，进行动态调试。

6. 故障分析

严格按上述操作步骤操作，否则，极易出现测试结果不正常。如果发现已坏元器件、设备，应提前更换或在编程时避免使用。

如果出现不正常结果，则从输入端开始检查，检查输入开关、导线、接线端子、输入点、输出点、输出端子、输出保险、输出导线、输出元器件、设备、输出端电源等是否正常。另外，还需注意测试的操作程序和方法要符合生产规范和工艺过程。

7. 项目评分（见表4-20）

表 4-20　项目评分表

考核时间定额：90 min

序号	考核内容及要求	评 分 标 准	扣分	得分	考评员签名
1	输入端、输出端的分配接线图:15分	能正确画出分配图得15分 未注明输入端、输出端符号得5分			
2	编制梯形图:20分	编制正确得20分 字母符号表示错误每处扣2分			
3	写出指令程序:10分	指令正确得10分 每错一处扣2分			
4	程序的输入操作:5分	能正确输入得5分			
5	程序的修改与调试操作:5分	能进行修改、调试得5分			
6	程序运行:35分(每人只有两次运行机会)	第一次运行正确得35分 第二次运行正确得20分 第二次运行不正确或放弃不得分			
7	PLC清零操作:10分	不清零不得分			
8	安全文明操作	违反安全文明操作由考评员视情况扣分,所有在场的考评员签名有效			

注：1. 由鉴定所提供三菱PLC，用输出指示灯显示结果。

2. 考试时间一到，所有考生必须停止操作，上交试卷，已输入完程序的考生等候考评员通知进场给予一次运行机会（已运行两次的除外）。

3. 在考评中因扣分易引起争议的项目，考评员应在扣分栏中写明原因。

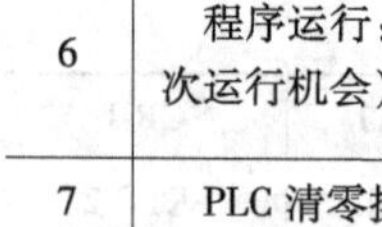

（1）控制电路使用220V交流电。

（2）操作步骤、方法要正确。

（3）程序编制要正确，灵活使用手编的程序检查和监视功能。

（4）观察运行效果要仔细、全面。

思考题

（1）通过对电路的设计，说明设计继电控制与 PLC 控制电路的异同。

（2）比较三种编程方法各自的优缺点。

（3）总结 PLC 程序设计与控制电路设计的思路与方法。

知识拓展

对于同一个控制要求，可以有很多种编程方法来实现控制。下面提供用计算机软件编制的程序，此程序同样能实现控制功能。

方法一：利用主控指令 MC/MCR 编程，梯形图如图 4-49 所示。

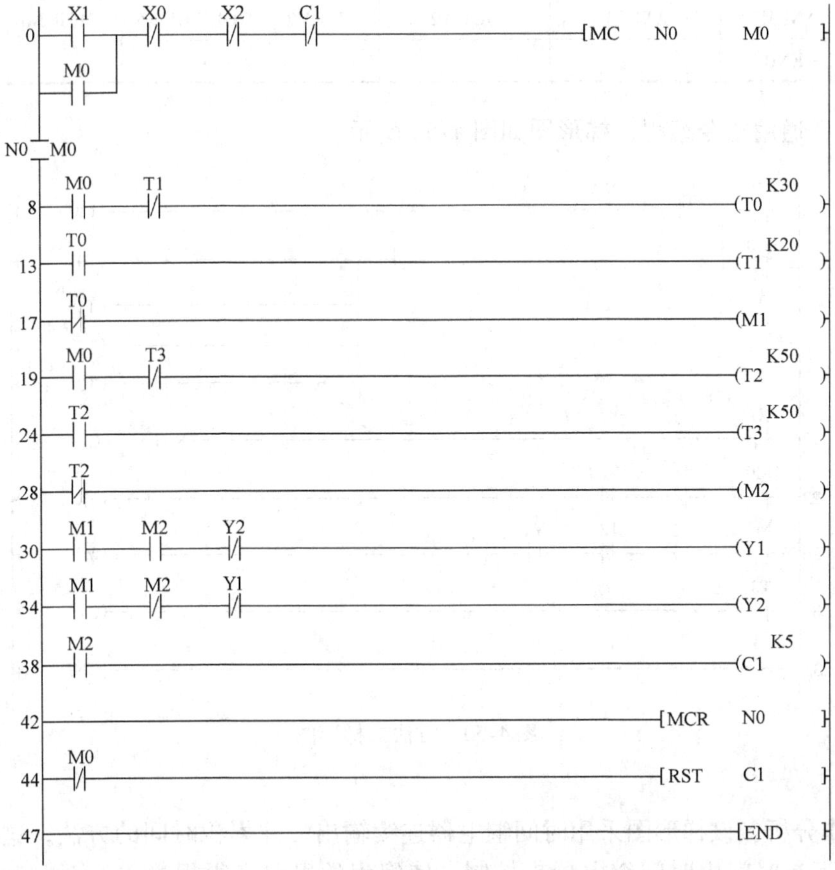

图 4-49　方法一梯形图

说明：

1）时间继电器 T0 的作用为电动机运行的时间：T0 = 3s。

时间继电器 T1 的作用为电动机停止的时间：T1 = 2s。

时间继电器 T2、T3 的作用为电动机正转或反转运行和停止时间之和，即 T2 = T3 = 5s。

2）辅助继电器 M1 作为电动机正转或反转运行时间的辅助继电器，即由 T0 时间继电器的动断点来控制 M1 线圈，而 M1 的动合点控制电动机的正反转线圈。辅助继电器 M2 作为电动机正转或反转运行时间之和的辅助继电器，即由 T2 时间继电器的动断点来控制 M2 线圈，M2 动合点控制电动机的正转线圈，M2 动断点控制电动机的反转线圈。

3）计数器 C1 的作用为电动机正反转循环次数，它由 M2 线圈的动合点置位。

4）计数器 C1 的复位由主控继电器 M0 线圈的动断点控制，即电动机一起动，M0 就有电，而它的动断点首先把 C1 复位。

指令表，见表 4-21。

表 4-21 指令表

LD X0	OR M0	ANI X1	ANI X2	ANI C1	MC N0 M0	LD M0	ANI T1
OUT T0 K30	LD T0	OUT T1 K20	LDI T0	OUT M1	LD M0	ANI T3	OUT T2 K50
LD T2	OUT T3 K50	LDI T2	OUT M2	LD M1	AND M2	ANI Y2	OUT Y1
LD M1	ANI M2	ANI Y1	OUT Y2	LD M2	OUT C1 K5	MCR N0	LDI M0
RST C1	END						

方法二：通用指令编程，梯形图如图 4-50 所示。

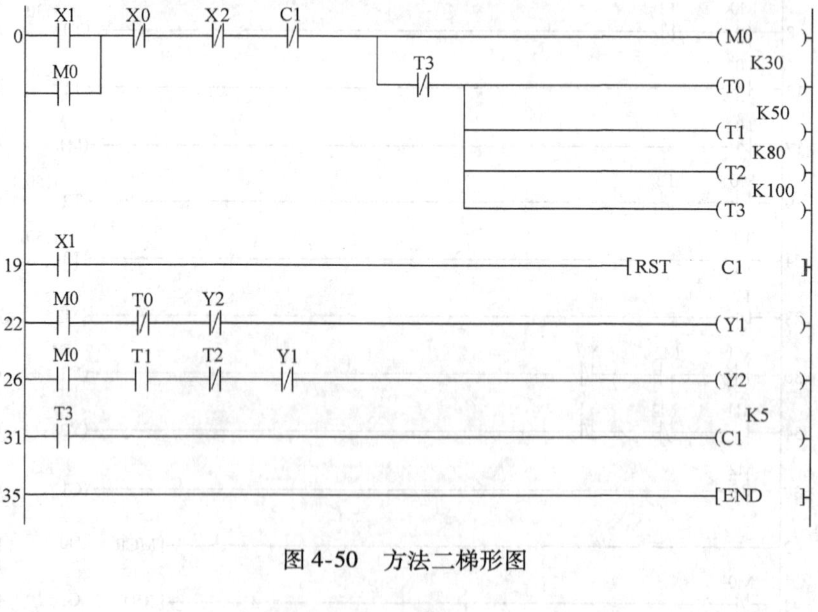

图 4-50 方法二梯形图

说明：

1）动作分析：该梯形图采用时间继电器连续输出，并累积时间的方法，这样可使电动机的正反转运行时间由时间继电器来控制，使编程的思路变得很简单，而电动机循环的次数，则由计数器来控制。

2）时间继电器 T0、T1、T2、T3 的作用如下：

电动机运行时间：$t_1 = 3s$；

电动机停止时间：$t_2=2s$。

T0 为 t_1 时间，所以 T0 = 3s；

T1 为 t_1+t_2 时间，所以 T1 = 5s；

T2 为 $t_1+t_2+t_1$时间，所以 T2 = 8s；

T3 为 $t_1+t_2+t_1+t_2$时间，所以 T3 = 10s。

3）计数器 C1：计数器 C1 可以用 X、Y、M、T、C 等元件来驱动，而且计数器 C1 必须先复位。

指令表，见表 4-22。

表 4-22　指令表

LD X1	OR M0	ANI X0	ANI X2	ANI C1	OUT M0	ANI T3	OUT T0 K30
OUT T1 K50	OUT T2 K80	OUT T3 K100	LD X1	RST C1	LD M0	ANI T0	ANI Y2
OUT Y1	LD M0	ANI T1	ANI T2	ANI Y1	OUT Y2	LD T3	OUT C1 K5
END							

实训 5　彩灯循环控制

1. 实训目的

（1）掌握 PLC 与彩灯的连接方法。

（2）掌握基本指令的编程方法。

（3）进一步理解 PLC 的工作原理。

2. 实训平台

FX_{2N}-64MR 可编程序控制器、手持式编程器和 SX-805 型可编程序控制器训练装置。

3. 实训准备

读者应在理解相关基本知识的基础上来进行实际操作，以免出现人身或设备事故。另外，还应自带万用表、小胶钳、螺钉旋具等工具。

4. 工作原理

（1）控制要求。

1）用 PLC 基本逻辑指令编程，控制红、绿、黄彩灯循环。

2）按钮控制起动，并有急停功能。

3）按规定组别进行循环点亮：①→②→③→④→⑤（⑤返回①）（循环次数及点亮时间由考评员现场指定）。组别见表 4-23。

表 4-23　彩灯组别

状态／组别	红	绿	黄
①	灭	灭	亮
②	亮	亮	灭
③	灭	亮	灭
④	灭	亮	亮
⑤	灭	灭	灭

（2）工作原理：利用按钮和热继电器动合点向PLC输入起动和停止开关信号。PLC运行程序后，将开关信号输出到彩灯控制电路，实现PLC控制彩灯显示。操作结果参见上述控制要求。

5. 实训步骤

（1）I/O分配及输入、输出接线图。

1）I/O分配，见表4-24。

表4-24　I/O分配

停止按钮:X0	起动按钮:X1	急停:X2
黄灯:Y0	绿灯:Y1	红灯:Y2

2）输入、输出接线图，请参考前面的实训练习自行画出。

（2）程序编制。

1）梯形图，如图4-51所示。

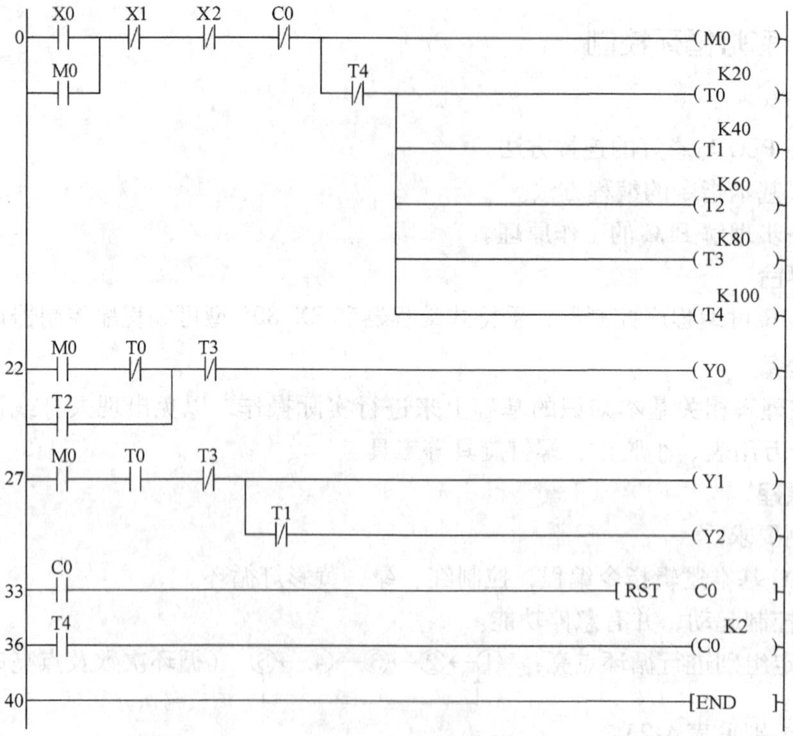

图4-51　梯形图

2）指令表，见表4-25。

表4-25　指令表

LD X0	OR M0	ANI X1	ANI X2	ANI C0	OUT M0	ANI T4	OUT T0 K20
OUT T1 K40	OUT T2 K60	OUT T3 K80	OUT T4 K100	LD M0	ANI T0	OR T2	ANI T3
OUT Y0	LD M0	AND T0	ANI T3	OUT Y1	ANI T1	OUT Y2	LD C0
RST C0	LD T4	OUT C0 K2	END				

（3）操作步骤。

1）测试所用的元器件、设备及实验台，保障所用元器件、设备及实验台能正常使用。

2）指令输入与模拟调试。按前面的指令输入方法，输入正确的指令后，将运行开关打到 RUN，按下起动按钮，这时各指示灯按如下点亮，Y0 亮 2s 后熄灭，然后 Y1、Y2 同时亮 2s 后熄灭，再 Y1 亮 2s 后熄灭，再 Y0、Y1 同时亮 2s 后熄灭，熄灭 2s，循环 2 次，在此期间，只要按停止按钮或热继电器动作，将使其全部熄灭。

注意：练习时，要根据梯形图直接用编程器向主机写指令，尽量不要根据梯形图先写出指令，然后对照指令表，用编程器向主机一条一条地写入，这样既浪费时间又容易出错。

3）电路连接与动态调试。模拟调试正确以后，按照实训 2、实训 3 的模式，自行设计 PLC 的控制电路，然后按照自行设计的电路连接，进行模拟调试。

6. 故障分析

严格按上述操作步骤操作，否则，极易出现测试结果不正常。如果发现已坏元器件、设备，应提前更换或在编程时避免使用。

如果出现不正常结果，则从输入端开始检查，检查输入开关、导线、接线端子、输入点、输出点、输出端子、输出保险、输出导线、输出元器件、设备、输出端电源等是否正常。另外，还需注意测试的操作程序和方法要符合生产规范和工艺过程。

7. 项目评分（见表 4-26）

表 4-26　项目评分表

考核时间定额：90 min

序号	考核内容及要求	评分标准	扣分	得分	考评员签名
1	输入端、输出端的分配接线图:15 分	能正确画出分配图得 15 分 未注明输入端、输出端符号得 5 分			
2	编制梯形图:20 分	编制正确得 20 分 字母符号表示错误每处扣 2 分			
3	写出指令程序:10 分	指令正确得 10 分 每错一处扣 2 分			
4	程序的输入操作:5 分	能正确输入得 5 分			
5	程序的修改与调试操作:5 分	能进行修改、调试得 5 分			
6	程序运行:35 分(每人只有两次运行机会)	第一次运行正确得 35 分 第二次运行正确得 20 分 第二次运行不正确或放弃不得分			
7	PLC 清零操作:10 分	操作不正确或未清零不得分			
8	安全文明操作	违反安全文明操作由考评员视情况扣分,所有在场的考评员签名有效			

注：1. 由鉴定所提供三菱 PLC，用输出指示灯显示结果。

2. 考试时间一到，所有考生必须停止操作，上交试卷，已输入完程序的考生等候考评员通知进场给予一次运行机会（已运行两次的除外）。

3. 在考评中因扣分易引起争议的项目，考评员应在扣分栏中写明原因。

注意事项

（1）操作步骤、方法要正确。

（2）程序编制要正确，灵活使用手编的程序检查和监视功能。

（3）观察运行效果要仔细、全面。

思考题

在生活中的哪些地方用到了彩灯控制？

实训6 数码管显示

1. 实训目的

（1）掌握 PLC 与数码管的连接方法。

（2）掌握基本指令的编程方法。

（3）进一步理解 PLC 的工作原理。

2. 实训平台

FX_{2N}-64MR 可编程序控制器、手持式编程器和 SX-805 型可编程序控制器训练装置。

3. 实训准备

读者应在理解相关基本知识的基础上来进行实际操作，以免出现人身或设备事故。另外，还应自带万用表、小胶钳、螺钉旋具等工具。

4. 工作原理

（1）控制要求。

1）用 PLC 基本逻辑指令编程，控制数码管显示数字 1、2、3。

2）程序开始后显示 1，延时 T_1 秒，显示 2，延时 T_2 秒，显示 3，按停止，程序停止。

3）需要连接数码管（数码管选用共阴极）。

（2）工作原理：利用按钮和热继电器动合点向 PLC 输入起动和停止开关信号。PLC 运行程序后，将开关信号输出到数码管控制电路，实现 PLC 控制数码管显示。操作结果参见上述控制要求。

5. 实训步骤

（1）I/O 分配及输入、输出接线图。

1）I/O 分配，见表 4-27 所示。

表 4-27 I/O 分配

起动按钮：X0	停止按钮：X1		
数码管 a、d、g：Y0	数码管 b：Y1	数码管 c：Y2	数码管 e：Y3

2）输入、输出接线图，请参考前面的实训自行画出。

（2）程序编制。

1）梯形图，如图 4-52 所示。

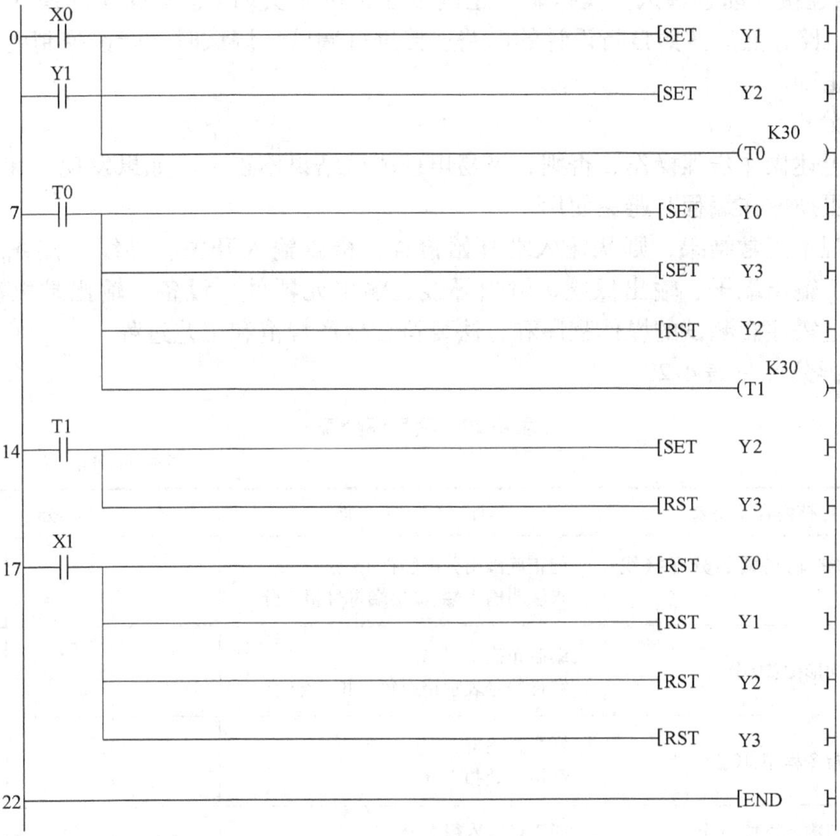

图 4-52 梯形图

2）指令表，见表 4-28。

表 4-28 指令表

LD X0	OR Y1	SET Y1	SET Y2	OUT T0 K30	LD T0	SET Y0	SET Y3
RST Y2	LD T1	SET Y2	RST Y3	LD X1	RST Y0	RST Y1	RST Y2
RST Y3	END						

（3）主电路接线图，请参考前面的实训自行画出。

（4）操作步骤。

1）测试所用的元器件、设备及实验台，保障所用元器件、设备及实验台能正常使用。

2）指令输入与模拟调试。按前面的指令输入方法输入正确的指令后，将运行开关打到 RUN，按下起动按钮，这时 Y1、Y2 亮 3s 后 Y2 熄灭，然后 Y0、Y1、Y3 亮 3s 后 Y3 熄灭，再 Y0、Y1、Y2 持续亮。在此期间，只要按停止按钮，将使其全部熄灭。

注意：练习时，要根据梯形图直接用编程器向主机写指令，尽量不要根据梯形图先写出指令，然后对照指令表，用编程器向主机一条一条地写入，这样既浪费时间又容易出错。

3）电路连接与动态调试。模拟调试正确以后，按照实训 2、实训 3 的模式，自行设计 PLC 的控制电路，然后按照自行设计的电路连接进行调试。调试时，能按控制要求动作，说明设计电路正确。

6. 故障分析

严格按上述操作步骤操作，否则，极易出现测试结果不正常。如果发现已坏元器件、设备，应提前更换或在编程时避免使用。

如果出现不正常结果，则从输入端开始检查，检查输入开关、导线、接线端子、输入点、输出点、输出端子、输出保险、输出导线、输出元器件、设备、输出端电源等是否正常。另外，还需注意测试的操作程序和方法要符合生产规范和工艺过程。

7. 项目评分（见表 4-29）

表 4-29　项目评分表

考核时间定额：90 min

序号	考核内容及要求	评　分　标　准	扣分	得分	考评员签名
1	输入端、输出端的分配接线图:15 分	能正确画出分配图得 15 分 未注明输入端、输出端符号得 5 分			
2	编制梯形图:20 分	编制正确得 20 分 字母符号表示错误每处扣 2 分			
3	写出指令程序:10 分	指令正确得 10 分 每错一处扣 2 分			
4	程序的输入操作:5 分	能正确输入得 5 分			
5	程序的修改与调试操作:5 分	能进行修改、调试得 5 分			
6	PLC、数码管接线:10 分	运行正确得 10 分 运行不正确不得分			
7	程序运行:35 分(每人只有两次运行机会)	第一次运行正确得 35 分 第二次运行正确得 20 分 第二次运行不正确或放弃不得分			
8	安全文明操作	违反安全文明操作由考评员视情况扣分,所有在场的考评员签名有效			

注：1. 由鉴定所提供三菱 PLC，用输出指示灯显示结果。

2. 考试时间一到，所有考生必须停止操作，上交试卷，已输入完程序的考生等候考评员通知进场给予一次运行机会（已运行两次的除外）。

3. 在考评中因扣分易引起争议的项目，考评员应在扣分栏中写明原因。

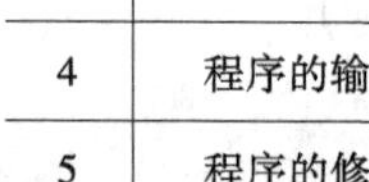

（1）操作步骤、方法要正确。

（2）程序编制要正确，灵活使用手编的程序检查和监视功能。

（3）观察运行效果要仔细、全面。

说明数码管显示电路设计都要注意些什么。

实训 7　正、反转能耗制动的 PLC 控制

1. 实训目的

（1）掌握 PLC 与接触器、电动机的连接方法。

（2）掌握基本指令的编程方法。

（3）进一步理解 PLC 的工作原理。

2. 实训平台

FX_{2N}-64MR 可编程序控制器、手持式编程器和 SX-805 型可编程序控制器训练装置。

3. 实训准备

读者应在理解相关基本知识的基础上来进行实际操作，以免出现人身或设备事故。另外，还应自带万用表、小胶钳、螺钉旋具等工具。

4. 工作原理

（1）控制要求。

1）用 PLC 的基本逻辑指令，实现可逆的能耗制动。

2）按 SB1，KM1 合，电动机正转。

3）按 SB2，KM2 合，电动机反转。

4）按 SB3，制动，KM1 或 KM2 都断开。

5）FR 动作，KM1 或 KM2 释放电动机自由停车。

（2）工作原理：利用按钮和热继电器动合点向 PLC 输入起动和停止开关信号。PLC 运行程序后，将开关信号输出到接触器控制电路，由接触器控制电动机主电路，实现 PLC 控制电动机运行。操作结果参见上述控制要求。

5. 实训步骤

（1）I/O 分配及输入、输出接线图。

1）I/O 分配，见表 4-30。

表 4-30　I/O 分配

正转起动按钮:X1	反转起动按钮:X2	停止按钮:X3	热继电器动合点:X4
电动机正转:Y1	电动机反转:Y2	电动机制动:Y3	

2）输入、输出接线图，请参考前面的实训自行画出。

（2）程序编制。

1）梯形图，如图 4-53 所示。

2）指令表，见表 4-31 所示。

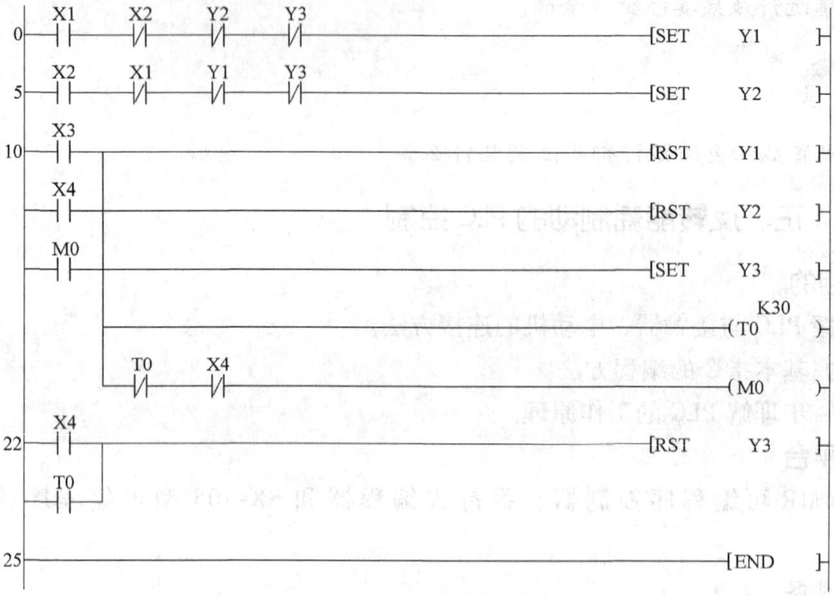

图 4-53 梯形图

表 4-31 指令表

LD X1	ANI X2	ANI Y2	ANI Y3	SET Y1	LD X2	ANI X1	ANI Y1
ANI Y3	SET Y2	LD X3	OR X4	OR M0	RST Y1	RST Y2	SET Y3
OUT T0 K30	ANI T0	ANI X4	OUT M0	LD X4	OR T0	RST Y3	END

（3）主电路接线图，请参考前面的实训自行画出。

（4）操作步骤。

1）测试所用的元器件、设备及实验台，保障所用元器件、设备及实验台能正常使用。

2）指令输入与模拟调试。按前面的指令输入方法输入正确的指令后，将运行开关打到 RUN，按下正转起动按钮，这时 Y1 亮，或按反转起动按钮则 Y2 亮。如果按停止按钮，则 Y3 亮，然后在 3S 后熄灭。在此期间，只要热继电器动作，将使其全部熄灭。

注意：练习时，要根据梯形图直接用编程器向主机写指令，尽量不要根据梯形图先写出指令，然后对照指令表，用编程器向主机一条一条地写入，这样既浪费时间又容易出错。

3）电路连接与动态调试。模拟调试正确以后，按照实训 2、实训 3 的模式，自行设计 PLC 的控制电路和主电路，然后按照自行设计的电路连接，进行空载调试。空载调试时，接触器能按控制要求动作，说明设计电路正确，然后再按主电路连接电动机，进行动态调试。

6. 故障分析

严格按上述操作步骤操作，否则，极易出现测试结果不正常。如果发现已坏元器件、设备，应提前更换或在编程时避免使用。

如果出现不正常结果，则从输入端开始检查，检查输入开关、导线、接线端子、输入点、输出点、输出端子、输出保险、输出导线、输出元器件、设备、输出端电源等是否正常。另外，还需注意测试的操作程序和方法，要符合生产规范和工艺过程。

7. 项目评分（见表 4-32）

表 4-32　项目评分表

考核时间定额：90 min

序号	考核内容及要求	评 分 标 准	扣分	得分	考评员签名
1	输入端、输出端的分配接线图:15 分	能正确画出分配图得 15 分 未注明输入端、输出端符号得 5 分			
2	编制梯形图:20 分	编制正确得 20 分 字母符号表示错误每处扣 2 分			
3	写出指令程序:10 分	指令正确得 10 分 每错一处扣 2 分			
4	程序的输入操作:5 分	能正确输入得 5 分			
5	程序的修改与调试操作:5 分	能进行修改、调试得 5 分			
6	程序运行:35 分(每人只有两次运行机会)	第一次运行正确得 35 分 第二次运行正确得 20 分 第二次运行不正确或放弃不得分			
7	PLC 清零操作:10 分	操作不正确或未清零不得分			
8	安全文明操作	违反安全文明操作由考评员视情况扣分,所有在场的考评员签名有效			

注：1. 由鉴定所提供三菱 PLC，用输出指示灯显示结果。
2. 考试时间一到，所有考生必须停止操作，上交试卷，已输入完程序的考生等候考评员通知进场给予一次运行机会（已运行两次的除外）。
3. 在考评中因扣分易引起争议的项目，考评员应在扣分栏中写明原因。

（1）控制电路使用 220V 交流电。

（2）操作步骤、方法要正确。

（3）程序编制要正确，灵活使用手编的程序检查和监视功能。

（4）观察运行效果要仔细、全面。

说明本题与前面正反转循环运行的区别。

模块5 变配电技术

5.1 变配电技术基础

电力系统是由发电厂、变电所、输电网、配电网以及用户所组成的发、供、用的一个整体。变配电站是接受电能和分配电能并改变电压等级的枢纽，是发电厂到用户的重要环节。本节的学习目的在于了解和读懂变配电站的一次接线图并掌握停、送电时隔离开关、断路器的操作原则，为下一节变配电倒闸操作实训做准备。

5.1.1 变配电站的电气主接线

5.1.1.1 变配电站的电气主接线简述

电力系统按作用的不同可分为一次系统和二次系统。一次系统是电力网中电能传输的通路，其中的所有电气设备，称为一次元件或一次设备；二次系统则是辅助电路，用来测量、控制、保护和自动调节一次设备的运行，其中的所有设备，称为二次元件或二次设备。在变配电站中，相应地有主接线（又称为一次接线或主电路）和二次接线（又称为二次回路）。

二次接线与一次接线之间是通过电压互感器和电流互感器相连接的，互感器一次侧接于主电路，二次侧接于二次电路，互感器属一次设备。

变配电站的电气主接线是由变压器、断路器、隔离开关、互感器、母线和电缆等电气设备按一定的规律连接，用以表示接受、汇集和分配电能的电路。按照国家标准中规定的电气系统图图形符号和文字符号来表示电气设备之间的相互关系的工程图，叫做变配电站主接线图（也称为一次接线图）。

电气主接线图通常画成单线图的形式，它表示三相对称电气设备中一相连接的规律，这样可使接线图简单清楚。在个别情况下，三相电路中的设备不一定对称（如互感器），则用三线图表示。图中电气设备的图形符号均表示各种电气设备处于无电压的状态，而断路器和隔离开关是处于断开位置。为了看图容易起见，图上只绘出系统的主要元件及相互间的连接。表5-1所示为各种常用电气设备的文字与图形符号。

在电力系统中，变压器、开关电器等元器件，由于维修、改变运行方式或发生故障时，须将它们接入或退出，因而要进行一系列操作。例如，在正常情况下，要能可靠地接通和开断电路；在改变运行方式时，要能灵活地进行切换操作；在电路发生故障的情况下，须能迅速切断故障电路，以提高电力系统运行的可靠性。

主接线的选择应满足可靠性、经济性、灵活性和安全性的要求。可靠性是指根据系统和用户的要求，应能满足对不同负荷的不中断供电，且保护装置在正常运行时不误动、发生事故时不拒动，可以尽可能地缩小停电范围，保证在各种运行方式下供电的可靠性。经济性是指使主接线的初投资和运行情况达到最经济的程度。灵活性是指主接线应力求简单、清晰，没有多余的电气设备。安全性是指在倒闸操作时，要保证安全以及能在安全条件下进行维护检修工作。

表 5-1　电气主接线的主要电气设备文字与图形符号

电气设备名称	文字符号	图形符号	电气设备名称	文字符号	图形符号
断路器	QF		阀形避雷器	F	
负荷开关	QL		电力变压器	T	
隔离开关	QS		母线及母线引出线	WB	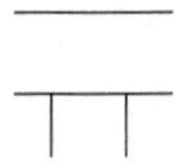
熔断器	FU	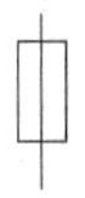	电流互感器	TA	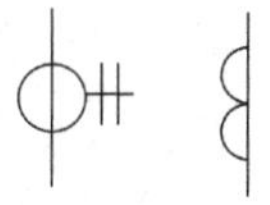
跌开式熔断器	FU		电压互感器	TV	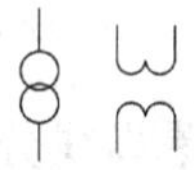
低压断路器（低压空气开关）	QF		电抗器	L	
刀开关	QK		移相电容器	C	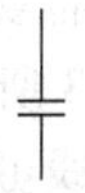
熔断器式开关	FU-QK		电缆及其端头	WL	

5.1.1.2　变配电站电气主接线的基本形式

变配电站的电气主接线的具体形式主要有单母线接线和双母线接线两种。母线接线形式的选择可根据用户的重要程度来确定。

1. 单母线接线　单母线接线又分为单母线不分段和单母线分段两种形式。

(1) 单母线不分段接线。图 5-1 所示为不分段单母线接线图。图中每一负载都通过一台断路器和两台隔离开关接到同一组母线上。断路器用于开断负荷电流和故障电流。隔离开关有两种，靠近母线侧的称为母线侧隔离开关，用于隔离母线电源，检修断路器；靠近线路侧的称为线路侧隔离开关，用于防止检修断路器时倒送电，以保证检修人员的安全。这种接线结构简单，设备用量少，便于扩建，造价低。缺点是供电可靠性低，母线及母线侧隔离开关等任一元件发生故障或检修时，均需使整个配电装置停电。因此，单母线不分段接线通常适用于小容量和对可靠性要求不太高的用户。

（2）单母线分段接线。图5-2所示为单母线分段接线。这种接线采用分段开关（断路器或隔离开关）将母线分为两段，电源和用户线路分别接于母线的两个分段上。采用这种接线，可使因故障或检修而停电的范围局部化。分段的数目决定于电源的个数和功率的大小。通常情况下，分段的数目应等于电源数。母线分段后可进行分段检修，当一段母线发生故障时，由于分段断路器QF1在继电保护作用下自动将故障段迅速切除，从而保证了正常母线段不间断供电和避免了重要用户停电。

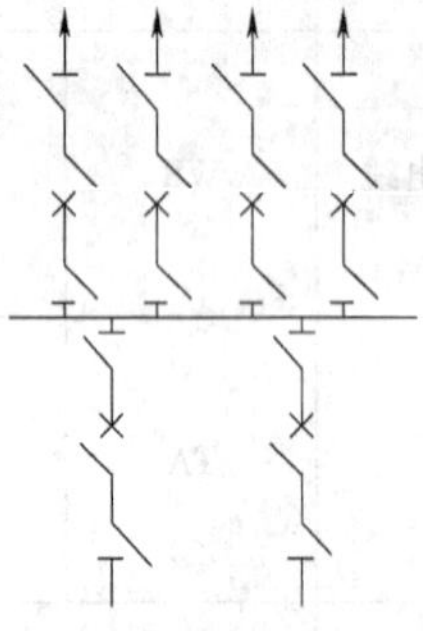

图5-1　单母线不分段接线

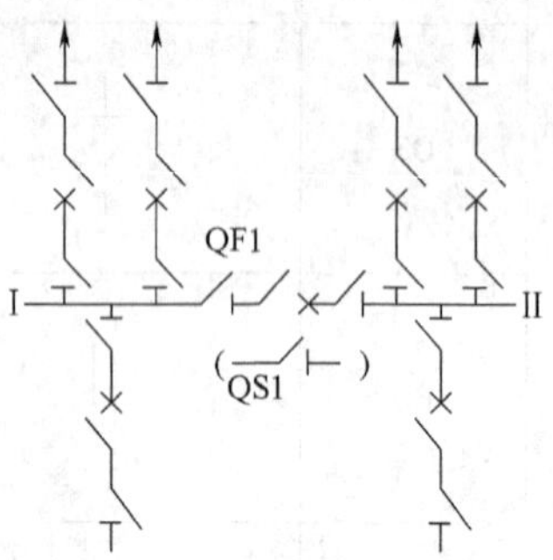

图5-2　单母线分段接线

单母线分段接线既具有单母线接线简单明显、方便经济的优点，又在一定程度上提高了供电可靠性。但它的缺点是当一段母线隔离开关发生故障或检修时，该段母线上的所有回路都要长时间停电。

2. *双母线接线及双母线分段接线*　单母线及单母线分段接线的主要缺点是在母线或母线侧隔离开关发生故障或检修时，连接在该母线上的回路都要在发生故障或检修期间长时间停电，而双母线接线可以克服这两种接线的缺点，对用户供电具有较高的可靠性和灵活性，如图5-3所示。这种接线，每一回路都通过一台断路器和两组隔离开关连接到两组母线上，两组母线可同时工作，并通过母线联络断路器并联运行。两组母线也可以一组作为工作母线，另一组作为备用母线，正常工作时，工作母线上的隔离开关是接通的，备用母线上的隔离开关是断开的。

如图5-4所示是双母线分段接线，这种接线方式使所有的线路和电源相应地分配在两组

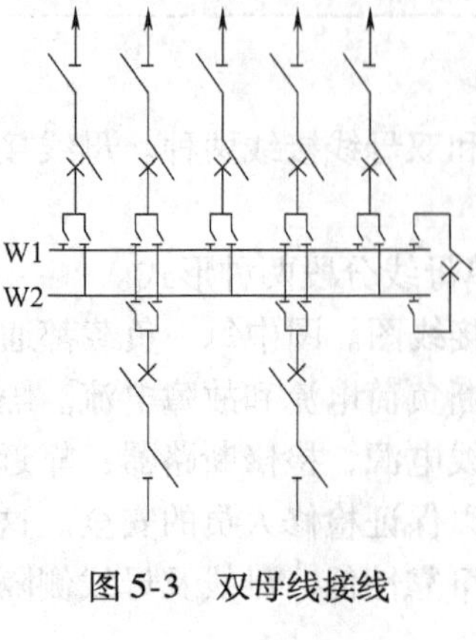

图5-3　双母线接线

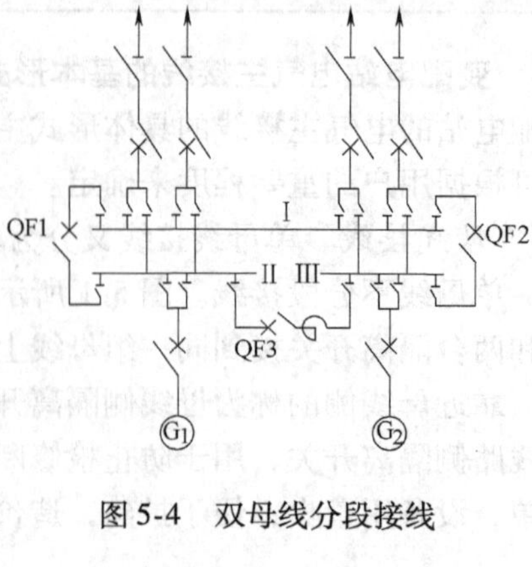

图5-4　双母线分段接线

母线上，避免在母线范围内发生短路时，所有电源都被切除，从而中断对全部用户的供电。双母线分段接线，使运行方式具有较大的灵活性和优越性，进一步缩小了故障影响的范围。通常，对于重要用户可采用双母线分段的接线方式。

双母线接线及双母线分段接线与单母线分段接线比较，具有如下优点：可轮换检修母线或母线隔离开关而不致使供电中断；检修任一回路的母线或母线隔离开关时，只停该回路；母线发生故障后，能迅速恢复供电；各电源和回路的负荷可任意分配到某一组母线上，可灵活调度以适应系统各种运行方式和潮流变化；便于向母线左右任意一个方向顺延扩建。

5.1.1.3 电气接线图中的设备编号

1. 母线类编号

(1) 单母线不分段时，编号为3号母线。

(2) 单母线分段时，编号为4号及5号母线。

(3) 双母线时，分别编号为4号母线及5号母线。

(4) 旁路母线时，35~220kV级均为编号为6号母线，10kV级编号为1号母线。

(5) 母线编号方位顺序，电源侧和左侧母线编号为4号；负荷侧和右侧母线编号为5号(面向电源)。

2. 开关编号

(1) 220kV开关，字头（即该电压等级代号）为22。变压器开关为01、02、……（如2201为220kV的1号变压器开关)；线路开关为11、12、……（如2211为220kV的1路进线开关)。

(2) 110kV开关，字头为1。变压器开关为01、02、……（如101为110kV的1号变压器开关)；线路开关为11、12、……（如112为110kV的2路进线开关)。

(3) 35kV开关，字头为3。变压器开关为01、02、……（如302为35kV的2号变压器开关)；线路开关为1、2、3、……（如32为35kV的2路进线开关)。

(4) 10kV开关，字头为2。变压器总开关或进线开关为01、02、……（如201为10kV的1路进线开关或1号变压器二次总开关)；4号母线的出线开关为11、12、……（如211为4号母线上的开关)；5号母线的出线开关为21、22、……（如221为5号母线的出线开关)。

(5) 6kV开关的字头为6。变压器的二次总开关或进线开关为01、02、……（如601为6kV的1路开关或1号变压器二次开关)；4号母线的出线开关为11、12、……（如611为4号母线上的开关)；5号母线的出线开关为21、22、……（如621为5号母线的出线开关)。

(6) 0.4kV开关，字头为4。变压器二次总开关或进线开关为01、02、……（如401为0.4kV的1路进线开关或1号变压器二次总开关)；4号母线的出线开关为11、12、……(如411为4号母线上的开关)；5号母线的出线开关为21、22、……（如421为5号母线的出线开关)。

(7) 联络开关的字头与各级电压的开关代号相同，后面两位数字为母线号。

例如，220kV 4号和5号母线之间的联络开关为2245。110kV 4号和5号母线之间的联络开关为145。35kV 4号和5号母线之间的联络开关为345。10kV 4号和5号母线之间的联络开关为245。6kV 4号和5号母线之间的联络开关为645。0.4kV 4号和5号母线之间的联络开关为445。

(8) 电抗器开关的编号为00，前面加变压器的编号。例如，1号变压器出口电抗器的旁路开关为100，2号变压器出口电抗器的旁路开关为200。

(9) 开关编号方位顺序，面向电源，从左开始，沿母线向右顺序编号。

3. 刀开关类编号

(1) 线路（进线或出线）侧刀开关和变压器侧刀开关为2，前面加母线或该回路开关编号。例如，31—2（代表35kV进线或出线的线路侧刀开关号，也是31开关的附属刀开关）；301—2（代表1号变压器侧刀开关，也是301开关的附属刀开关）。

(2) 母线侧刀开关按母线号。例如，201—4（代表4号母线侧刀开关，也是201开关的附属刀开关）。601—5（代表5号母线侧刀开关，也是601开关的附属刀开关）。

(3) 电压互感器刀开关为9，前面加以母线号或开关号。例如，49（代表4号母线上电压互感器刀开关号）；59（代表5号母线上电压互感器刀开关号）；111—9（代表接于111开关线路侧的电压互感器刀开关号）；201—9（代表接于201开关线路的电压互感器刀开关号）。

(4) 避雷器的刀开关编号为8，原则上与电压互感器相同。

(5) 变压器中性点接地刀开关为7，前面加变压器号。

此编号方法仅供参考，具体编号时，应遵照当地电力部门的规定原则。

5.1.2 倒闸操作

5.1.2.1 倒闸操作简述

电力系统中运行的电气设备，常常遇到检修、调试及消除缺陷的工作，这就需要改变电气设备的运行状态或改变电力系统的运行方式。当电气设备由一种状态转换到另一种状态或改变电力系统的运行方式时，需要进行一系列的操作，这种操作叫做电气设备的倒闸操作。

1. 设备运行状态的分类

(1) 运行状态。变配电设备运行状态是指回路中的断路器和隔离开关都处于合闸位置，从电源到设备受电端是完全接通的。

(2) 检修状态。变配电设备检修状态是指回路中的断路器和隔离开关都处于分闸位置，电源到设备受电端之间有明显的、完全的断开点。而且，设备两侧挂了临时遮栏，悬挂了相应的标示牌，即设备处于停电检修状态。

(3) 热备用状态。变配电设备热备用状态是指回路中的隔离开关处于合闸位置，断路器处于分闸位置，运行值班人员一经受令操作断路器，便可使电源与设备受电端之间完全接通，投入运行状态。

(4) 冷备用状态。变配电设备冷备用状态是指回路中的断路器和隔离开关都处于分闸位置，该设备与其他带电部分之间有明显的断开点。而且，合闸、信号控制回路也应完全断开。

2. 电力系统倒闸操作的主要内容

(1) 电力线路的停、送电操作。

(2) 电力变压器的停、送电操作。

(3) 发电机的起动、并列和解列操作。

（4）电网的合环与解环操作。

（5）母线接线方式的改变（倒母线操作）。

（6）中性点接地方式的改变。

（7）继电保护和自动装置使用状态的改变。

（8）接地线的安装与拆除等。

上述绝大多数操作任务是靠拉、合某些断路器和隔离开关来完成的（断路器和隔离开关被称为开关电器）。此外，为了保证操作任务的完成和检修人员的安全，需取下、放上某些断路器的操作熔断器和合闸熔断器，这两种设备被称为保护电器，在操作过程中也像开关电器一样被频繁操作。

3. 倒闸操作的必备条件

（1）要有考试合格并经主管部门领导批准的操作人和监护人。

（2）现场一、二次设备要有明显标志，包括命名、编号、铭牌、转动方向、切换位置指示以及区别电气相别的颜色。

（3）要有与现场设备和运行方式相符合的一次系统模拟图和二次回路原理展开图。

（4）除事故处理外的正常操作要有确切的调度命令、工作任务和合格的操作票。

（5）要有统一的、确切的操作术语。

（6）要有合格的安全工具和设施。

5.1.2.2 倒闸操作的基本知识

1. 隔离开关的作用　在高压电网中，隔离开关的主要功能是，当断路器断开电路后，由于隔离开关的断开，使有电与无电部分造成明显的断开点，起到辅助断路器的作用。由于断路器触头位置的外部指示器既不直观，又不能绝对保证它的指示与触头的实际位置相一致，所以用隔离开关把有电与无电部分明显隔离是非常必要的。此外，隔离开关具有一定的自然灭弧能力，常用在电压互感器和避雷器等电流很小的设备投入和断开上，以及一个断路器与几个设备的连接处，使断路器经过隔离开关的倒换更为灵活方便。

2. 操作隔离开关的基本要领　在手动合上隔离开关时，应迅速而果断。但在合闸行程终了时，不能用力过猛，以防损坏绝缘子或合闸过头。在合闸过程中，如果产生电弧，则要毫不犹豫地将隔离开关继续合上，禁止再将隔离开关拉开。

当使用隔离开关进行以下操作，例如切断小容量变压器的空载电流，切断一定长度的架空线路、电缆线路的充电电流，用隔离开关进行解环操作等时，均会产生一定长度的电弧，此时应迅速将隔离开关拉开，以便尽快灭弧。

3. 允许用隔离开关进行的操作　各变电所（站）的现场运行规程中，一般均明确规定本站允许用隔离开关进行操作的设备（回路）。这是因为在这些情况下用隔离开关分、合时所产生的电弧可以自行熄灭，一般允许用隔离开关进行的操作如下：

（1）分、合无故障的电压互感器和避雷器。

（2）分、合无接地故障的系统变压器的中性点。

（3）分、合有直接旁路（即并联回路）电流。

（4）分、合励磁电流小于2A的空载变压器和充电电流不超过5A的空载线路。但当电压在20kV以上时，应使用户外垂直分合式三联隔离开关。

（5）分、合电压在10kV及以下，电流小于70A的环路均衡电流。

（6）在既有断路器，又有隔离开关的回路中，正常情况下必须用断路器来完成切、合电路的任务。

4. 高压断路器的操作　高压断路器具有灭弧能力，能切断负荷电流和故障电流，是进行倒闸操作的主要设备。断路器的正确操作可以保证系统的安全运行和操作的顺利进行。在使用断路器进行操作时，一般应注意以下几个问题：

（1）用断路器分、合时，运行值班人员应从各方面检查判断断路器触头的实际位置与外部指示是否相符合。一般来说，其自身的机械指示位置比电气控制回路的红、绿灯指示更为可靠。当然，值班人员还应根据断路器所在回路的指示仪表的指示及系统内的其他特征来帮助判断断路器触头的实际位置。

（2）电力系统运行方式改变时，应认真核对相关断路器安装处的开断容量是否满足要求，还要检查安装处的断路器重合闸容量是否符合要求。

（3）在断路器合闸前，还要检查该断路器是否达到允许故障开断次数。一般情况下，禁止将超过开断次数的断路器继续投入运行。

（4）检修后的断路器，在投入运行前应检查各项指标是否符合规定要求，禁止将检修后不合格的断路器投入运行。

5.1.2.3　倒闸操作的原则与步骤

1. 倒闸操作的原则　为了保证倒闸操作的正确性，操作时必须按照一定的顺序进行。通常的操作原则如下。

（1）送电时：先合母线侧隔离开关——再合负荷侧隔离开关——最后合断路器。

（2）停电时：先拉断路器——再拉负荷侧隔离开关——最后拉母线侧隔离开关。

实际操作时中间还有很多项目，由于操作任务种类繁多，这就需要对各种操作制订相应的操作顺序，根据操作原则，安排一条正确而合理的操作途径。

2. 倒闸操作的步骤

（1）予受操作任务。

1）值班人员接受调度预发令时要记录齐全，清楚调度员所发任务的操作目的，然后根据记录逐项向调度员复诵，核对无误。

2）值班人员接受工作任务票后，应认真审核工作票所列安全措施是否正确完备，是否符合现场条件，对工作票中所列内容要清楚明了。

（2）操作人员填写操作票。

1）接令人根据调度员（或工作票）所发任务的要求，值班负责人先核对模拟图和现场设备运行实际情况后，向操作人员交待清楚，操作人要弄清目的，核对模拟图及有关图纸资料，拟写操作票。

2）操作票应按顺序使用，操作票填写的操作顺序不可颠倒，字迹要清楚，如果写错应注明“作废”字样。

3）操作人填好操作票后，先自己审票，再交监护人审票。

（3）正值（监护人）审票。

1）审票人根据调度员所发的操作任务或工作票的任务核对模拟图逐项审核，对上一班预开的操作票，即使不在本班操作也必须认真审核。

2）审票时如果发现错误，必要时可与有关调度员或工作票签发人联系核对，该票需注明“作废”，并写明作废原因，由操作人签名后留存再由操作人重新开票。

（4）调度发布正式操作令。调度员发布操作任务和操作命令，正值（监护人）接令，并按填写好的操作票中任务向发令调度员复诵，经双方确认无误后，在操作票上记录调度发出的“发令时间和发令人”。没有接到“操作命令”，不得进行操作。

（5）监护人和操作人相互考问和事故预想。监护人与操作人相互考问和事故预想的内容有：操作目的和要求、操作中可能发生哪些现象和应注意的安全事项等。

（6）模拟操作、核对操作的正确性。操作前操作人、监护人应先在模拟图上按照操作票上所列操作项目顺序唱票、预演，并逐项核对模拟图，模拟时切记要注意操作中是否有带负荷侧隔离开关等情况，决不能流于形式。

（7）对工具的准备和核查。操作人准备必要的安全用具、工具、钥匙，并检查绝缘手套、靴子、绝缘棒、验电器等是否合格，监护人应进行核查。

（8）进入操作现场。操作人在前、监护人在后，到达操作现场后，核对设备名称、编号和设备的实际状态；检查正确后，操作人站在操作位置上，监护人核对操作人所站位置与设备名称、编号正确无误，必要的安全用具确已用上；监护人填写操作开始时间。

（9）监护人唱票、操作人操作。

1）监护人按照操作票上所列操作顺序高声唱票，每次只准唱一项。

2）操作人手指操作设备、核对设备名称、编号和运行状态正确，逐项高声复诵并做假手势，复诵完毕；监护人听、看到操作人复诵无误后，发出“对！执行”的命令，操作“操作防误装置”正确后，便可进行操作。

3）每操作一项后，均应在现场检查操作的正确性，然后由监护人勾票。操作人需看清勾票步骤和内容；勾票时不得勾出格或先勾后操作；监护人勾票后，并同操作人看下一项操作内容；最后一项操作完毕后，操作人、监护人应在现场复查操作票上全部操作项目完成的正确性。

（10）完成操作、全面检查和记录时间。完成操作后，操作人与监护人对设备进行全面检查，监护人记录操作结束时间，操作人收好操作用具等。

（11）汇报调度，盖“已执行”章和记录。监护人汇报发令调度员，并在操作票上加盖“已执行”印章；操作人填写好有关记录。

（12）总结操作全过程的正确性，并作出相互评价。

5.1.2.4 操作票的填写方法

操作票由操作人根据值班调度员下达的操作任务、值班负责人下达的命令或工作票的工作要求填写。填写前操作人应了解本设备的运行方式和运行状态，对照模拟图安排操作项目，填写操作票应符合以下规定。

（1）每张操作票只能填写一个操作任务，操作票中任务栏内应写双重名称，操作项目栏中只要填写设备编号即可。每个变电所不允许有相同的设备编号。

（2）操作票应统一编号，连号使用，不得丢失。操作票要用钢笔或圆珠笔填写，字迹清楚。操作票中的设备双重编号、有关参数时间、操作动词不许涂改。其他如有个别错漏字需要改动时，应做到被改的字和改后的字都清楚，并要求在操作票上写明调度任务票号码，以备核对。

（3）操作票应由当班操作人填写，正值或值班负责人审核，但对接班1h内所进行的操作，操作票可由上一班值班员填写和审核。操作票的填写以调度命令和现场当时的运行方式为准，填写人与审核人应对操作票的正确性负责，并分别在操作票备注栏内签名和做好交接。接班人员在操作之前，应对操作票进行审核并分别签名和对所需进行的操作正确性负责。

（4）下列各项应填入操作票内。

1）应拉合的断路器和隔离开关。

2）检查断路器、隔离开关的位置。

3）检查接地线是否拆除。

4）检查负荷分配。

5）装拆接地线。

6）放上或取下控制回路或电压互感器回路熔断器。

7）切换保护回路和检验是否确无电压等。

8）继电保护整定值的更改等。操作票中投入或退出保护，要写明连接片号。

（5）下列各项工作可以不用操作票。

1）事故处理。

2）拉合断路器的单一操作。

3）拉开接地隔离开关或拆除全所仅有的组接地线。

上述操作应记入操作记录簿内。

5.1.2.5　倒闸操作举例

如图5-5所示为某变电所一次电气主接线图，现以此图为例，列举几种倒闸操作方式。

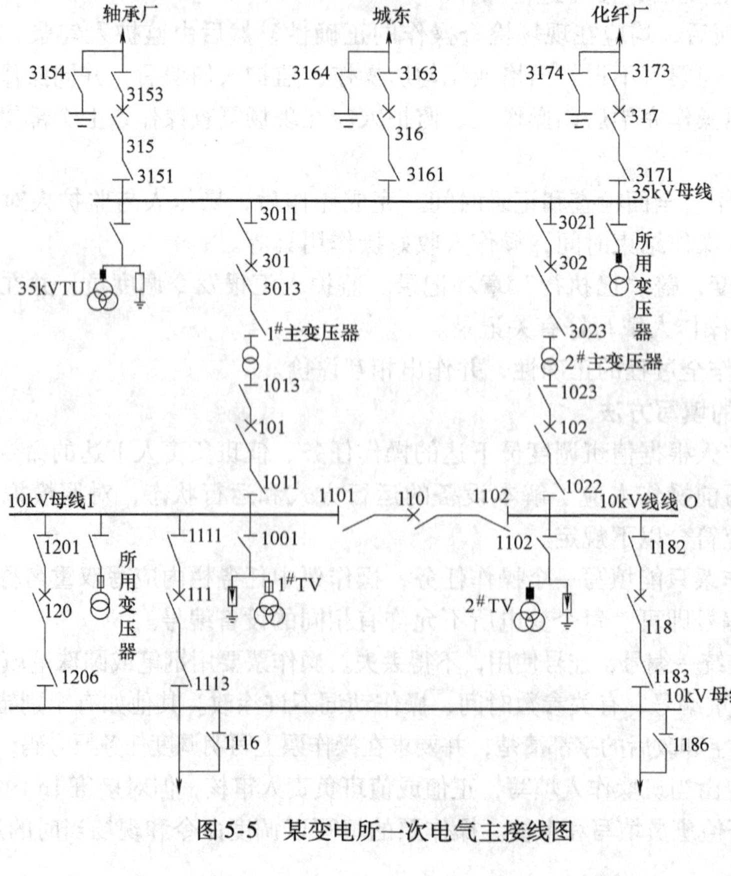

图5-5　某变电所一次电气主接线图

1. 变压器检修操作实例

如图5-5所示，2#主变压器停电检修，操作票见表5-2。

表5-2　2#主变压器停电检修操作票

操作开始时间：　年　月　日　时　分　操作终了时间：　年　月　日　时　分

操作任务：将35kV2#主变压器由运行转为检修

记号打勾(√)	顺　序	操　作　项　目	操作时间
	1	检查负荷在2#主变压器停电后1#主变压器不过负荷	
	2	拉开102断路器	
	3	拉开302断路器	
	4	检查102断路器确已拉开,并取下102断路器合闸熔断器+FU、-FU	
	5	拉开1023隔离开关,检查确已拉开	
	6	拉开1022隔离开关,检查确已拉开	
	7	检查302断路器确已拉开,并取下302断路器合闸熔断器+FU、-FU	
	8	拉开3023隔离开关,检查确已拉开	
	9	拉开3021隔离开关,检查确已拉开	
	10	取下102断路器控制熔断器3FU、4FU	
	11	取下302断路器控制熔断器1FU、2FU	
	12	在3023隔离开关主变压器侧验明三相确无电压后挂1#接地线1组	
	13	在3023操作手柄上挂“已接地”、“禁止合闸”、“有人工作”标示牌	
	14	在1023隔离开关主变压器侧验明三相确无电压后挂2#接地线1组	
	15	在1023操作手柄上挂“已接地”、“禁止合闸”、“有人工作”标示牌	
	16	报告发令人,操作完毕	
备　注			

操作人：　　监护人：　　值班负责人：　　发令人：

注：+FU、-FU为断路器直流合闸回路的熔断器。

变压器因计划检修或变压器运行中发生异常时，需要进行停电操作，即将变压器由运行状态转为检修状态。

对主变压器的停电，在一般情况下，退出一台变压器前要先考虑负荷的重新分配问题，以保证运行的另一台变压器不过负荷。那么操作票的第一项应是检查负荷分配，其目的是确定2#主变压器停电1#主变压器不会过负荷。此项操作可通过主变压器电源侧的电流表指示来确定。

变压器停电时，也要根据先停负荷侧、后停电源侧的原则，图5-5中的102断路器为主变压器10kV侧断路器，也就是负荷侧断路器；302断路器为2#主变压器35kV侧断路器，也就是电源侧2#断路器。

根据上述原则，操作的第二项应是拉开102主变压器断路器，使变压器先进入空载运行状态；然后拉开主变压器302高压侧断路器；最后拉开各侧隔离开关，变压器才退出运行。

2. 线路检修操作实例　如图5-5所示，35kV轴承厂线315线路由运行转为检修，操作票见表5-3。

表 5-3　线路检修操作票

操作开始时间：年　月　日　时　分　操作终了时间：　年　月　日　时　分

操作任务：将 35kV 轴承厂线 315 线路由运行转为检修

记号打勾(√)	顺　序	操　作　项　目	操作时间
	1	拉开 315 断路器，并检查断路器确已拉开	
	2	取下 315 断路器合闸熔断器 + FU、- FU	
	3	拉开 3153 隔离开关，检查确已拉开	
	4	拉开 3151 隔离开关，检查确已拉开	
	5	在 3153 隔离开关的出线侧验明三相确无电压后，合上 3154 接地隔离开关	
	6	报告发令人，操作完毕	
备　注			

操作人：　监护人：　值班负责人：　发令人：

3. 断路器检修操作实例　如图 5-5 所示，35kV 城东线 316 断路器由运行转为检修，操作票见表 5-4。

表 5-4　断路器检修操作票

操作开始时间：　年　月　日　时　分　操作终了时间：　年　月　日　时　分

操作任务：将 35kV 城东线 316 断路器由运行转为检修

记号打勾(√)	顺　序	操　作　项　目	操作时间
	1	拉开 316 断路器，并检查断路器确已拉开	
	2	取下 316 断路器合闸熔断器 + FU、- FU	
	3	拉开 3163 隔离开关，检查确已拉开	
	4	拉开 3161 隔离开关，检查确已拉开	
	5	在 316 断路器与 3163 隔离开关侧之间验明三相确无电压后，挂 1# 接地线 1 组	
	6	在 316 断路器与 3161 隔离开关侧之间验明三相确无电压后，挂 2# 接地线 1 组	
	7	报告发令人，操作完毕	
备　注			

操作人：　监护人：　值班负责人：　发令人：

从表 5-4 和表 5-3 看出，断路器检修与线路检修的区别在于装设接地线位置不同。

4. 断路器由检修转为运行操作实例　如图 5-5 所示，35kV 城东线 316 断路器由检修转为运行，操作票见表 5-5。

上述列举了几例操作票的填写方法。由于各变电所主接线的差异和检修工作的不同要求，操作票也各有不同，因而要正确填写各种操作票就必须在掌握了操作原则和操作顺序的基础上举一反三，灵活运用。

电气设备的倒闸操作是一项十分严谨的工作，它涉及到电力系统一次设备的运行方式改变。能否正确进行倒闸操作将直接影响着电网的安全，本节的内容是掌握电力系统的基础。

表5-5　断路器检修转为运行操作票

操作开始时间：年　月　日　时　分　操作终了时间：　年　月　日　时　分

操作任务：将35kV 城东线316 断路器由检修转为运行

记号打勾(√)	顺　序	操　作　项　目	操作时间
	1	拆除316 断路器与3161 隔离开关侧之间2#接地线1 组	
	2	拆除316 断路器与3163 隔离开关侧之间1#接地线1 组	
	3	放上316 断路器控制器熔断器2FU、1FU	
	4	检查316 断路器确在分闸位置	
	5	合上3161 隔离开关,检查确已合上	
	6	合上3163 隔离开关,检查确已合上	
	7	放上316 断路器合闸熔断器 +FU、-FU	
	8	合上316 断路器,检查确已合上	
	9	报告发令人,操作完毕	
备　注			

操作人：　监护人：　值班负责人：　发令人：

5.2　变配电技术实训

变配电技术是中级电工必须掌握的一项基本技能，因此，本模块选取了如下典型的实训，旨在通过实训，达到以下目的：一是掌握低压主回路的主接线图的绘制及低压配电系统各开关柜的作用；二是掌握倒闸操作的方法并学会填写倒闸操作票。

实训　高低压配电线路的操作及低压主电路绘制

1. 实训目的

(1) 读懂高、低压配电系统模拟板的主接线图。

(2) 了解高、低压配电系统的工作过程。

(3) 掌握倒闸操作的技术原则。

(4) 掌握倒闸操作方法，并学会填写倒闸操作票。

(5) 掌握备用电源的切换投入过程。

(6) 学会绘制低压主电路的主接线图。

(7) 读懂低压主电路的主接线图。

(8) 掌握低压配电系统各开关柜的作用。

(9) 了解低压配电系统运行的一般要求。

(10) 了解低压电器运行维修中的注意事项。

2. 实训平台

低压配电柜一组。

3. 实训准备

学员应在理解相关基本知识的基础上来进行实际操作，以免出现人身或设备事故。

4. 工作原理

(1) 控制要求。

1）填写 35kV 或 10kV 某项倒闸操作票（操作票格式正确、操作票顺序正确、操作票内容正确）。

2）在模拟板上按操作票内容操作。

3）简述变压器的调压方式。

4）低压回路的实际测绘。

5）对照实物讲述进线柜、计量柜、补偿柜、配电柜的作用。

6）在模拟板上回答问题。

(2) 工作原理。操作的相关知识如下。

1）停电操作必须从低压到高压依次进行。停电拉闸必须用断路器切断电路，在检查断路器确在断开位置后，先拉负荷侧刀开关，后拉母线侧刀开关。

2）送电操作必须先从高压侧对变压器或线路送电，然后依次从高压到低压送电。送电合闸时则先合母线侧刀开关，后合负荷侧刀开关，最后合上断路器，将电路接通。

3）备用电源投入。

① 应先弄清楚主电源与备用电源相序是否一致。一般情况为避免事故，应先断开主电源，再投入备用电源。

② 对于一类负荷，主电源和备用电源的相序是一致的，倒闸切换时可将备用电源直接投入后，再断开主电源。

4）变压器调压方式分为以下两种。

① 分接头无载调压。调压时必须先停变压器，然后拨动分接开关。

② 有载调压。有载调压是变压器在带负荷运行中，手动或自动变换一次分接头以改变一次线圈匝数，进行分级调压。对有载调压变压器进行调压时，将有载调压操作控制器设置为“自动”或“手动”。自动运行时，需要在控制器设定输出的（低压）额定电压，它会自动跟踪运行；手动运行时，应将调压控制器置于“手动”，通过按键可选择需要的（低压）电压。

5）倒闸操作票的制定与填写。执行某一操作任务，首先要掌握电气主接线的运行方式、保护配置、电源及负荷的功率分布情况，然后依据命令的内容填写操作票，填写操作票应注意以下几点。

① 变电运行中的倒闸操作，一般可归纳为三大类：线路倒闸操作（如断路器、线路停电与检修等）、变压器倒闸操作（如主变压器、互感器等）和母线倒闸操作。

② 设备停电检修，必须把各方面电源完全断开，禁止在只经断路器断开的电源设备上工作，在被检修设备与带电部分之间有明显的断开点。

③ 安排操作项目时，要符合倒闸操作的基本规律和技术原则，各操作项目不允许出现带负荷拉隔离开关的可能性。

④ 装设接地线前必须先在该处验电，并详细地写在操作票上。

⑤ 要注意一张操作票只能填写一个操作任务。所谓一个操作任务是指根据同一个操作

命令且为了相同的操作项目而进行不间断的倒闸操作过程。

⑥ 单项命令是指变电所值班员在接受调度员的操作命令后所进行的单一性操作。

主电路绘制的相关知识如下。

1）低压配电系统的设备组成及作用。低压配电系统的设备主要包括进线柜、计量柜、补偿柜、配电柜、联络柜等。进线柜是通断变压器低压侧到低压配电屏的主要装置，它主要是由断路器和刀开关组成，其母线上穿有计量回路的电流互感器。计量柜是计量电能的装置，是由电力部门安装校验，分有功计量和无功计量，有功计量是实际用电量乘以电流互感器的倍数，按照峰、谷、平电价收费；无功计量是衡量用户单位负载功率因数情况，无功计量超过电力部门规定的数值，就要被罚款。补偿柜是对感性负载进行无功功率补偿的装置，由许多电容器组、接触器、无功功率自动补偿器组成。配电柜是由许多断路器对多路低压负载供电的组合装置。联络柜是对多路电源进行切换和连接的装置。

2）低压配电系统运行的一般要求。

① 低压配电装置应统一编定配电柜的编号，并标明负荷名称及容量，同时应与低压系统操作模拟图板上的编号对应一致。

② 低压配电装置所控的负荷，必须分路清楚，避免一闸多控和混淆。同时应将重要负荷与一般负荷分开，以便于运行和维护检修工作。

③ 低压控制电器的额定容量应与受控负荷实际需要相匹配，各级保护装置的选择和整定，均应符合动作选择性的要求。母线、导线或电缆的截流量必须满足系统负荷的需要。

④ 低压配电装置上的仪表及信号指示灯、报警装置应完好齐全。仪表的精度和互感器的规格应与用电设备容量或实际负荷相匹配。

⑤ 开关的操作手柄、按钮、锁键等操作部件所标示的“合”、“分”、“运行”、“停止”等字样应与设备的实际运行状态相对应。

⑥ 装有低压电源自投系统的配电装置，应定期做投切试验，检验其动作的可靠性。两个电源的联络装置处，应有明显的标志。当联锁条件不同时具备的时候，不能投切。

⑦ 低压配电装置与自备发电设备的联锁装置应动作可靠。严禁自备发电设备与电力网私自并联运行。

⑧ 断路器、交流接触器以及刀开关在通电运行以前，均应测校三相的同期性，并检查触头压力是否满足要求。开关的灭弧罩，必须三相齐备且完好，否则应退出运行。

⑨ 低压配电装置前后左右操作维护的通道上应铺设绝缘垫，同时严禁在通道上堆放其他物品。

⑩ 低压配电装置前后左右应设置固定的照明装置且齐备完好，必要时或重要场所的配电装置应设事故照明。

⑪ 低压配电室应设置与实际相符的操作模拟图板和系统接线图，其低压电器的备品、备件应齐全完好，并应分类存放于取用方便的地方。同时应配备安全用具和携带式检测仪表。

⑫ 低压配电装置的安装和试验应符合电气装置安装工程施工及验收规范的要求，低压配电装置应按周期巡视、检查、清扫、检修及试验。

3）低压系统主回路的绘制要求。低压系统主回路的绘制主要是根据低压系统主要设备按单线图形式绘制其系统一次接线图。绘制的系统图应含有低压配电系统的设备并注明电源进线方向。

5. 实训步骤

模拟操作步骤：

（1）根据图 5-6 中所示低压供电系统模拟板图，填写 2#低压变电站 QS6 线路的停电操作票（见表 5-6）。

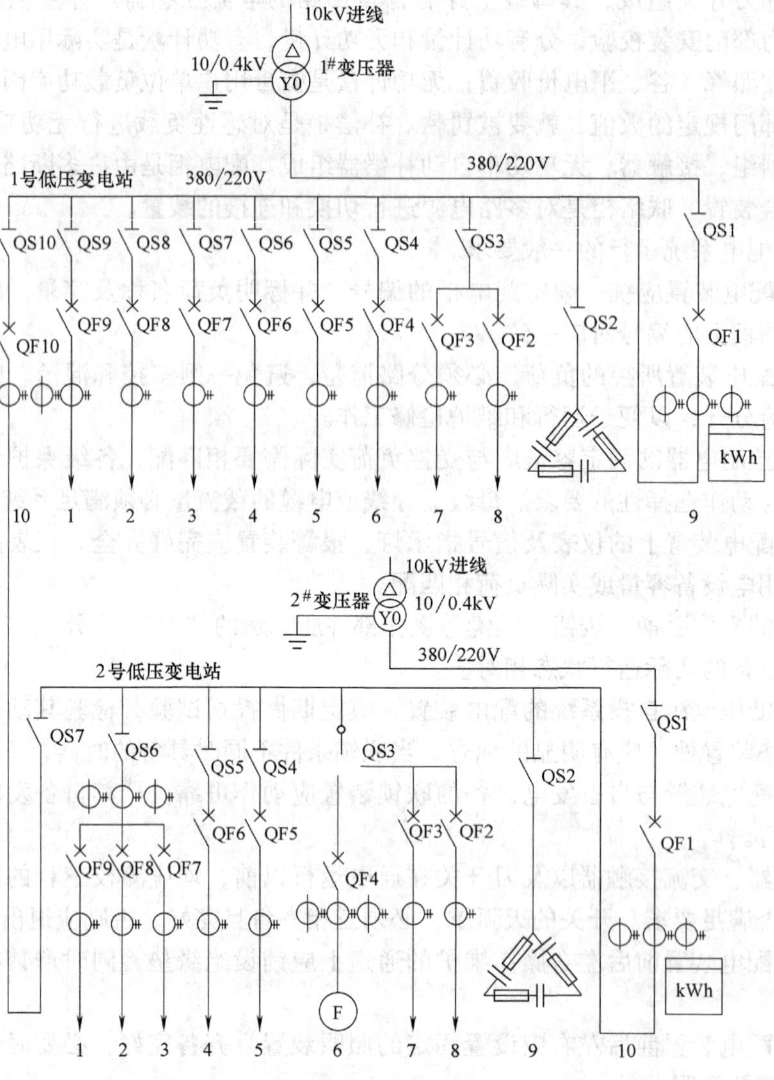

图 5-6　低压供电系统模拟板图

注：图中 F 是发电机。

（2）根据图 5-7 中所示高压供电系统模拟板图，填写 2#主变压器由运行转为检修的操作票。

绘制步骤如下：

（1）仔细观察低压配电柜装置。

（2）掌握配电柜各部分的联络关系。

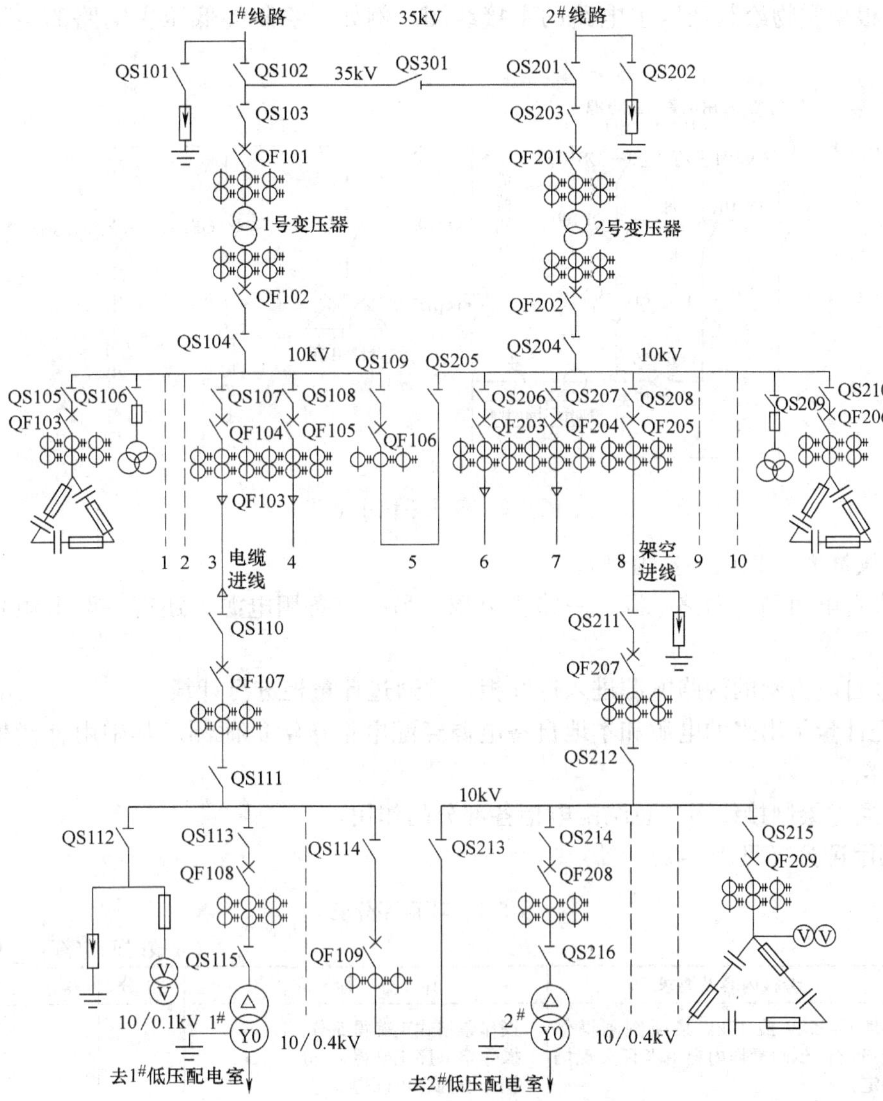

图 5-7 高压供电系统模拟板图

表 5-6 低压配电线路倒闸操作票

操作开始时间：年 月 日 时 分 操作终了时间： 年 月 日 时 分

操作任务：400V Ⅱ段 QS6 线路停电

记号打勾(√)	顺 序	操 作 项 目	操作时间
	1	拉开 QF7 断路器,检查 QF7 断路器确在开位	
	2	拉开 QF8 断路器,检查 QF8 断路器确在开位	
	3	拉开 QF9 断路器,检查 QF9 断路器确在开位	
	4	拉开 QS6 刀开关,检查 QS6 刀开关确在开位	
	5	在 2#低压变电站 QS6 下方三相验电确无电压	
	6	在 2#低压变电站 QS6 下方装设 1 号接地线一组	
	7	在 2#低压变电站 QS6 操作手柄上挂“禁止合闸,有人工作”的标识牌	
	8	报告发令人,操作完毕	
备 注		已执行章	

（3）根据实物绘制低压主电路的主接线图。例如，绘制的低压主电路的主接线图如图5-8所示。

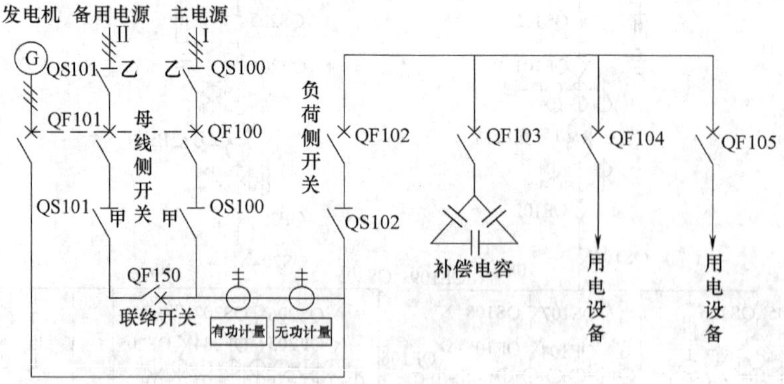

图5-8　低压系统主电路

（4）读懂图（以图5-8为例）。

1）来自电力网有两路电源，一路主电源，另一路备用电源，还有一路电源是本地自备发电电源。

2）来自电力网的两路电源进入进线柜，并通过计量柜进行计量。

3）经计量柜出来的电源和本地自备电源经配电柜送给负荷侧，其中由补偿柜对无功功率进行补偿。

（5）通过绘制接线图，总结配电柜各部分的作用。

6. 项目评分（见表5-7）

表5-7　项目评分表

考核时间定额：90 min

序号	考核内容及要求	评分标准	扣分	得分	考评员签名
1	填写35kV或10kV某项倒闸操作票:35分(倒闸操作内容由考评员现场指定)	操作票格式正确得5分 操作票顺序正确得10分 操作票内容正确得20分			
2	在模拟板上按操作票内容操作:15分	能按操作票内容正确操作得15分 操作错误不得分			
3	简述变压器的调压方式:10分	全部正确得10分 只有一种正确得5分			
4	低压电路的实际测绘:25分	测绘完全正确得25分 符号表示不规范每处扣5分;最高不超过25分			
5	对照实物讲述进线柜、计量柜、补偿柜、配电柜的作用:5分	由考评员现场指定其中一种: 讲述正确得5分			
6	在模拟板上回答问题:10分(共2个)	由考评员现场提问: 每答对一个得5分			
7	安全文明操作	违反安全文明操作由考评员视情况扣分,所有在场的考评员签名有效			

注：1. 考试时间一到，所有考生必须停止答题，上交试卷。

2. 在考评中因扣分易引起争议的项目，考评员应在扣分栏中写明原因。

（1） 模拟操作注意事项。

1） 变配电系统停、送电的操作必须严格按照操作程序执行。

2） 停、送电倒闸操作顺序不能弄错，否则会造成事故。倒闸操作时必须由两人执行。

3） 操作票填写前应先编号，按照编号顺序使用，作废的操作票应注明“作废”字样，已执行的操作注明“已执行”的字样，上述操作票保存三个月。

（2） 绘制注意事项：绘制的低压主电路的主接线图应与实际电路一致。低压电器在运行维修中必须保证所有接点（包括辅助触头和接地端子）与导线的连接紧固可靠，应利用停运或停电时经常检查并紧固。低压电器更换时，必须使用与原来元器件规格相同的合格产品，不得随意更改。如没有合适备件而采用其他规格代用时，应经过批准。低压配电系统的操作必须按操作规程执行，并严格巡视、检查、检修和试验。各类低压电器运行中应注意的事项如下：

1） 刀开关。

① 没有灭弧罩的刀开关不能切断负荷电流，只能切断较小的负荷电流或空载电流。因此，一般应与断路器、熔断器或接触器配合使用。送电时，先合刀开关，后合断路器或接触器；停电时，先拉断路器或接触器，后拉刀开关。

② 带灭弧罩的刀开关可切断额定电流，但只能不频繁操作。

③ 带灭弧罩的熔断器式刀开关可切断额定电流，并用熔断器切断短路电流组合电器，一般与接触器配合使用。

④ 除刀熔开关外，刀开关可与接触器配合使用。刀开关与接触器配合使用时必须装设熔断器或者直接使用熔断器式刀开关。刀开关断开的负荷电流，不应大于制造厂容许的额定电流，其所配用的熔断器和熔丝的额定电流，不得大于刀开关的额定电流。

⑤ 刀开关与熔断器组合时，只能控制10kW以下的小型电动机或负荷。

⑥ 用带有灭弧罩的刀开关切断负荷电流时，必须迅速拉闸。

2） 断路器（自动空气开关）。

① 断路器的整定分过负荷整定和短路整定两种，运行时应按周期核校整定值。

② 运行中应保证灭弧罩的完好，严禁无灭弧罩或使用破损的灭弧罩。

③ 框架式断路器的结构较复杂，除接线正确可靠外，机械传动机构应灵活可靠，运行中可在转动部涂少许润滑油。脱扣线圈吸合不好时，可在线圈铁芯的下面垫以薄片，以减小衔铁与铁芯的距离而增大引力。

3） 交流接触器。

① 运行中必须保证接线正确可靠、保证灭弧罩的完整。

② 接触器可与按钮、控制继电器、变阻器、自耦减压变压器、频敏变阻器等组成各种复杂的、功能齐全的起动设备，选用时必须按负荷的起动电流和额定电流兼顾选取。

③ 运行中必须保证电磁铁铁心的清洁和对齐，保证触头吸合的紧密可靠，不得有过大的交流声。

4） 转换开关：转换开关应与熔断器配合使用；转换开关手柄的位置指示应与相应的触

片位置对应，定位机构应可靠；转换开关的接线要按说明书进行，应正确可靠；转换是以角度区别的，不得任意更改；转换开关一般不宜拆开，因为组装时触片的装配难以掌握。如果必须打开时，必须做详细记录并画图表示，以免装错。

5）热继电器：热继电器主要用来保护过负荷或断相，电流大于 20A 时宜采用经电流互感器的接线方式。运行中应保证热继电器的安装位置周围温度不致超过室温，以免引起误动作。热继电器动作后，如自动复位应有一个延时，一般为 3min；如须手动复位时，可按动手动复位钮。当热继电器的断相保护功能不能满足运行需要时，应增设断相保护器。

6）熔断器：熔断器主要用于短路保护，在没有冲击负荷时可兼做过载保护，因此只适用于 10kW 以下的小型电机过负荷保护。熔断器的种类很多，使用时要注意三相设备的熔断器及其熔丝的选择。

7）电流互感器：电流互感器是测量仪表，必须接线正确，二次侧要可靠接地。

思考题

（1）填写倒闸操作票有什么要求？

（2）停电操作时能否先拉开隔离开关？为什么？

（3）拉开隔离开关时，如果发生电弧该怎么办？

（4）如何进行断路器的操作？

（5）备用电源的投入应注意些什么？

（6）为什么送电时，先合刀开关，后合断路器或接触器？而停电时，先拉断路器或接触器，后拉刀开关？

（7）为什么电流互感器、测量仪表的二次侧要可靠接地？

附 录

附录 A 技术参数附表

表 A-1 低压断路器基本技术参数

型号	触头额定电流/A	额定电压/V	脱扣器类别	辅助触头类别	脱扣器额定电流/A	最大分断电流/A(有效值)
DZ5-10	10	AC220	复式	无	0.5,1,1.5,2,3,4,6,10	1000
DZ5-25	25	AC380 DC110	复式	无	0.5,1,1.6,2.5,4,6,10,15,20,25	2000
DZ5B-50/100	50,100	AC380	液压式或电磁式	无辅助触头或带具有公共触头的一常开一常闭辅助触头	1.6,2.5,4,6,10,15,20,30,40,50,70,100	2000
DZ10-100	100	AC500 DC220	复式或电磁式、热(无)脱扣	一常开 一常闭	20,50,30,40,50,60,80,100,150	7000~12000 (AC380V 时)
DZ10-250	250	AC500 DC220		二常开 二常闭	100,120,140,170,200,250	30000 (AC380V 时)
DZ10-600	600	AC500 DC220		二常开 二常闭	200,250,300,350,400,500,600	50000 (AC380V 时)
DW5-400	400	AC380 DC440	过电流、失压分励	二常开 二常闭	100~800	10~200(kA)
DW5-1000~1500	1000~1500			四常开 四常闭	100~1500	20~400(kA)
DW10-200	200			三常开 三常闭 或更多	60,100,150,200	10(kA)
DW10-400	400				100,150,200,250,300,350,400	15(kA)
DW10-600	600				500,600	15(kA)
DW10-1000	1000				400,500,600,800,1000	20(kA)
DW10-1500	1500				1500	20(kA)
DW10-2500	2500				1000,1500,2000,2500	30(kA)
DW10-4000	4000				2000,2500,3000,4000	40(kA)

表 A-2 各种型号熔断器的技术规格

名称	主要用途	型号	熔管额定电压/V	熔管额定电流/A	熔体额定电流等级/A	最大分断能力/kA	备注
有填料封闭管式熔断器	用于大短路电流网路作为过载和短路保护	RT0-100	AC380	100	30,40,50,60,80,100	50	括弧内的等级尽量不选用
		RT0-200		200	(80),(100),120,150,200		
		RT0-400	DC400	400	(150),200,250,300,350,400		
		RT0-600		600	(350),(400),450,500,550,600		
		RT0-1000		1000	700,800,900,1000		
无填料封闭管式熔断器	用于电力网路内作为过载和短路保护	RM10-15	AC220	15	6,10,15	1.2	为全国统一设计,可取代 RM1、RM3 等老产品
		RM10-60	AC380	60	15,20,25,35,45,60	3.5	
		RM10-100	AC500	100	60,80,100	10	
		RM10-200	DC220	200	100,125,160,200		
		RM10-350	DC440	350	200,225,260,300,350		
		RM10-600		600	350,430,500,600		
		RM7-15	AC380	15	6,10,15	2	可取代 RM1、RM3、RM10
		RM7-60		60	15,20,25,30,40,50,60	5	
		RM7-100	DC440	100	60,80,100	20	
		RM7-200		200	100,125,160,200		
		RM7-400		400	200,240,260,300,350,400		
		RM7-600		600	400,450,500,560,600		
螺旋式熔断器	用于机床配电作过载或短路保护	RL1-15	AC500	15	2,4,5,6,10,15,20	6	有熔断指示器
		RL1-60		60	20,25,30,35,40,50,60	6	
		RL1-100		100	60,80,100	20	
		RL1-200		200	100,125,160,200	50	
		RL2-25		25	2,4,5,6,10,15,20	1	
		RL2-60		60	25,30,50,60	2	
		RL2-100		100	80,100	3.5	
瓷插式熔断器	用于交流分支线路的过载和短路保护	RC1A-5	AC380	5	2,4	0.3	结构同 RL1
		RC1A-10	AC500	10	2,4,6,10	0.5	
		RC1A-15		15	6,10,15	0.5	
		RC1A-30		30	15,20,25,30	1.5	
		RC1A-60		60	30,40,50,60	3	
		RC1A-100		100	60,80,100	3	
		RC1A-200		200	100,120,150,200	3	
螺旋式快速熔断器	用于硅整流过载保护	RLS-10		10	3,5,10	40	
		RLS-50		50	15,20,25,30,40,50	40	
		RLS-100		100	60,80,100		

表 A-3　BLX 和 BLV 型铝芯绝缘导线明敷时的允许载流量

（导线正常最高允许温度为 65℃）　　（单位：A）

芯线截面积/mm^2	BLX 型铝芯橡皮线				BLV 型铝芯塑料线			
	环境温度							
	25℃	30℃	35℃	40℃	25℃	30℃	35℃	40℃
2.5	27	25	23	21	25	23	21	19
4	35	32	30	27	32	29	27	25
6	45	42	38	35	42	39	36	33
10	65	60	56	51	59	55	51	46
16	85	79	73	67	80	74	69	63
25	110	102	95	87	105	98	90	83
35	138	129	119	109	130	121	112	102
50	175	163	151	138	165	154	142	130
70	220	206	190	174	205	191	177	162
95	265	247	229	209	250	233	216	197
120	310	280	268	245	283	266	246	225
150	360	336	311	284	325	303	281	257
185	420	392	363	332	380	355	328	300
240	510	476	441	403	—	—	—	—

表 A-4　BLX 和 BLV 型铝芯绝缘导线穿钢管时的允许载流量

（导线正常最高允许温度为 65℃）　　（单位：A）

导线型号	芯线截面积（mm^2）	二根单芯线				二根穿管管径（mm）		三根单芯线				三根穿管管径（mm）		四、五根单芯线				四根穿管管径（mm）		五根穿管管径（mm）	
		环境温度						环境温度						环境温度							
		25℃	30℃	35℃	40℃	G	DG	25℃	30℃	35℃	40℃	G	DG	25℃	30℃	35℃	40℃	G	DG	G	DG
BLX	2.5	21	19	18	16	15	20	19	17	16	15	15	20	16	14	13	12	20	25	20	25
	4	28	26	24	22	20	25	25	23	21	19	20	25	23	21	19	18	20	25	20	25
	6	37	34	32	29	20	25	34	31	29	26	20	25	30	28	25	23	20	25	25	32
	10	52	48	44	41	25	32	46	43	39	36	25	32	40	37	34	31	25	32	32	40
	16	66	61	57	52	25	32	59	55	51	46	32	32	52	48	44	41	32	40	40	(50)
	25	86	80	74	68	32	40	76	71	65	60	32	40	68	63	58	53	40	(50)	40	—
	35	106	99	91	83	32	40	94	87	81	74	32	(50)	83	77	71	65	40	(50)	50	—
	50	133	124	115	105	40	(50)	118	110	102	93	50	(50)	105	98	90	83	50	—	70	—
	70	164	154	142	130	50	(50)	150	140	129	118	50	(50)	133	124	115	105	70	—	70	—
	95	200	187	173	158	70	—	180	168	155	142	70	—	160	149	138	126	70	—	80	—
	120	230	215	198	181	70	—	210	196	181	166	70	—	190	177	164	150	70	—	80	—
	150	260	243	224	205	70	—	240	224	207	189	70	—	220	205	190	174	80	—	100	—
	185	295	275	255	233	80	—	270	252	233	213	80	—	250	233	216	197	80	—	100	—
BLV	2.5	20	18	17	15	15	15	18	16	15	14	15	15	15	14	12	11	15	15	15	20
	4	27	25	23	21	15	15	24	22	20	18	15	15	22	20	19	17	15	20	20	20
	6	35	32	30	27	15	20	32	29	27	25	15	20	28	26	24	22	20	25	25	25

（续）

导线型号	芯线截面积（mm²）	二根单芯线 环境温度				二根穿管管径（mm）		三根单芯线 环境温度				三根穿管管径（mm）		四、五根单芯线 环境温度				四根穿管管径（mm）		五根穿管管径（mm）	
		25℃	30℃	35℃	40℃	G	DG	25℃	30℃	35℃	40℃	G	DG	25℃	30℃	35℃	40℃	G	DG	G	DG
BLV	10	49	45	42	38	20	25	44	41	38	34	20	25	38	35	32	30	25	25	25	32
	16	63	58	54	49	25	25	56	52	48	44	25	32	50	46	43	39	25	32	32	40
	25	80	74	69	63	25	32	70	65	60	55	32	32	65	60	56	51	32	40	32	(50)
	35	100	93	86	79	32	40	90	84	77	71	32	40	80	74	69	63	40	(50)	40	—
	50	125	116	108	98	40	50	110	102	95	87	40	(50)	100	93	86	79	50	(50)	50	—
	70	155	144	134	122	50	50	143	133	123	113	40	(50)	127	118	109	100	50	—	70	—
	95	190	177	164	150	50	(50)	170	158	147	134	50	—	152	142	131	120	70	—	70	—
	120	220	205	190	174	50	(50)	195	182	168	154	50	—	172	160	148	136	70	—	80	—
	150	250	233	216	197	70	(50)	225	210	194	177	70	—	200	187	173	158	70	—	80	—
	185	285	266	246	225	70	—	255	238	220	201	70	—	230	215	198	181	80	—	100	—

表 A-5　BLX 和 BLV 型铝芯绝缘导线穿硬塑料管时的允许载流量

（导线正常最高允许温度为 65℃）　　（单位：A）

导线型号	芯线截面积（mm²）	二根单芯线 环境温度				二根穿管管径（mm）	三根单芯线 环境温度				三根穿管管径（mm）	四、五根单芯线 环境温度				四根穿管管径（mm）	五根穿管管径（mm）
		25℃	30℃	35℃	40℃		25℃	30℃	35℃	40℃		25℃	30℃	35℃	40℃		
BLX	2.5	19	17	16	15	15	17	15	14	13	15	15	14	12	11	20	25
	4	25	23	21	19	20	23	21	19	18	20	20	18	17	15	20	25
	6	33	30	28	26	20	19	27	25	22	20	26	24	22	20	25	32
	10	44	41	38	34	25	40	37	34	31	25	35	32	30	27	32	32
	16	58	54	50	45	32	52	48	44	41	32	46	43	39	36	32	40
	25	77	71	66	60	32	68	63	58	53	32	60	56	51	47	40	40
	35	95	89	82	75	40	84	78	72	66	40	74	69	64	58	40	50
	50	120	112	103	94	40	108	100	93	86	50	95	88	82	75	50	50
	70	153	143	132	121	50	135	126	116	106	50	120	112	103	94	50	65
	95	184	172	159	145	50	165	154	142	130	65	150	140	129	118	65	80
	120	210	196	181	166	65	190	177	164	150	65	170	158	147	134	80	80
	150	250	233	215	197	65	227	212	196	179	75	205	191	177	162	80	90
	185	282	263	243	223	80	255	238	220	201	80	232	216	200	183	100	100
BLV	2.5	18	16	15	14	15	16	14	13	12	15	14	13	12	11	20	25
	4	24	22	20	18	20	22	20	19	17	20	19	17	16	15	20	25
	6	31	28	26	24	20	27	25	23	21	20	25	23	21	19	25	32
	10	42	39	36	33	25	38	35	32	30	25	33	30	28	26	32	32
	16	55	51	47	43	32	49	45	42	38	32	44	41	38	34	32	40
	25	73	68	63	57	32	65	60	56	51	40	57	53	49	45	40	50
	35	90	84	77	71	40	80	74	69	63	40	70	65	60	55	50	65
	50	114	106	98	90	50	102	95	88	80	50	90	84	77	71	65	65
	70	145	135	125	114	50	130	121	112	102	50	115	107	99	90	65	75
	95	175	163	151	138	65	158	147	136	124	65	140	130	121	110	75	75
	120	206	187	173	158	65	180	168	155	142	65	160	149	138	126	75	80
	150	230	215	198	181	75	207	193	179	163	75	185	172	160	146	80	90
	185	265	247	229	209	75	235	219	203	185	75	212	198	183	167	90	100

注：1. BX 和 BV 型铜芯绝缘导线的允许载流量约为同截面积的 BLX 和 BLV 型铝芯绝缘导线允许载流量的 1.29 倍。

2. 表 A-4 中的钢管 G——焊接钢管，管径按内径计；DG——电线管，管径按外径计。

3. 表 A-4 中和表 A-5 中四、五根单芯线穿管的载流量，是指三相四线制的 TN-C 系统、TN-S 系统和 TN-C-S 系统中的相线载流量。其中性线（N）或保护中性线（PEN）中可有不平衡电流通过。如果线路是供电给平衡的三相负荷，第四根导线为单纯的保护线（PE），则虽有四根导线穿管，但其载流量仍应按三根线穿管的载流量考虑，而管径则应按四根线穿管选择。

附录B 电工速算口诀

口诀一：各种绝缘导线的安全载流量的估算。

二点五下整九倍，
往上减一顺号对。
三五线乘三点五，
双双成组减零五。

说明：

各种绝缘导线（包括橡皮绝缘线和塑料聚乙烯绝缘线）的安全电流和与之匹配的导线截面积，可以通过这组口诀简便估算。口诀适用的条件是铝绝缘线、明敷、环境温度是25℃，导线截面积与安全电流之间有如下的倍数关系。

（1）“二点五下整九倍，往上减一顺号对”，即是2.5mm^2及以下的各种铝芯绝缘导线，其安全电流为2.5×9A=22.5A；对于4mm^2以上的导线，其安全电流和截面积的倍数关系是顺着线号往上排，而倍数则逐渐减一，见表B-1。

表B-1 导线的安全电流和截面积的倍数关系

导线截面积/mm^2	4	6	10	16	25
安全电流/A	4×8	6×7	10×6	16×5	25×4

（2）35mm^2的导线，其安全电流为截面积数的3.5倍，即35×3.5A=122.5A。这就是口诀所说“三五线乘三点五”的意思所在；对于50mm^2以上的导线，其截面积数和安全电流之间的倍数关系变为两个线号为一组，倍数依次减0.5。正如口诀所说“双双成组减零五”，即50mm^2、70mm^2导线的安全电流为截面积数乘3，95mm^2、120mm^2导线的安全电流为截面积数乘2.5，依此类推。表B-2为铝芯绝缘导线的截面积和安全电流的倍数关系。

表B-2 铝芯绝缘导线的截面积和安全电流的倍数关系

导线截面积/mm^2	1	1.5	2.5	4	6	10	16	25	35	50	70	95	120
电流是截面积数的倍数	9			8	7	6	5	4	3.5	3		2.5	

口诀二：各种条件下绝缘导线的安全电流的估算。

条件不同另处理，
高温九折铜升级。
导线穿管二、三、四，
八、七、六折最好记。

说明：

这一组口诀是对口诀一的补充，主要是针对环境温度、敷设方式变化时，绝缘导线的安全电流的计算方法。环境温度按规定是指夏天最热月平均最高温度，但实际上气温是经常变化的，一般情况对导线安全电流影响并不大，只对个别经常高于25℃的地区才另作处理，计算方法可按口诀一的结果再打九折。

当使用的不是铝线而是铜线时，其安全电流要比同规格铝线略大一点，可仍按口诀一算出，再按铝线加大一个线号。例如，计算 16mm² 铜线的安全电流，可视为 25mm² 的铝线的安全电流，用口诀一有 25×4A=100A，这就是“高温九折铜升级”。

若绝缘导线不是明敷，而是穿管配线时，随着管内导线根数的增加，导线的安全电流变小。具体计算时，先视为导线明敷，用口诀一计算，再按管内穿线根数的多少，安全电流打一个折扣即可。一根管子穿二根导线时，安全电流用口诀一计算后再乘 0.8。同理，一根管子穿三根导线或四根时，其安全电流分别按七折或六折计算。

口诀三：铝、铜排载流量的估算。

铝排电流要算快，排宽系数乘起来。

厚三排宽乘个十，厚四排宽乘十二。

加一依次往上添，铜排再乘一点三。

说明：

母线排的载流量与其截面积大小有关，故可通过母线排的厚度和宽度尺寸直接算出载流量。口诀三指出，对一定厚度的铝排，它的载流量为排宽乘个系数即可。厚 3mm 的铝排载流量为排宽乘 10，厚 4mm 的铝排，载流量为其宽乘 12。

“加一依次往上添”说的是厚度增加 1mm，从 4mm 厚的铝排开始，宽度所乘的系数跟着加一，依次排列如表 B-3 所示。

表 B-3 铝排的厚度与铝排载流量的关系

厚度/mm	3	4	5	6	7①	8	9②	10
载流量/A	宽×10	宽×12	宽×13	宽×14	宽×15	宽×16	宽×17	宽×18

①、②表示铝排厚度没有 7mm 和 9mm 两个规格，但为了表格的连续性，便于好记也将它们列出。

例1：求 40×4 铝母排载流量是多少？

解：根据口诀，厚 4mm 载流量为排宽×12

故 40×12A=480A

例2：求 60×6 铝母排载流量是多少？

解：根据口诀，厚 6mm 载流量为排宽×14

故 60×14A=840A

口诀最后一句“铜排再乘一点三”说的是铜排的载流量比同规格铝排要大三成，故求铜排载流量时，先视为铝排，按以上方法算出后再乘 1.3 即可。

例3：求 50×5 铜母排载流量是多少？

解：根据口诀，先按铝排算出，再乘 1.3

故 50×13×1.3A=845A

母排的载流量还与环境温度、多条母排并列、母排平放、竖放等因素有关，当一般环境温度经常高于 25℃，或者当直流母线并列时，可按九折处理。交流 2、3、4 条母线并列时，可分别打 8、7、6 折。

口诀四：10（6）/0.4kV 三相变压器一、二次额定电流的估算。

容量算电流，系数相乘求。

六千零点一，十千点零六。

低压流好算，容量一倍半。

说明：

通常说的变压器多大，是就额定容量而言，如何通过容量很快算出变压器一、二次额定电流，这组口诀给出了估算方法，只要用变压器容量数（kVA）乘以系数，便可得出额定电流。

“六千零点一，十千点零六”是指一次电压为6kV的三相变压器，它的一次额定电流为容量数×0.1，即千伏安数×0.1；一次电压为10kV的三相变压器，一次额定电流为容量数×0.06，即千伏安数×0.06。以上两种变压器的二次侧（低压侧）的额定电流皆为千伏安数×1.5，这就是“低压流好算，容量一倍半”的意思。

例1：用口诀计算10/0.4kV、100kVA三相变压器一、二次侧的额定电流是多少？

解：一次侧的额定电流：100×0.06A=6A

二次侧的额定电流：100×1.5A=150A

例2：用口诀计算6/0.4kV、50kVA三相变压器一、二次侧的额定电流是多少？

解：一次侧的额定电流：50×0.1A=5A

二次侧的额定电流：50×1.5A=75A

口诀五：10（6）/0.4kV三相变压器一、二次熔丝额定电流的估算。

低压熔丝即额流，

高压二倍来相求。

说明：

正确选择熔丝对变压器的安全运行关系极大，特别是用熔断器作变压器高、低压短路保护时，熔丝额定电流的正确选用尤为重要，这也是电工经常碰到和要解决的实际问题。

这组口诀给出了经常碰到的10（6）/0.4kV三相变压器用熔断器作保护时，选择熔丝额定电流的估算方法。首先根据口诀四，用变压器容量算出一次（即高压侧）、二次（即低压侧）侧的额定电流，然后再用口诀五计算熔丝额定电流大小。

“低压熔丝即额流”，说的是低压侧熔丝额定电流大小，可以根据低压侧额定电流的大小来选择。“高压二倍来相求”意思是高压侧熔丝额定大小约为高压侧额定电流的二倍。这是为了避开变压器空载投入瞬间，高压侧出现的励磁涌流，这种励磁涌流最大可达额定电流的6~8倍，时间虽短，但可能使熔丝熔断，影响正常供电，所以，高压侧熔丝额定电流应大于变压器高压侧的额定电流。当为额定电流的二倍时，既可以抗拒涌流的冲击，又能保证变压器内部故障时能很快熔断，起到保护作用。当熔丝额定电流计算好后，就可选用熔丝的型号。

例：求10/0.4kV、100kVA三相变压器高、低压熔丝额定电流是多少？

解：根据口诀四计算高压侧额定电流为：100×0.06A=6A

低压侧额定电流为：100×1.5A=150A

高压侧熔丝额定电流为：6×2A=12A

低压侧熔丝额定电流为：150A

口诀六：交流电路视在功率的估算。

视在功率要算快，单相流乘点二二。

三相乘上零点七，星形三角没关系。

说明：

对于380/220V低压交流电路，当知道其负载电流后，应用此口诀就能很快算出视在功率。其方法是：单相电路用负载电流乘以0.22，即为视在功率数，这就是口诀说的“单相流乘点二二”。当为三相电路时，不论负载是星形还是三角形联结，只要用负载电流（线电流）乘上0.7，即得出视在功率数，这就是口诀说的“三相乘上零点七，星形三角没关系”的意思，以上视在功率单位均为kVA。

例1：焊接变压器一次电压为220V，电流为96A，求变压器视在功率为多少？

解：根据口诀：96×0.22kVA=21kVA

例2：有一380V三相供电线路，负载为对称星形，线电流20A，求视在功率为多少？

解：根据口诀：20×0.7kVA=14kVA

例3：某三角形对称负载，电压为380V，线电流为144A，求视在功率为多少？

解：根据口诀：144×0.7kVA=100kVA

口诀七：三相负载负荷电流的估算。

三相算流怎样记，千瓦乘二为电机。

电容电热变压器，一点五倍算仔细。

说明：

低压380/220V三相五线制系统是我国各地目前广泛采用的供电系统，各类低压用电器铭牌一般都告诉容量，例如几千瓦电动机，多少瓦灯泡，多少千伏安小型变压器，多少千乏电容器等。如何根据容量大小很快算出负荷电流，以配备适当的熔丝、开关、导线等，是电工最常用到的计算问题。

(1) 380V三相电动机是最常见的低压负荷之一，它的功率因数一般为0.8左右，它的额定电流约为额定容量的2倍，如10kW电动机，其额定电流约为20A。

(2) 对于接在三相380V电压上的三相补偿电容器（kvar）、电热器（kW）、小型变压器（kVA）这一类负荷，它们的电流大小为容量的1.5倍。

例如，150kvar移相电容器（接成380V三相），电流为150×1.5A=225A。6kW加热器，电流为6×1.5A=9A。1kVA小型变压器，电流为1×1.5A=1.5A。

口诀八：单相负载负荷电流的估算。

单相电压二百二，四点五倍即可得。

单相电压三百八，二点五倍应记下。

说明：

这一口诀介绍单相负荷电流如何估算。

(1) 单相负荷电压为220V，这类负荷的功率因数大多为“1”，例如最常见的照明负荷，其电流为容量的4.5倍（即用电设备的千瓦数×4.5即可）。

例1：求2kW碘钨灯电流是多少？

解：根据口诀：2×4.5A=9A

(2) 还有一类用电设备两根都是相线，称为单相380V用电设备，其电流为容量的2.5倍。例如行灯变压器、交流电焊机等，电流数为千瓦数×2.5。

例2：有一容量是1kVA的行灯变压器，一次电压380V，求一次电流是多少？

解：根据口诀：1×2.5A=2.5A

例3：功率为28kVA的交流电焊机，一次侧接成单相380V，求它的一次电流为多少？

解：根据口诀：28×2.5A＝70A

口诀九：不同电压等级的三相电动机电流的估算。

电机功率算电流，电压不同流不同。

零点七六被压除，功率再乘即电流。

说明：

口诀专指功率相同而电压等级不同的电动机，它的电流量不相同。口诀中0.76是考虑电动机功率因数和效率等计算而得的综合系数。按功率计算电动机电流时，只要用电动机电压数（单位kV）去除0.76，再乘以功率（户）千瓦数，即为该电动机电流（单位A），此电流亦是电动机的额定电流，例如常见的低压380V电动机，它的额定电流为0.76÷0.38×P＝2P

由此可见，380V低压电动机，每千瓦功率电流约为2A，这和口诀七中“千瓦乘二为电动机”是一致的。

电压为6kV的电动机，其电流约为0.76÷6×P＝0.126P。

电压为3kV的电动机，其电流约为0.76÷3×P＝0.25P。

口诀十：低压380/220V架空线路送电能力的估算。

低压远处送不去，一般不过一公里。

三相荷矩三十八，单相六个负荷矩。

一般低压供电，大都采用380/220V三相四线制供电系统，三相380V用于动力，单相220V用于照明。低压线路送电能力不论容量或距离都很有限，当线路电压降为5%，负荷矩用kW·km表示。采用通常裸铝线时，三相送电负荷矩一般为38kW·km左右，单相为6kW·km左右，此时所用裸铝导线的截面积为150mm^2。若输送容量继续加大，那么导线将变得更粗，施工就更加困难，也不经济，而且低压线路电压和功率都损失较大，所以，送电距离不能太远，一般在1 km左右，距离较远时，应改为高压输电线路送电为宜。

口诀十一：低压380/220V架空线路导线截面积的估算。

架空铝线选粗细，先求送电负荷矩。

三相荷矩乘个四，单相改乘二十四。

若用铜线来送电，一点七除线可细。

说明：

线路导线截面积的选用，是经常遇到的实际计算问题，导线选粗了会造成浪费，很不经济，导线选细了，不能满足供电质量和安全要求，这一口诀介绍了现场计算导线截面积的简便方法。

（1）首先要知道送电的负荷矩，即送电负荷乘以送电距离。当求出送电负荷矩后，导线截面积大小用负荷矩乘个系数，便可直接算出。当架空线路采用裸铝导线，允许电压损失按5%考虑时，380/220V三相四线制架空线路的系数为4，单相220V架空线路的系数为24。

即，对于三相线路，导线截面积估算式为：$S=4M$

对于单相线路，导线截面积估算式为：$S=24M$

式中　S——所求导线截面积（mm^2）；

M——负荷矩（kW·km）。

这就是口诀所说“三相荷矩乘个四，单相改乘二十四”的意思，为了满足机械强度要求，当计算出导线截面积规格不足$16mm^2$时，应按$16mm^2$选用。

（2）若采用铜导线，且其余条件相同时，可用以上方法按铝导线算出结果后再除以1.7，即为所选的铜导线截面积，这就是说输送同样大小负荷矩的线路，铜导线比铝导线要细一点，正如口诀所讲“若用铜线来送电，一点七除线可细”。

例1：若新建380V三相架空线路长850m，输送功率10kW，允许电压损失为5%，求应采用多大的铝线？

解：根据口诀：导线截面积$S=4M=(4\times10\times0.85)mm^2=34mm^2$

即选$35mm^2$的铝导线。

若改用铜线，导线截面积$S=4M/1.7=(4\times10\times0.85)mm^2/1.7=20mm^2$

则可选用规格为$25mm^2$的铜线。

例2：某工厂需架设一条220V单相照明线路，照明负荷为5kW，线路长290m，允许电压损失5%，求应选用多大截面积的铝绞线？

解：根据口诀，导线截面积$S=24M=(24\times5\times0.29)mm^2=34mm^2$

可选用$35mm^2$的铝绞线。

若用铜线，导线截面积$S=24M/1.7=34.8mm^2/1.7=20.4mm^2$

可选用$25mm^2$的铜线。

口诀十二：低压380/220V架空线路电压损失的估算。

铝线压损要算快，荷矩截面除起来。
三相再用五十除，单相改除八点三。
力率若为零点八，十上双双点二加。
铜线压损还要低，算好再除一点七。

说明：

估计供电线路的电压损失，就能够分析线路的供电能力，检查线路的供电质量。380/220V低压线路，可用此口诀算出，口诀是根据已有线路的负荷矩和导线截面积来估算线路电压损失的，通常电压损失是用额定电压损失的百分数来衡量的。

（1）当低压线路采用铝导线供电，且负载为电阻性时，估计电压损失的方法为：可将线路的负荷矩（单位kW·m）除以导线截面积（mm^2），再除以一个系数即可。此系数对于380V三相线路为50，对于单相220V线路为8.3。这就是“荷矩截面除起来，三相再用五十除，单相改除八点三”的意思。

例1：一条$25mm^2$铝线架设的380V三相线路，长300m，负荷为20kW，电压损失为多少？

解：根据口诀：$M\div S\div50=20\times300\div25\div50=4.8$

即电压损失为4.8%。

例2：一条$4mm^2$铝线敷设的50m长线路，供220V、1kW的负荷，求电压损失为多少？

解：根据口诀，$M\div S\div8.3=1\times50\div4\div8.3=1.5$

即电压损失为1.5%。

（2）对于感性负载，力率不再是“1”，电压损失要比电阻性负荷更大一点，它与导线截面积大小及线间距离有关，但$10mm^2$及以下导线影响较小，可以不再考虑。当力率为0.8

时，$16mm^2$ 及以上导线电压损失可按力率为“1”算出后，再按线号顺序两个一组加 0.2 倍，即 $16mm^2$、$25mm^2$ 导线按力率是“1”算出后，再乘 1.2 倍即可；$35mm^2$、$50mm^2$ 导线按力率是“1”算出后，再乘以 1.4 倍；$70mm^2$、$95mm^2$ 导线按力率是“1”算出后，再乘以 1.6。依此类推，这就是“力率若为零点八，十上双双点二加”的意思。

例 3：一条 $25mm^2$、380V 三相铝线路，供 20kW 电动机，力率为 0.8，配电距离 300m，求电压损失是多少？

解：先按力率为“1”求出压损为：$M \div S \div 50 = 20 \times 300 \div 25 \div 50 = 4.8$（电压损失为 4.8%）

现力率为 0.8，用 $25mm^2$ 导线，要增加 0.2 倍。

故电压损失为：$4.8\% \times 1.2 = 5.8\%$

（3）口诀最后一句说的是当使用的导线不是铝导线而是铜导线时，电压损失要小一点。可用以上的方法算出后，再除以 1.7 即为铜导线的电压损失。

例 4：某工厂有一条 $35mm^2$ 铜绞线的 380V 三相配电线路，配电距离 500m，当负荷为 15kW、力率为 0.8 时，求此线路的电压损失为多少？

解：根据口诀：先按力率为 0.8 的铝线算出电压损失

$$M \div S \div 50 \times 1.4 = 500 \times 15 \div 35 \div 50 \times 1.4 = 6$$

现为铜线，比铝线再小 1.7 倍，则铜线的电压损失为：

$$6 \div 1.7 = 3.5\ (\text{即电压损失为 } 3.5\%)$$

口诀十三：架空裸导线安全电流的估算。

截面倍数把流算，铝线 16 六倍半。
25、五倍顺减半，95、120 双为三。
顺号双双再减半，铜升高温九折算。

说明：

本口诀直接给出了导线的安全电流和截面积数的倍数关系，介绍了利用导线截面积数乘以倍数，直接求其安全电流的方法。

（1）对于架空线路，最常用的是铝绞线（包括钢芯铝绞线），规格截面积从 $16mm^2$ 开始。口诀说，“铝线 16 六倍半”，指的是 $16mm^2$ 铝绞线，其安全电流约为截面积数的 6.5 倍，即 $16 \times 6.5A = 104A$。

（2）“25、五倍顺减半，95、120 双为三”，说的是 $25mm^2$ 铝线的安全电流是截面积数的 5 倍，以后顺着线号增大，倍数关系依次减少 0.5 倍，直到 $95mm^2$ 和 $120mm^2$，其安全电流都为截面积数的 3 倍。

（3）口诀“顺号双双再减半”，说的是顺着线号往上排列，电流和截面积数的倍数关系为两个一组倍数减去 0.5。导线截面积数与电流的倍数关系见表 B-4。

表 B-4　导线截面积与电流的倍数关系

导线截面积/mm^2	16	25	35	50	70	95	120	150	180
电流是截面积数的倍数	6.5	5	4.5	4	3.5	3		2.5	

最后指出，口诀说的“铜升”是指如果架空导线使用的是铜线，其安全电流可按铝线升一级（即高一个线号）计算，例如 $16mm^2$ 的铜线，可视为 $25mm^2$ 铝线。同时，还指出以

上安全电流均是按环境温度为25℃的情况计算的，若环境温度长期高于25℃，可先按以上方法计算，再打九折，即口诀中“高温九折算”的意思。

口诀十四：电焊机支路配电电流的估算。

电焊支路要配电，容量降低把流算。

电弧八折电阻半，二点五倍即可得。

说明：

电焊机属于反复短时工作负荷，由于用用停停这一工作特性，决定了电焊机支路配电电流可以比正常持续负荷小一些。

电焊通常分为电弧焊和电阻焊两大类，电弧焊是利用电弧发出的热量，使被焊零件局部加热达到熔化状态而达到焊接的目的；电阻焊则是将被焊的零件接在焊接机的线路里，通过电流达到焊接温度时，把被焊的地方压缩而达到焊接的目的。电阻焊可分为点焊、缝焊和对接焊，用电的时间更短些。所以，利用电焊机的容量计算其支路配电电流时，可以先把容量降低来计算，一般电弧焊可以按焊机容量八折计算，电阻焊按五折计算，这就是“电弧八折电阻半”的意思。然后再按改变的容量乘以2.5倍即为该支路电流。口诀适用于电焊机接在380V单相电源。

例1：21kVA交流弧焊机，接在380V电源上，求电焊机支路配电电流为多少？

解：根据口诀，电焊机支路配电电流为21×0.8×2.5A=42A

例2：25kVA的点焊机，接在380V电源上，求支路配电电流为多少？

解：根据口诀，支路配电电流为25×0.5×2.5A=31.3A

口诀十五：直接起动的电动机的控制开关及熔丝的选择。

容量三倍供电流，七千瓦电机直接投。

六倍千瓦选开关，四倍千瓦熔丝流。

说明：

（1）口诀适合380V笼型电动机，一般当供电线路（或供电变压器）容量不小于电动机功率的3倍时，才允许电动机直接起动，这就是口诀“容量三倍供电流”的意思。电动机起动电流较大，一般是额定电流的4~7倍，通常7kW及以下小功率电动机，才允许直接起动。功率较大的电动机，当负载的起动转矩不大时，常采用减压起动，以限制起动电流。

（2）直接起动常使用的开关，例如三相开启式负荷开关、封闭式负荷开关等，其额定电流可按电动机功率的六倍进行选择，作短路保护用的熔丝电流，可按电动机功率的四倍选择，这就是口诀说的“六倍千瓦选开关，四倍千瓦熔丝流”。

例：4.5kW电动机用封闭式负荷开关直接起动，其开关容量如何选用？若用刀开关，熔丝如何选用？

解：根据口诀，开关承载的电流为4.5×6A=27A　　熔丝电流为4.5×4A=18A

故开关选30A，熔丝选20A。

口诀十六：电动机供电回路熔丝的选择。

单台电机选熔丝，四倍千瓦便得知。

多台最大千瓦四，其余乘二再相加。

说明：

电动机供电回路用熔丝作保护时，熔丝选择是否正确，对于电动机能否正常运转关系很大，选小了无法避开电动机起动时的冲击电流，选大了起不到保护作用。本口诀直接给出了熔丝电流与电动机功率千瓦数的倍数关系，当回路只供一台电动机时，熔丝大小就是电动机千瓦数的4倍，即“四倍千瓦便得知”。当供电回路接有多台电动机时，总配电盘上的熔丝选择为其中最大一台电动机的千瓦数乘以4，再加上其余电动机千瓦数乘以2即可，正如口诀所说“多台最大千瓦四，其余乘二再相加”。最后说明，口诀所指的是380V电动机供电回路。

例1：一条380V的供电线路，同时向三台电动机供电，电动机功率分别为7kW、4.5kW、2.8kW，问电路上总熔丝用多少？

解：根据口诀，线路上电流为 $7\times4+4.5\times2+2.8\times2A=42.6A$

可选用45A熔丝。

例2：求上例4.5kW支路熔丝选多大？

解：由口诀知，支路上电流为 $4.5\times4A=18A$

可选用20A熔丝。

口诀十七：电动机供电导线截面积的估算。

多大导线配电机，截面系数相加知。

二点五加三，四加四，六上加五记仔细。

一百二反配整一百，顺号依次往下推。

说明：（略）。

口诀十八：断路器脱扣器电流整定值估算。

瞬动脱扣怎整定，单机额流用十乘。

干线十倍选最大，一点三倍其余加。

延时额流一点七，热脱额流正合适。

说明：（略）。

口诀十九：电动机导线穿钢管规格的选择。

二点五导线穿十五，四和六线二十数。

十配二十五穿的快，十六和二十五配三十二。

一二轮流顺线排，不说你能算出来。

在电动机供电导线截面积的计算口诀（十七）中已经提到，对于三相380V电动机供电导线，通常是采用铜芯绝缘线三根穿管敷设，并且给出了利用电动机功率直接选择导线截面积的方法。导线选好了，所穿钢管的直径又如何选？这就是本节口诀解决的问题。一般规定，管内所穿导线总截面积不超过管内净面积的40%，在使用中一个一个地计算很不方便。现在，口诀直接给出能够利用导线截面积大小选择钢管大小的规律，这样使用起来非常方便。另外，口诀中所说的钢管是指常用的厚钢管（水管）。

（1）“二点五导线穿十五，四和六线二十数”，说的是电动机供电导线 $2.5mm^2$ 时，所穿钢管规格是15mm，当导线是 $4mm^2$ 和 $6mm^2$ 时，所穿钢管规格是20mm。接着一句“十配二十五穿的快，十六和二十五配三十二”，说的是 $10mm^2$ 的导线应穿25mm的钢管，而 $16mm^2$ 和 $25mm^2$ 导线应穿32mm钢管。

（2）从以上两句可以看出，每句前面的数字是导线截面积，而后面的数字则是钢管的公称口径，可以看出，导线截面积是按导线的型号，一种截面积、两种截面积交替出现，而钢管尺寸却是按其规格顺序排列下来，所以说这就是“一二轮流顺线排”。若继续往下排，必是35mm^2的导线穿40mm的钢管，而50mm^2和70 mm^2的导线穿50mm的钢管，见表B-5。

表B-5 导线截面积与钢管规格

导线截面积/mm^2	2.5	4	6	10	16	25	35	50	70	95	120	150
钢管规格/mm	15	20		25	32		40	50		70	80	

还要说明，当使用150mm^2导线穿80mm的钢管时，施工较困难，若导线再粗，钢管更大，施工就更困难。一般遇到这种情况，可用两条或三条管线满足要求。

例1：三根35mm^2的导线，穿管敷设给电动机供电，问应配多大钢管？

解：根据口诀：应配40mm的钢管。

例2：有三根16mm^2和三根25mm^2的电缆，穿管敷设分别向两台电动机供电，问它们分别配多大截面积直径的钢管？

解：根据口诀，“十六和二十五配三十二”知，都应配32mm的钢管。

口诀二十：电杆埋设深度的估算。

电杆埋深最好记，六除杆高加点一。

说明：

架空线路电杆的埋设深度除个别设计有特殊要求外，一般在有关“规程”上按电杆的高度埋深作了具体规定。当记不清具体数据，且资料缺乏或单位自行架设供电线路时，都可应用此口诀很快算出，基本上与“规程”数值相符。

口诀说的是一般常用的水泥电杆，埋设深度为杆本身高度的1/6（即被6除）再加上0.1m即可。当然在具体施工中，遇到土质不好的地方，可以适当加深或采取其他措施。

例1：某生产队架设一条低压供电线路，使用9m长的水泥电杆，求其埋深为多少？

解：根据口诀，$(9\div6+0.1)\text{m}=1.6\text{m}$

埋深1.6m即可。

例2：某工厂架设一条供电线路，其中使用了11m和15m长的水泥电杆，求电杆的埋深各为多少？

解：根据口诀，11m电杆埋深为：$(11\div6+0.1)\text{m}=1.93\text{m}$ 应埋深2m。

15m电杆埋深为：$(15\div6+0.1)\text{m}=2.6\text{m}$ 应埋深2.6m。

口诀二十一：常用熔丝熔断电流的估算。

额流断流不能乱，断比额大倍数算。

锌片倍半铜丝二，铅锡合金二倍半。

说明：

能否正确使用熔丝，对于安全供电和用电设备的正常工作影响很大。如果不能正确使用熔丝，例如乱用铁丝、铜丝代替，或熔丝配得很粗而不熔断，当线路发生过负荷或其他情况而产生大电流时，就会造成熔断器或被保护的用电器烧坏，甚至引起线路着火等事故，应引起电工的重视。为此，对于熔丝的额定电流和熔断电流两个概念不能混淆。熔丝允许长期通过的电流叫熔丝的额定电流，熔丝开始熔断的电流叫熔断电流。所以平常说的几安培熔丝是指熔丝的额定电流。额定电流并不等于熔断电流，熔断电流要比额定电流大。如何由额定电流计算熔断电流，就是本口诀所讲的问题。

“断比额大倍数算”，指的是熔丝的熔断电流比额定电流大多少倍，可用倍数来计算。也就是说熔丝的额定电流乘以倍数，即为它的熔断电流。熔丝不同则倍数不同，常见锌片熔丝约为1.5倍，铜制熔丝为2倍，铅锡合金熔丝为2.5倍。只要记住这一口诀，一拿到某种熔丝，就能够从额定电流估算出它的熔断电流，这有助于正确使用熔丝。

口诀二十二：拉线上下段两部分长度的估算。

四十五度算拉线，上下分成两个段。
上段高乘一点四，乘后两米加上算。
下段深乘一点四，乘后再加三米半。

说明：

在10kV及以下架空线路上，特别是低压线路，常用4.0mm镀锌铁线制作拉线。拉线的下料长度（铁线为1股的长度）计算，是电工经常遇到的实际计算问题。如果算得不准，不是造成短而报废，就是造成长而浪费。运用这一口诀，就可以较准确地计算出长度。

口诀适用范围是不装设拉线绝缘子的最常见的普通拉线。拉线与电杆的夹角为45°，如果夹角小于或大于45°时，则拉线长度可先按45°算出后，再适当减少或增加。拉线长度的计算，是将拉线分成上段和下段两部分，然后分别进行计算。

（1）拉线上段长度为拉线在电杆上固定点距离地面高度的1.4倍，再加上2m即可。2m是按拉线做，上把需要长度1.4m，中把需要1.2m，再减去下把露出地面0.6m考虑的。如果拉线在电杆上固定点距离地面高度为H，则拉线上段长度为：$L=1.4H+2$。当再装设调整器时（如花栏螺钉），则拉线上段长度按以上方法计算后，还应减去调整器的长度。

（2）拉线下段长度为拉线坑深的1.4倍，再加上3.5m即可。这就是口诀所说的“下段深乘一点四，乘后再加三米半”的意思。3.5m是按拉线露出地面长度0.6m，做下把所需长度1.2m，做地锚所需长度1.7m来综合考虑的。

例：有一终端水泥杆，杆梢径ϕ170mm，杆高9m，拉线固定点自地面高度H为7m，拉线与电杆夹角为45°，拉线坑深1.5m，无拉线绝缘子，用4.0镀锌铁线制作拉线，试求拉线上、下段下料长度为多少？

解：根据口诀，拉线上段长度：$L_{上}=1.4H+2=(1.4\times7+2)\text{m}=11.8\text{m}$

拉线下端长度：$L_{下}=(1.4\times1.5+3.5)\text{m}=5.6\text{m}$

附录C　麦创MOS—6xx系列示波器的使用方法

为了方便读者对示波器的使用，下面再介绍一种示波器的使用方法。

1. 功能　这里以麦创MOS—6xx系列的620 20MHz型示波器为例进行介绍，其他型号的示波器大同小异。麦创MOS—620型示波器的面板如图C-1所示，其中编号34～38在示波器的背面，此处不进行说明。

2. 面板介绍

1为CAL端子。提供幅度为2Vp-p，频率为1kHz的方波信号，用于校正10:1探头的补偿电容器和检测示波器垂直与水平的偏转因数。

2为INTEN（亮度调整旋钮），调节轨迹或亮点的亮度。顺时针方向旋转，亮度增大。

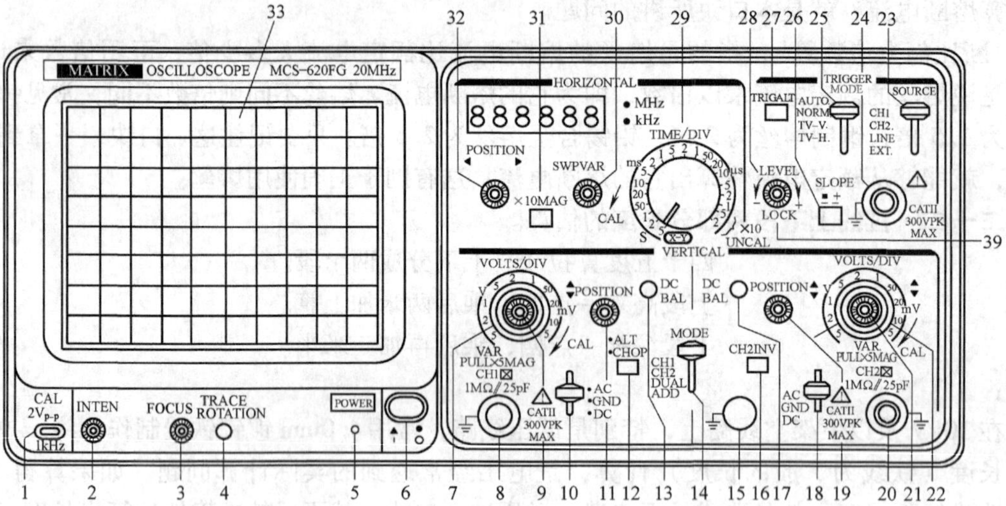

图 C-1 麦创 MOS—620 型示波器的面板图

用于环境亮度较小和波形摄影等情况。

3 为 FOCUS（聚焦调整旋钮），调节轨迹或亮点的聚焦。调整旋钮 2 使方格线的亮度合适后，用此旋钮进行聚焦调整。

4 为 TRACE　ROTATION（轨迹旋转旋钮），半固定的电位器用来调整水平轨迹与刻度线的平行。用此旋钮可使方格线旋转，进行校准。

5 为电源指示灯，电源接通时，此指示灯发光。

6 为电源按钮。主电源开关，开关按下（1）为电源接通，开关弹起（0）为电源切断。

7、22 为 VOLTS/DIV（垂直衰减开关），调节垂直偏转灵敏度从 5mV/div ~ 5V/div 分 10 挡。需要根据输入信号的幅度进行适当的设定。使用 10:1 探头时，请将测量结果进行 ×10 的换算。

8、CH1（X）输入，通道 1（CH1）信号输入插座。在 X—Y 模式下，作为 X 轴输入端。

9、21 为垂直微调：微调灵敏度大于或等于 1/1.25 标示值，在校正位置时，灵敏度校正值为标称值。当该旋钮拉出后（×5MAG 状态）放大器的灵敏度乘以 5。

10、18 AC—GND—DC，选择垂直轴输入信号方式。

AC：交流耦合。输入信号的直流分量被抑制，只显示其交流分量。

GND：垂直放大器的输入接地，输入端断开。

DC：直流耦合。输入信号的直流分量和交流分量同时显示。

11、19 为▼▲POSITION（垂直位移旋钮），用于调节光迹在屏幕上的垂直位置。顺时针旋转光迹上升，逆时针旋转光迹下降。观测大振幅的信号时，拉出此旋钮可对被放大的波形进行观测。

12 为 ALT /CHOP（交替显示按钮），在双踪显示时放开此键，表示通道 1 与通道 2 交替显示（通常用在扫描速度较快的情况下）；当此键按下时，通道 1 与通道 2 同时断续显示（通常用于扫描速度较慢的情况下）。

13、17 为 CH1 和 CH2 的 DC BAL：这两个键用于衰减器的平衡调试。

14 为 MODE 切换开关（垂直轴工作方式选择开关）。选择 CH1 和 CH2 放大器的工作模式。各工作方式说明如下。

CH1：通道 1 单独显示。

CH2：通道 2 单独显示。

DUAL：两通道同时显示。

ADD：显示两个通道的代数和 CH1 + CH2。按下 CH2 INV 16 按钮，为代数差 CH1 - CH2。

15 为 GND 端子，示波器机箱的接地端子。

16 为 CH2　INV（CH2 的信号反向键），当此键按下时，通道 2 的信号以及通道 2 的触发信号同时反向。

20 CH2（Y）输入通道 2（CH2）信号输入插座。在 X—Y 模式下，作为 Y 轴输入端。

23 为 SOURCE（触发信号源选择开关），选择内（INT）或外（EXT）触发。

CH1/CH2：当垂直方式选择开关 14 设定在 DUAL 或 ADD 状态时，选择通道 1/2 作为内部触发信号源。

LINE：选择交流电源作为触发信号。

EXT：外部触发信号接于 24 作为触发信号源。

24 为 TRIG IN（外触发输入端子），用于外部触发信号。当使用该功能时，开关 23 应设置在 EXT 的位置上。

25 触发方式选择开关（MODE），各工作方式说明如下。

AUTO：自动方式，在任何情况下都有扫描线。有触发信号时，正常进行同步扫描，波形静止；无信号输入或触发失步时，也自动进行扫描。通常使用这种方式比较方便。

NORM：常态方式，仅在有触发信号时进行扫描。无信号输入或触发失步时，无扫描线出现，观测超低频信号（低于 25Hz）调整触发电平时，应使用这种触发方式。

TV—V：电视场，当想要观察一场的电视信号时。

TV—H：电视行，当想要观察一行的电视信号时（仅当同步信号为负脉冲时，方可同步电视场和电视行）。

26 为 SLOPE（触发极性切换开关），触发信号的极性选择：“ + ”上升沿触发，“ - ”下降沿触发。

27 为 TPIG. ALT（当垂直方式选择开关），14 设定在 DUAL 或 ADD 状态，而且触发源开关 23 选在 CH1 或 CH2 上，按下 27 时，它会交替选择通道 1 和通道 2 作为内触发信号源。

28 为 LEVEL（触发电平调整旋钮），显示一个同步稳定的波形，并设定一个波形的起始点。向“ + ”旋转触发电平向上移，向“ - ”旋转触发电平向下移。

29 为 TIME/DIV（时间扫描速度开关），扫描速度可以分 20 挡，从 0. 2μs/div ~ 0. 5 s/div。当设置到 X—Y 位置时可用作 X—Y 示波器。

30 为 SWP. VAR（时间轴微调旋钮），微调水平扫描时间，使扫描时间被校正到面板上 TIME/DIV 指示的一致。TIME/DIV 扫描速度可连续变化，当逆时针旋转到底为校正位置。整个延时可达 2. 5 倍以上。

31 为 ×10 MAG（扫描扩展开关），按下时扫描速度扩展 10 倍。

32 为◀▶POSITION（水平位移旋钮），调节光迹在屏幕上的水平位置。

33 为主荧屏，用来显示被测的波形。

39 触发电平锁定：将触发电平旋转钮 28 向顺时针方向转到底听到“咯哒”一声后，触发电平被锁定在一固定电平上，这时改变扫描速度或信号幅度时，不再需要调节触发电平即可获得同步信号。

3. 示波器的使用

（1）熟悉示波器各旋钮、开关的功能和作用。

（2）用标准信号校准（使用 CH1 通道）。

1）把信号线插入 8 信号输入插座，用红色的信号夹夹住 1CAL 端子（输出信号为幅值为 $2V_{P-P}$，频率为 1kHz）。

2）调节 14 使之处于 CH1。

3）调节 23 使之处于 CH1。

4）关断 9 和 30 微调旋钮（顺时针旋转到底听到“咯哒”一声）。

5）调节旋钮 7 至 2V 挡位。

6）调节旋钮 29 至 1ms 挡位。

7）读出信号的周期和电压值：

$$信号周期 = 方格数 \times 周期标度;$$

$$信号电压 = 方格数 \times 幅值标度$$

4. 注意事项

1）示波器使用前一定要校准，否则测量不准。

2）注意电压峰值与峰—峰值之间的区别。

3）电压（频率）值不能以信号发生器或电子实训台上的显示为准，而应以示波器测量的读数为准。

参考文献

[1] 刘介才. 工厂供电 [M]. 4版. 北京：机械工业出版社，2004.

[2] 钟肇新，范建东. 可编程控制器原理及应用 [M]. 3版. 广州：华南理工大学出版社，2004.

[3] 岳庆来. 变频器可编程控制器及触摸屏综合应用技术 [M]. 北京：机械工业出版社，2007.

[4] 劳动部培训司. 电工与电子基础 [M]. 北京：中国劳动社会保障出版社，2002.

[5] 劳动部培训司. 内外线电工工艺学 [M]. 北京：中国劳动社会保障出版社，2002.

[6] 劳动部培训司. 维修电工工艺学 [M]. 北京：中国劳动社会保障出版社，2002.

[7] 阮友德，等. 中级电工技能考核指导 [M]. 北京：机械工业出版社，2004.

[8] 辛长平. 电工实用技术问答 [M]. 北京：电子工业出版社，2004.

读者信息反馈表

感谢您购买《中级电工技能实战训练》一书。为了更好地为您服务，有针对性地为您提供图书信息，方便您选购合适图书，我们希望了解您的需求和对我们教材的意见和建议，愿这小小的表格为我们架起一座沟通的桥梁。

姓　名		所在单位名称	
性　别		所从事工作（或专业）	
通信地址		邮　编	
办公电话		移动电话	
E-mail			

1. 您选择图书时主要考虑的因素：（在相应项前面√）

（　　）出版社　（　　）内容　（　　）价格　（　　）封面设计　（　　）其他

2. 您选择我们图书的途径（在相应项前面√）

（　　）书目　（　　）书店　（　　）网站　（　　）朋友推介　（　　）其他

希望我们与您经常保持联系的方式：

□电子邮件信息　□定期邮寄书目

□通过编辑联络　□定期电话咨询

您关注（或需要）**哪些类图书和教材：**

您对我社图书出版有哪些意见和建议（可从内容、质量、设计、需求等方面谈）：

您今后是否准备出版相应的教材、图书或专著（请写出出版的专业方向、准备出版的时间、出版社的选择等）：

非常感谢您能抽出宝贵的时间完成这张调查表的填写并回寄给我们，您的意见和建议一经采纳，我们将有礼品回赠。我们愿以真诚的服务回报您对机械工业出版社技能教育分社的关心和支持。

请联系我们——

地　　址　北京市西城区百万庄大街 22 号　机械工业出版社技能教育分社

邮　　编　100037

社长电话　（010）88379080　88379083　68329397（带传真）

E-mail　jnfs@mail.machineinfo.gov.cn